TOKYO MODEL AS RE-DESIGNING THE DENSELY BUILT AREAS

東京モデル
密集市街地のリ・デザイン

慶応大学名誉教授
日端 康雄

東京大学教授
浅見 泰司

東京大学教授
遠藤 薫

東京都
山口 幹幸
――編著

(株)再開発評価
永森 清隆

(株)アルテップ
中川 智之

(株)アルテップ
楠亀 典之

(株)URリンケージ
齋藤 智香子

都市再生機構
松村 秀弦
――著

清文社

はじめに

　東京はとりもなおさず、日本の経済中枢都市であり、その盛衰は大きく日本経済を左右する。その東京の都市計画上の大きな課題、それが、密集市街地の解消である。今まで幾多の事業制度、計画制度が実施され、人材・予算が投じられたが、その成果は必ずしも芳しくない。ところが、2006年に出された住生活基本計画では、重点的に改善すべき密集市街地（約8,000ha）の整備率を2002年の0％を、2011年に概ね100％とすると明記している。そのようなことが可能なのだろうか。現時点で特に進捗していない現況からは、強力に進めるための何か抜本的な打開策がない限り、達成は困難と言わざるを得ない。

　そこで、本書では、大胆な打開策の提案を行う。題して、「東京モデル」。それは、容積率移転を遠隔地間で許すことで、都心部における開発ポテンシャルを利用して密集市街地に空地を確保し、よって、都心部の土地利用強度の高度化と密集市街地における環境改善を同時に進めようというものである。しかし、この発想は現実的なのだろうか。

　そこで、これを検討するために、密集市街地整備と容積率移転に関する研究会を開催し、検討を重ねてきた。その検討は、都市計画法制的な検討から、市場性の検討、施策による社会影響の検討にまでわたる。その検討成果を整理・発展させたのが本書である。

　東京モデルを考案した背景には、今後の低成長、超高齢社会を展望すれば、民間主導での市街地整備が不可避となるという認識がある。密集市街地という権利関係も輻輳し、放っておけば、個別の建て替えでさらに住環境が脅かされ、あるいは建て替えができずに老朽化にまかせる地区において、いかに空地確保という民間インセンティブを導入するのか。このためには、密集市街地の持つ潜在的な資産を活かすしかない。それが容積率という資産なのである。広い範囲の密集市街地整備に、東京モデルを適用するには、現行法制度の改革も必要となる。ただ、地区の自律連携を民間主導で進めるための新たなツールとして、検討するに値すると考えている。

　これまで密集市街地整備は第一義的には防災性の向上が目指されていたために、公共主導的な考え方がとられてきた。しかし、今後は民間の自立的な活動

を適切かつ積極的に呼び込むという公民連携のもとに進める方向に変えていかねばならない。また、今までは、密集市街地という地区のみを対象として、単なる地区毎の都市政策として制度検討されてきた。しかし、今後は都市構造や土地利用など都市の骨格形成とも関連させて、目標とする都市像を効果的に実現していくという、都市全体を視野に入れた都市政策の見地から地域間連携を重視して取り組む方向に転換していかなければならない。このような意味で、従来からの発想を見直し、大きく方向転換していくことが必要となるのである。

本書の東京モデルを東京から発信し、密集市街地整備で悩む全国の都市においても一大革新を引き起こすことを祈念している。

2009年7月

浅見　泰司

TOKYO MODEL
AS RE-DESIGNING
THE DENSELY BUILT AREAS

目次

東京モデル

Contents

はじめに

Chapter 1

第1章　東京モデル
―自律連携による都市マネジメント＜浅見　泰司＞

1. 東京をとりまく社会情勢　3
2. 都市・地域政策上の課題　9
3. 自律連携による都市マネジメントの実現：東京モデル　14
4. 社会メカニズムの整備による
   　　誘導という間接的施策の活用　17

Chapter 2

第2章　密集市街地プロジェクトの展開と課題

第1節　密集市街地の現状＜楠亀　典之＞　21
　　1. 密集市街地とは　21
　　2. 密集市街地における制度の変遷　21

3. 全国に広がる密集市街地の現状　23
　　　4. 東京の密集市街地　25
　　　5. 密集市街地の課題　31

　第2節　密集市街地の整備事例＜齋藤　智香子＞　37
　　　1. 荒川二、四、七丁目地区　38
　　　2. 戸越1、2丁目地区　42
　　　3. 上馬・野沢地区　47
　　　4. 神谷一丁目地区　53

　第3節　密集市街地整備の課題＜中川　智之＞　61
　　　1. 東京の都市構造からみた密集市街地整備の必要性　61
　　　2. 密集市街地の整備改善に係る課題　65

　第4節　望まれる密集市街地の将来像＜山口　幹幸・松村　秀弦＞　77
　　　1. 東京密集市街地のポテンシャル　77
　　　2. 潜在的な魅力を活かした密集市街地の将来像　90
　　　3. 密集市街地の再生の鍵　106

Chapter 3

第3章　容積移転を活用した密集市街地整備
　　　　　—事業論・各論

　第1節　容積移転を活用した都市部の強化
　　　　　　　—東京モデルによる試論＜山口　幹幸＞　113
　　　1. 施策の内容と意義　113
　　　2. 容積移転の仕組みと法制度の活用　120
　　　3. 容積移転における制度活用のスキーム　129
　　　4. 容積移転の事業化スキーム　146
　　　5. 容積移転における事業成立性の検証　153
　　　6. 東京モデルの構築　157

第2節　密集市街地整備と容積移転＜日端 康雄＞　161
　　　1. 密集市街地整備と民活　161
　　　2. 土地利用都市計画における容積移転　165
　　　3. 密集市街地整備と容積移転　165

第3節　地域間連携による密集市街地整備の構図＜遠藤 薫＞　185
　　　1. 投資案件としての密集市街地整備　185
　　　2. 密集市街地整備のための容積移転の問題点と可能性　187
　　　3. 容積の適正な配分への道のり　198
　　　4. 容積の適正な配分による密集市街地整備の構図　208

第4節　用途容積移転の評価と活用＜永森 清隆＞　227
　　　1. 容積移転の基礎概念　227
　　　2. 容途移転と容積移転の基礎概念について　231
　　　3. 容積移転の担保方策について　236
　　　4. 余剰容積率利用権の評価方法　244

おわりに

索　引

第1章 Chapter 1
東京モデル―自律連携による都市マネジメント

浅見　泰司＜東京大学教授＞

Chapter 1

東京モデル―自律連携による都市マネジメント

浅見 泰司・東京大学

1. 東京をとりまく社会情勢

(1) これからの都市のマネジメント

　日本では人口減少過程に入り、まもなく世帯数も減少過程に入る。図表1-1は日本の総人口推移を示しているが、2005年から減少傾向に転じ、2055年には約9,000万人になると予測されている。世帯数も2015年頃をピークに減少に転じることが予測されている（図表1-2）。他方で、高齢化はさらに進み、2055年には65歳以上の人口が総人口の40％以上をしめると予想されている（図表1-3）。生産年齢人口が相対的に少なくなることからも、1人当たりGDPはあまり伸びない。2007年に日本経済研究センターが発表した長期経済予測[1]

図表1-1　西暦年における日本の人口の推移　　　　　　　　（単位：人）

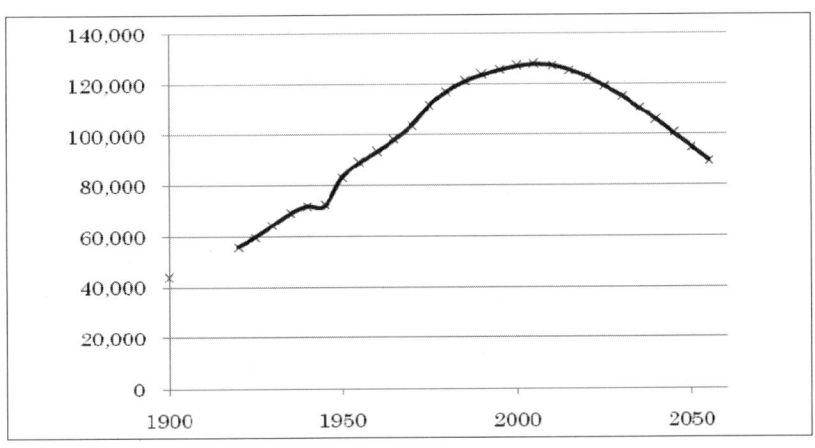

2005年までは国勢調査による確定値、2010年からは国立社会保障・人口問題研究所による中位推計値

図表1-2　家族類型別一般世帯数

西暦年	一般世帯						
	総数	単独	核家族世帯				その他
			総数	夫婦のみ	夫婦と子	一人親と子	
1,980	35,824	7,105	21,594	4,460	15,081	2,053	7,124
1,985	37,980	7,895	22,804	5,212	15,189	2,401	7,282
1,990	40,670	9,390	24,218	6,294	15,172	2,753	7,063
1,995	43,900	11,239	25,760	7,619	15,032	3,108	6,901
2,000	46,782	12,911	27,332	8,835	14,919	3,578	6,539
2,005	49,040	14,218	28,575	9,851	14,666	4,058	6,247
2,010	50,139	15,169	28,990	10,421	14,169	4,400	5,981
2,015	50,476	15,984	28,731	10,589	13,517	4,625	5,761
2,020	50,270	16,663	28,033	10,507	12,776	4,750	5,574
2,025	49,643	17,159	27,083	10,291	11,998	4,794	5,401

出所：国立社会保障・人口問題研究所 H15.10月推計による。

によれば、日本の1人当たりGDPは2000年に2.58万ドル／人、2050年に5.31万ドル／人であり、アメリカでは2000年に3.37万ドル、2050年に8.60万ドル／人と予測されているため、相対的には対米比0.77から0.62に落ちることとなる。GDP自体は2000年～2050年の年平均伸び率は1％以下と推定されており、低成長時代が続くことは確実視されている。このため、今後の公共財政は縮小していかざるを得ない。このような時代にあって、密集市街地の再生など都市問題を解決していくには、もはや財源をそれに大量に集中配分することも、行政人員を集中配分することも現実的ではなくなってきている。実際、過去にかなりの財源や人員を配分しても進まなかった密集市街地の再生を進めていくには、今までのやり方を踏襲するのではなく、新たな知恵・工夫を必要とする（黒崎ほか、2002；梶・塚越、2007）。[1]・[2]本書で述べる東京モデルはそのための試論である。

　低成長時代の都市のマネジメントのためには、財政集約的な手法はとり得ない。むしろ、市場における動きを適切に誘導し、市場における各プレーヤーに適切な動機づけを与えることで、都市のマネジメントに対して望ましい活動が自律的に進むように制度環境を整えることが重要となる。伝統的な都市計画理論は、目標提示をし、それに向かった規制誘導や事業推進によって、都市を整備していくという発想であった。しかし、このアプローチの重大な盲点は、そのような制度環境下で、各々の主体が計画目標を達成するような活動に対して

図表1-3　年齢（3区分）別人口及び増加率の将来推計：2005～55年

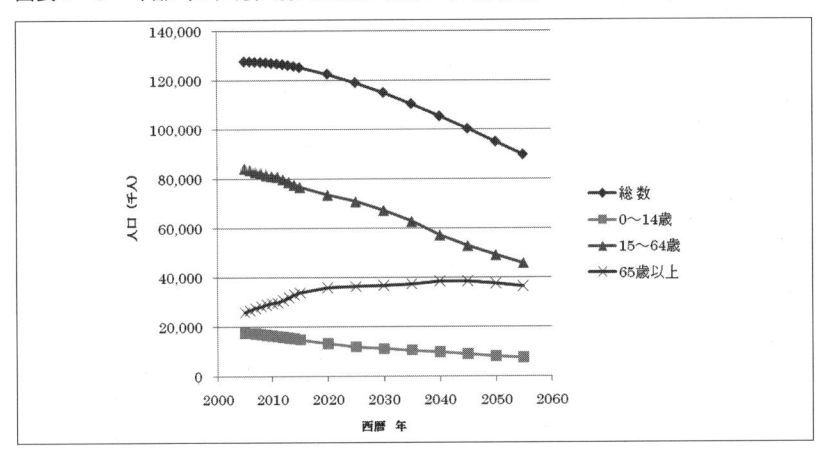

出所：国立社会保障・人口問題研究所人口統計資料集2009による。

十分に動機づけられていないという点である。常に目標からはずれるような動機を持っている主体を規制のみで抑えつけることは困難であり、事実、計画目標から逸脱するような活動によって、計画変更を余儀なくされることも多々あった。そこで、発想を逆転させ、むしろ個々の主体の動機が適切な都市のマネジメントにつながるよう制度設計をすることを新たな計画論として据える必要がある。このような「動機適合的な計画」こそが、本書で述べる東京モデルの基本的な発想である。ただ、今までの都市計画制度の枠組みだけで、動機適合的な計画を行うことができるわけではない。「動機適合的な計画」を進めるには、都市計画上のきめ細かな経済的措置を可能にしたり、遠隔地同士の容積率移転制度を導入するなど計画制度の改編も必要となる。

　財政的に制約のある中で都市を効率的に運営していくためには、重点的に対処すべき都市計画的な課題の解決を優先するという都市運営上の戦略性が求められる。1つの地区に集中投資するというような地区間での不公平な取扱いが必要となる場合もあるだろう。本来は、限定された地区の都市計画的な取組みの便益が、都市全体に還元されることも必要であり、そのために税制を改正し都市計画税をより機動的に使えるようにして、社会還元のための経済調整のしくみを導入していかねばならない。それにより、将来性の高い戦略を都市構成員全体の総意として、都市政策として思い切って行うことが可能となる。

(2) 東京の機能・役割

　東京は日本の首都であるだけでなく、日本をリードする生産活動の最大の中心拠点であり、日本の経済発展の原動力の核である。内閣府の平成18年度県民経済計算によれば、平成18年度における東京都の県民総生産は全国の18％、東京都、神奈川県、千葉県、埼玉県の1都3県を合計すると32％を占めている。大阪府、京都府、兵庫県、愛知県の2府2県の合計が20％であり、東京圏が重要な経済活動のコアになっていることが理解できる。換言すれば、日本における経済活動を効率的に高めるためには、東京の機能を強化していくことが重要な国策の1つとなる。森記念財団都市戦略研究所（2008）[3] が発表した世界主要30都市ランキングでは、ニューヨーク、ロンドン、パリに次いで東京が4位となっており、依然として東京は世界においても枢要な機能を担っている。このような役割を今後も維持するためには、効率的な経済活動をサポートする都市機能がとりわけ東京において求められている。東京には引き続き多大な集積や高度利用による高付加価値活動を収容していくことが重要なのである。

　東京は画一的な都市ではない。東京を細かく見れば、特徴の異なる地区が多様に広がっている。図表1-4は東京23区における土地利用による地区分類図である。住宅地の場合はある程度周辺と連担して類似した土地利用の広がりがあるが、その他の土地利用ではモザイク状の様々な土地利用の地区が並んでいることがわかる。さらに図表1-5の東京23区の建物平均高さによる地区分類で示すように、総じて中心部が高い建物が並んでいるが、土地利用と平均高さとが相まって、多様な地区を形成している。[2] 地区の多様性は東京の魅力にもつながり、経済活動の原動力にもなっていると言えよう。

　成熟社会を迎え、人々の価値観が多様化している。それに応えていくことも今後の都市マネジメントの重要な役割である。東京のように多様な地区が集積しているということは、多様な価値観の人々をひきつけ、また、多様な生活を同時に実現したいという要求にも応えることができるため、東京という都市の魅力を高める役割を果たす。このような多様性の魅力を高めていくには、画一的な市街地を創出するのではなく、民間の個々の工夫を生かしつつ、都市環境のすぐれた、多様な地区が共存するようにしむけなければならない。このためには、都市政策においても単一の目標像を設定したり、特定の土地利用形態のみが一人勝ちになるようなことは避けねばならない。

図表1-4　東京23区の土地利用地区分類

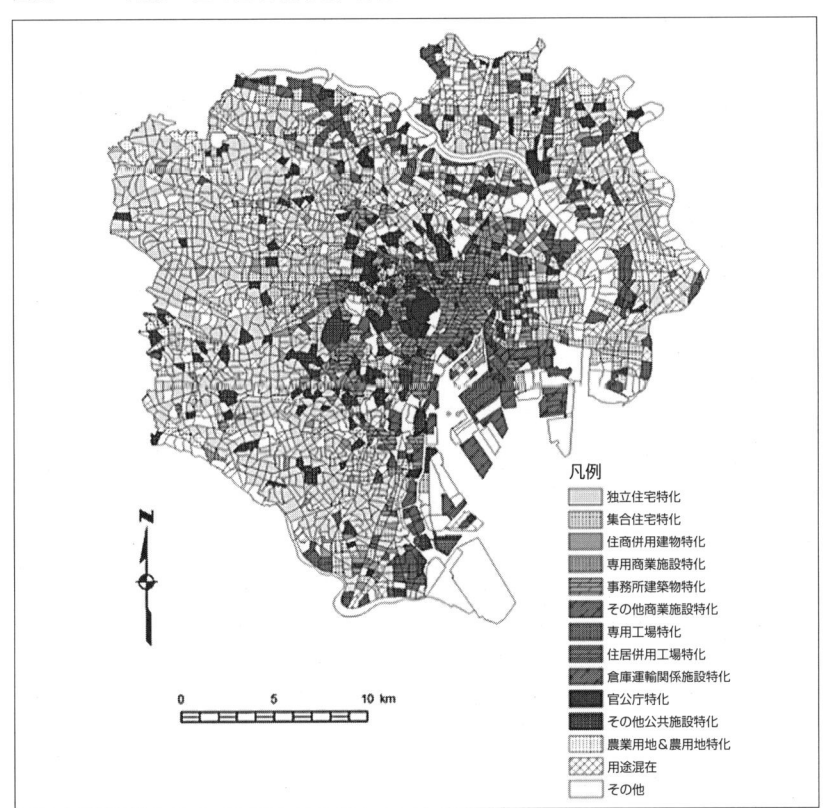

　ただし、それは非効率な土地利用形態を放置する論理にすりかわってはならない。どのような土地利用があるとしても、それはその存在を可能ならしめている社会的な費用が発生しているという事実を認識する必要がある。立地することで、そのための社会的費用を負担していないならば、それは社会的には望ましくない立地なのであり、適正な負担をするか、あるいは別な土地利用に変更する方が望ましくなるはずである。そのため、社会に有益な多様性の存在は、存在するための社会的な対価を支払ってはじめて認められるのである。

　例えば、整備が進められている東京の中心に位置する大丸有地区（大手町・丸の内・有楽町地区）も、その高度な経済活動を可能にしているのは、実は周辺に広がる事業所活動の地区であったり、就業者が居住する住宅地であったり、

図表1-5　東京23区の建物平均高さによる地区分類

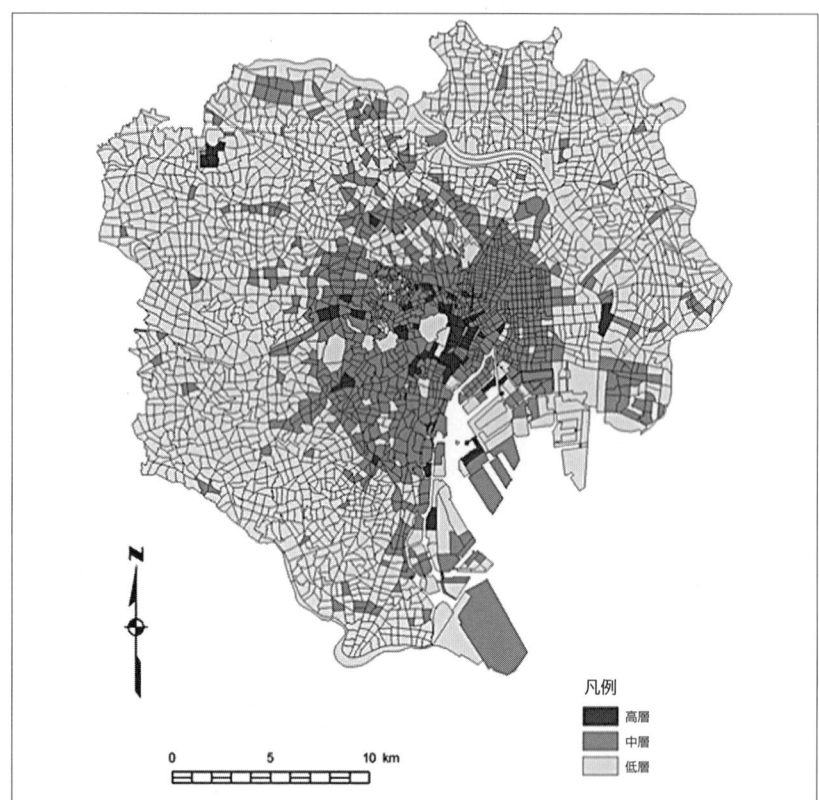

さらには環境面を担保する周辺に広がる非都市的な土地利用であったりする。このような多様な地区の広がりを考えるとき、1地区の繁栄をその地区の努力だけではとらえきれない相互作用が存在する。その相互作用に着目し、適切な対価をその関係性の中から求めていかねばならない。

（3）東京の都市問題：お荷物を資産に

　国際的なビジネスセンターとしての機能を維持するためには、不必要なリスクの軽減をはかる必要がある。ビジネスにおける様々なリスクはすべてリスクプレミアムとして加算され、投資先選定のマイナス要因になってしまう。とりわけ、災害リスクは犯罪や政治不安定リスクと並んで重篤な経済的損失の可能

性を秘めているために、その除去を目指すことが重要となる。また、災害ほどではないにせよ、効率的な土地利用更新を阻害する都市構造は、相対的に都市活動の優位性を損ね、ひいては東京の世界的な地域の減退につながる。このためにも、東京の都市問題として、高度な活動に支障となるリスクを軽減していくことが重要となる。そのためには、第1に大災害の可能性を低くしていくべきであり、第2に非効率な土地利用を是正していくことでもある。

密集市街地は、20世紀の負の遺産と呼ばれるが、東京の都市問題として考えてみると、密集していることによる災害の危険が、通常の市街地よりも大きい。第2章第3節で述べるように、火災危険度、震災時の倒壊危険度、道路閉塞危険度が高く、市街地機能の停止を引き起こしかねない。ただ、第2章第4節でも述べるように密集市街地の中には立地としては恵まれている地区も多く、適切な市街地形態に再開発されれば、東京における重要な活動拠点地区として大きく再生する可能性を秘めている地区もある。これは、非効率な土地利用の是正による東京の潜在的生産性の発現につながり得る。

以上のことを鑑みると、密集市街地の弊害を解消するというマイナスを減らす発想から、密集市街地の潜在力を顕在化させるというプラスの発想に転換することが必要である。ただし、そのために膨大な財政投入をすることは、現実的ではない。むしろ、新たな制度的枠組みで、自律的に密集市街地が整備されていくように仕向けねばならないのである。しかし、そのような夢のような政策的特効薬などあるのだろうか。実はそれが、本書で展開する東京モデルである。

2. 都市・地域政策上の課題

(1) 地区間連携型施策の必要性

特定の一地区は、その地区だけで活動が成り立っているわけではなく、他の多くの地区との連携で初めて都市活動を可能にしている。このことは必然でありながら、今までの都市計画では、他の地区との連携型の施策を強く意識してこなかった。他の地区との関連が必ずしも明確に整理できず、また、直接的な効果は地区周辺に現れることが多いことから、仮に連携するとしても隣接地区に限られてきた。例えば、容積率移転についても、今までその有効性が論じられてはきたが、日本では現実には隣接街区への容積率移転が認められてきたに

とどまっている。

　しかし、今後の都市のマネジメントを考えると、限られた財源で効率性の高い都市の運営がもとめられるため、都市全体での効率性により重点をおいて運営していかねばならない。単に、一地区の発意でその地区を整備していくことは必ずしも都市全体として最適になるわけではないため、1地区の再編が都市全体としてどのような位置づけになるのかを意識し、社会的な便益と社会的な費用とを斟酌し、社会的な外部効果の便益を地区に投入し、費用は地区から徴収することを考えていかねばならない。

　このことは必然的に、限られた地区の開発再編であっても、都市全体ないし社会全体に与える影響をその地区の開発業者や地権者に考えさせねばならないことを意味する。逆に、開発業者などは、離れた他の地区と連携することが、得になるケースがあるならば、積極的に連携を模索するべきでもある。つまり、社会への外部経済性を調整するシステムを導入することで、都市圏全域での土地利用マネジメントが可能となり、そのもとでは隣接した地区だけでなく離れた地区も含めて、自律的に地区間連携を模索する可能性が出てくるのである。そこで、この動きをうまくとらえれば、都市政策として、地区間連携型施策を積極的に進めることもできるし、また、限られた地区のポテンシャルを都市全体に広げることも可能になる。

（2）省エネルギー型地域構造の創造

　近年の地球環境問題の高まりから、国土を省エネルギー型に転換していくことは喫緊の課題となっている。中でも、多くの人口が集積する都市において、省エネルギー型地域構造に転換することは重要である。一般にコンパクトな都市構造が省エネルギー型と考えられているものの、どのような地域でも同じような密度と人口集積の都市を構築できるわけではない。そのために、人口規模や密度に合わせた適切な地域構造を模索していく必要がある。

　例えば、郊外型の低密度な人口構造における省エネルギー型の典型的な地域構造は、自然エネルギーをなるべく有効に活用したものであろう。創エネルギー型の施設や設備を設置することで、低密度地域構造における交通パターンの非効率性をカバーすることが可能となる。小都市の中密度な人口構造における省エネルギー型の典型的な地域構造は、コンパクトシティの、なるべく徒歩圏で

生活が完結する市街地かもしれない。これらに対して、東京など大都市型の高密度な人口構造における省エネルギー型の地域構造としては、公共交通機関の効率的な利用が可能な高度公共サービス型で付加価値を高めることが望まれると思われる。その際に、地区内で完全に環境負荷を相殺しようとするのではなく、高付加価値活動をサポートし、他地域に比して高い環境負荷分の適正な費用負担をすることで、バランスをとることがむしろ望ましい。

　どのような地域構造を目指すにしろ、重要なのはエネルギー消費において、地球環境問題も含めた費用負担を適正に行うことであり、そのためにはエネルギー価格に社会的な費用も付加するか、あるいは環境負荷に対する代替負担を行うことが求められる。社会費用を付加したエネルギー価格体系を構築するための社会的な合意が得られるまでに時間がかかりそうである現状を鑑みると、それまでの間に、開発動機を誘導して重点的に解決すべき都市問題の対処にあてるという戦略性があってもよいように思われる。後述する東京モデルは、そのように位置づけて後者の方法をとった場合のアプローチとなっている。

　東京などの大都市は、グローバル競争における日本をリードしていく発展核としての役割を担う必要がある。そのため、東京における都市構造としては、グローバル競争に有利な効率的な空間構成に再構築していかねばならない。そのようにしてこそ高付加価値な産業活動をサポートできる。このためには、環境負荷を部分的に犠牲にしてでも、生産性の向上をはからねばならない。ただ、それは環境配慮を行わないことを意味しない。高付加価値活動と両立する環境配慮は最大限に行うことは前提としつつ、それでもカバーしきれない環境負荷分の負担を別な形で負担する方が効率的な空間構成には必要なのである。

（3）住環境整備と地球環境問題対応の連携

　地球環境問題は、外部経済性が広範囲に広がる割に、自分自身に対するマイナスの効果が小さいために忘れられがちであり、政策的な介在がないと、ますます悪化してしまう典型的な市場の失敗の問題である。だからこそ、逆に、その重要性が世界的に喚起され、また、急速に対策がはかられている。ところが、それに対して、住環境の問題は、外部不経済性はあるものの、ある程度直接的に自分自身に対するマイナスの効果があるために、政策的な介在がなくてもある程度の自制は働くと思われがちである。ところが、このために、かえって、

根本的な対策がなされないままに放置されてきている。どちらも外部不経済性を対外的にもたらしている現象には変わりはなく、地球環境問題が排出権取引という形で市場を通じた外部性調整の仕組みを持つならば、住環境悪化に際しても同様なメカニズムを考えても良さそうに思われる。ただ、地球環境問題が、二酸化炭素排出量というようなきわめてわかりやすい指標に集約されて論じられるのに対して、住環境の悪化は、多岐にわたるために単一指標で表現されていない。この複雑性が、明快な市場原理導入を阻んでいる1つの要因であると言えるだろう。

　都市の再生を考える上では、住環境整備も地球環境問題への対応も同じように外部性を有する環境問題として対処すべき問題であり、外部経済性を何らかの形で内部化することが、適正な都市構造・都市活動に誘導するために必要となる。その意味では、両者を統合して施策の対象にしなければならない。

　他方、都市に暮らす生活者の立場から考えると、生活自体を総合的にサポートする地域の再生が望まれる。そのためには、住環境の整備も地球環境問題への対処もともに連携してセットで都市のマネジメント施策として示されることが望ましい。さらに、もしも地球環境問題への対処の手法が、住環境改善に結び付く施策とリンクするならば、住民にとっては理想的な政策メニューとなる。このような都市問題の解決に向けた開発動機の戦略的誘導を後述する東京モデルはねらっている。

(4) 容積率という隠れた資産の活用

　東京モデルを考えていく上で、重要な都市計画上の公共資産は、開発可能容積率である。容積率の上限値は、都市計画によって定められる。上限容積率はその土地での開発可能容量を規定するパラメータであり、都市計画で一元的に定められる値である。土地の開発可能容量は、直接的に地価という資産価値に結び付くものであり、開発需要が高い土地ほど、その単位容積（延床面積）当たりの経済価値は高くなる。

　すでに、大規模な公共投資ができない低成長型社会にあっては、低公共投資型施策の中で、財産価値の高い容積を都市計画においてコントロールできることの意味は重大である。容積率は都市計画としては社会的責任を果たすべき重大なパラメータであり、今後、この隠れた資産を適切に活用することが、都市

をマネジメントするために必要である。

　従来は、例えば、公開空地の供出など、えてして、空地の提供という近隣への貢献の社会的給付として容積率割増しを許してきた。しかし、そこには近隣に限った外部性調整という意味はあっても、都市全体に対する調整の意味を持ってはいなかった。そこで、考えを改めて、より広域的な都市マネジメントに対する貢献との引き換えに容積率割増しを認める制度を導入してはどうだろうか。これは、今までの公開空地以外に別な形での社会的貢献を認める緩和制度として導入可能である。

　ところが、この制度を導入する上では、大きな課題が存在する。公開空地は近隣への貢献度が大きく、容積率緩和による環境悪化も近隣への影響が大きいことから、正確には対応しないとしても、形式的には相殺するものとして扱うことができた。しかし、都市全体のマネジメントのためとはいえ、時として遠隔の地区に対する貢献を理由に容積率緩和を行うと、近隣への環境悪化は近隣に対しては代替環境での補償措置がとれず、他方で遠隔地における便益は負担を伴わない形で容認されてしまうこととなり、地区単位での便益の収支がアンバランスになることになる。これへの1つの対処法としては、開発地区における容積率緩和による環境悪化を相殺するための公開空地（もしくは、それに代わる近隣環境改善のためにできる当該敷地での措置）によって容積率緩和による環境悪化は十分に補償した上で、それ以上の容積率緩和による便益分の一部を都市マネジメント貢献分にまわす方法があり得る。もう1つの対処法としては、都市計画税など経済的な調整措置をとることで周辺地区における環境悪化による外部不経済性を補償する方法である。

　本来は指定容積率以上に容積率を緩和するのは、それによる都市に対する便益が費用を上回るから行うのであり、よって、経済的な調整手段をとるならば、開発者にとっても、都市全体にとってもプラスになる調整手段が（完全情報下では）必ず存在する。これを制度として具現化すればよいのである。そのようなきめ細かな経済的調整手段として、都市計画税の弾力的な運用が求められる。

（5）多様性に対する適正負担原理

　都市内の地区の多様性は、本来は都市自体の魅力にもなり得る。ただ、多様性の価値というスローガンのもとで、非効率な土地利用が野放しにされること

を許すべきではない。ここでいう非効率な土地利用とは、低容積率の土地利用のことを指すわけではない。たとえ、空地であっても、それが都市全体として効率的な都市構造に寄与しているならば、それは効率的な土地利用である。ここではむしろ都市全体の効率的な都市構造の実現を阻害する土地利用形態としての土地利用をいっている。そのため、かえって、高容積率であっても、過密な市街地が、むしろ、非効率な土地利用である可能性もある。

仮に相互の外部性がすべて、市場において内部化された仮想的な状況においては、必要な空地においては、その空地の存在によって便益をうけている周辺の土地利用の地価の空地貢献分を空地の地権者に支払われることとなる。その上で、すべての土地利用において適正な負担を課すと、効率的な土地利用であれば、負担を凌駕する収益性を持つはずである。地区における多様性の存在は、それ自体が価値であるように思われがちであるが、実際には、上記の仮想的な都市においては、多様な地区であっても、適正負担をした上で経済的に持続可能であることが求められる。

ただ、他方で多様性の存在価値が社会で十分に認識されていないという指摘もよくある。そのため、地域の個性の価値が社会で適正に認識されるように、また、その価値をビジネスなどに結び付けることができるよう啓蒙活動をしたり、起業を促したりというような活動も今後の重要な都市政策の役割になるだろう。このためにも、そのような多様性の存在意義を掘り起こして周知するような活動を国も含めて積極的に行っていく必要があると思われる。

現実には、外部性が完全に内部化されているわけではないので、内部化されるような社会制度の整備か、あるいは代替措置を必要とする。その上で、多様性の存在が適正な社会的費用を支払った上での、いわば存在のための負担という緊張感を有したもとで持続する空間利用形態でなければならない。

3. 自律連携による都市マネジメントの実現：東京モデル

(1) 東京モデル

ここで、東京モデルの概要を説明した上で、その特徴について議論していきたい。

「東京モデル」とは、東京における経済開発圧力を活かし、特に都心部における容積率を緩和することによる環境負担増加分を、都市マネジメントの対価

として税として徴収するかわりに、同等の密集市街地における容積率を買い取らせることで、バランスさせるというものである。これは、広義には都心部開発において、適正な環境負担分を徴収し、市場の失敗を是正する措置でもある。ただし、それを容積の売買という形式にすることで、密集市街地の一部で開発権である容積率が減らされ、ダウンゾーニングに近い状況になる（図表1-6参照）。

図表1-6　東京モデルの概念図

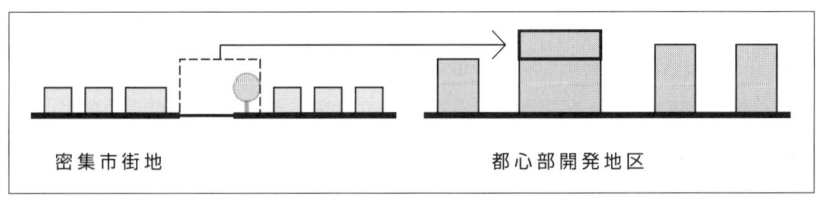

　将来的には、そのようなダウンゾーニングされて、空地化（実際には、道路や広場などの公共用地にしたり、緑地空間にすることを想定）された土地を連担させ、密集市街地も再生させて住環境においても問題のない市街地へと再生することを念頭においている。ただし、当面はその種地となる公共用地や緑化された空地を確保することを想定している。これだけでも密集市街地の住環境は大幅に改善されるため、緑地の確保による地区としての地球環境問題への貢献と住環境改善が連携して実施されることになる。このため、このような措置は、密集市街地における住民にも受け入れられやすいだろう。他方で、開発地における負担については、密集市街地へ開発業者自らが分け入って、土地を買収することは大きな手間がかかるため、実際には密集市街地における土地が売り出された時に、土地バンクとして蓄えておき、そこから権利を購入する方式が有効になる。そのための公設市場を確立し、民間の開発活動を通して、自律的に都心部の高度利用促進と密集市街地の環境改善をセットで進めようというスキームである。開発地においては、東京における容積率緩和を、都市マネジメント全体に貢献しない緩和を許可しない厳格な運用を行うならば、土地の単価の格差が存在することで、このようなスキームに乗る十分な動機が存在することとなる（詳細については、第3章第4節参照）。

(2) 性質の異なる地区間の戦略的連携

　東京モデルにおける1つの大きな特徴は、都心部における容積率緩和を密集市街地における実質的なダウンゾーニングに結び付けたことである。地価に違いがある2つの地区で、かたや土地利用の高度化が是とされ、かたや市街地における空地確保が是とされることから、都市計画上は win-win の関係を築いたことになる。これは、類似した特徴を持つ隣接地ではなく、性質の異なる遠隔地区を戦略的に連携させたことによる長所となっている。

　また、緑地を遠隔地であろうと確保することで、都心部の高密度開発による地球環境問題の対価を遠隔土地の緑地確保で部分的に補う効果も生まれる。都心部における環境配慮のための負担義務と密集市街地における適正な土地利用への改変義務の2つをトレードすることで、負担の相殺が自律的にできたことになる。実際には、ここで提案している東京モデル以外にも、このような提供できる便益と負担義務との組み合わせをうまく調整することで、望ましい広域的なマネジメントの推進ができる可能性は多々ある。東京モデルはその嚆矢ともなっている。

(3) 容積率交換の課題

　遠隔地における容積率交換の場合には、いくつかの課題が存在する。第1に、異なる土地利用間での交換を許容するかどうかである。例えば、容積率を売却する土地は住居専用地域であり、買い取る土地は商業地域であるとすると、住居系の容積を商業系の容積に置き換えることとなる。ただし、日本における用途地域制は土地利用のコントロールが比較的緩い現状を考えると、かなり大規模に東京モデルを導入するのでなければ、さほど大きな支障にはならないものと予想される。

　第2に、遠隔地ではそもそも地価水準が大きく異なるため、等積変換が良いのか、不等積変換が良いのかという問題である。例えば、床単価が10倍異なる地区同士でのトレードを考えると、容積率を売却する側の土地の価格は容積率売買ができるという潜在性だけによって地価水準が上がってしまい、適正な市街地整備に支障を来すことになりかねない。地価シグナルは、本来は土地の価値を適性に表すべきものであり、地価シグナルが適正な土地利用を促すべきである。そのため、土地市場の混乱は避けなければならない。

不等積変換を導入する場合には、どのような基準で変換率を定めるのかという問題がある。土地の価格水準を乱さないという意味では、100％当たりの価格が同じとなるようにするという方法があり得る。例えば、地価を指定容積率で除した値の逆数に比例して変換率を計算すればよい。例えば、平米単価が20万円の土地の120％の容積率は平米単価が100万円の土地の24％の容積率と交換できるとするものである。しかし、これでは、遠隔地同士の地価水準の差をインセンティブにするという効果がなくなってしまう。従って、この値はむしろ現実的な変換率の限界と考えるべきで、この値に設定することは難しいだろう。有力な方法としては、法定容積率に反比例させるという方法があり得る。例えば、指定容積率が200％の土地の120％の容積率は指定容積率が600％の土地の40％の容積率と交換できるとするものである。指定容積率以上に地価格差があれば、十分に交換動機が存在することとなる。これは、指定容積率を都市計画上の空間利用強度と考えた時に、その概念上の量が変わらないように交換するという考え方に立脚している。ただし、現実には特に密集市街地では、前面道路の幅員が狭いなど道路条件が悪い場合が多々ある。そのような敷地では、指定容積率を使い切ることは事実上不可能であることもある。そのような敷地で指定容積率まで開発余力があるかのように評価することは過剰評価になるという問題が生じる。そこで、容積率の譲り渡し地においては、むしろ、道路条件も加味した基準容積率に反比例させることが適切だろう。例えば、指定容積率が200％であっても基準容積率が150％の土地の120％の容積率は指定容積率が600％の土地の30％の容積率と交換できるとするものである。
　ただ、一方で、不等積変換を導入すると、都市全体での開発可能容積率は減少することとなるため、本来は都市の開発需要に基づいた総容積計画が崩れてしまうという問題も発生する。このためには、適正な交換率を客観的に判断する仕組みを十分に検討しなければならない。

４．社会メカニズムの整備による誘導という間接的施策の活用

　東京モデルの優れている点は、容積率売買市場を創設し、その際に、密集市街地の土地バンクを組み合わせた点である。このような社会メカニズムを整備することで、都心部の高度利用化圧力をとおして、自律的に高度な都市構造の創造と密集市街地の環境改善という２大都市マネジメント課題を同時に解決

することができている。このような社会メカニズムを整備することで、都市を誘導するという間接的な施策が、今後の低成長期における主要な都市運営手段になるだろう。この際に、重要なのは適切な市場と市場補助機構の構築であり、そこに英知を集めることが今後の都市計画の方向性でもある。

　　補注
　　1) http://www.jcer.or.jp/research/long/detail3532.html 参照
　　2) 図表1-4は東京23区の町丁単位で土地利用比率を集計し、その平均値から1標準偏差分以内の乖離の場合には用途混在、そうでない場合に平均値からの乖離が正に卓越している土地利用に特化しているものとして分類した。なお、23区全体の町丁目の平均土地利用割合［％］（平均ベクトルの各成分）は以下の通り：官公庁：2.1、その他公共施設：10.8、事務所建築物：4.1、専用商業施設：1.4、住商併用建物：4.3、その他商業施設：1.2、独立住宅：21.8、集合住宅：15.4、専用工場：2.9、住居併用工場：1.3、倉庫運輸関係施設：3.6、農業用地と農用地：1.6、その他：29.4。また、図表1-5は建物の高さの平均値を四捨五入して2以下を低層、2～5を中層、6以上を高層として分類した。本図作成にご助力いただいた薄井宏行氏に感謝したい。

＜参考文献＞
[1] 黒崎羊二、大熊喜昌、村山浩和、り・らいふ研究会（編）(2002)『密集市街地のまちづくり：まちの明日を編集する』学芸出版社、京都
[2] 梶秀樹、塚越功（編）(2007)『都市防災学：地震対策の理論と実践』学芸出版社、京都
[3] 財団法人森記念財団都市戦略研究所（2008）「世界の都市総合ランキング」財団法人森記念財団、東京

第2章 Chapter2
密集市街地プロジェクトの展開と課題

楠亀　典之＜㈱アルテップ＞

齋藤　智香子＜㈱ＵＲリンケージ＞

中川　智之＜㈱アルテップ＞

山口　幹幸＜東京都＞

松村　秀弦＜都市再生機構＞

Chapter 2

第 1 節

密集市街地の現状

楠亀 典之・㈱アルテップ

1. 密集市街地とは

　密集市街地は、その言葉が示すとおり、老朽木造住宅が、道路等が未整備の状態で建て詰まった災害危険性の高い市街地をいう。こうした地域では、建築基準法における接道規定を満たさず建替えが困難な建物が多い。また、火災等の災害時には延焼拡大の危険性が極めて高い、地区内に空地が少なく避難の安全性が確保されない、建物の耐震性が低く倒壊危険性が高い、狭小な道路や道が多く消防活動が困難など、防災上、様々な課題を抱えている。

　密集市街地の分布状況をみると、人口が集中する3大都市圏に集中しているが、約1/3は地方都市圏にも分布[1]している。そして、市街地特性は、江戸時代の古い町割を基本に土地の細分化が繰り返された地区、戦前の耕地整理による街区割に基づき形成された長屋地区、戦後の高度経済成長期に面的整備事業が実施されず虫食い的に開発が進んだスプロール市街地など、多様性に富んでいる。

2. 密集市街地における制度の変遷

　全国的に分布し多様な市街地特性を持つ密集市街地の整備改善について、これまで、どのような施策が講じられてきたのであろうか。

　国や密集市街地を抱える地方公共団体においては、密集市街地の災害危険性の早期解消を目的として様々な施策が展開されてきた。

　国においては、国策としての重要課題の1つに位置づけられ、特に平成7年1月17日の阪神・淡路大震災以降、平成9年の密集市街地における防災街区の整備の促進に関する法律の制定（平成15年及び平成19年改正）等により制度・手法が強化された。また、平成13年12月の都市再生プロジェクト（第

3次決定）を受け、全国約8,000ha について「地震時等において大規模な火災の可能性があり重点的に改善すべき密集市街地（重点密集市街地）」として平成15年7月に公表し、平成23年度までに最低限の安全性を確保することを目標とし設定された。さらに、平成19年1月には、重点密集市街地の解消に向けた取組みの一層の強化が都市再生プロジェクト（第12次）として決定されるなど[2]、様々な施策が講じられている（図表2-1-1）。

図表2-1-1　国における密集市街地整備の変遷

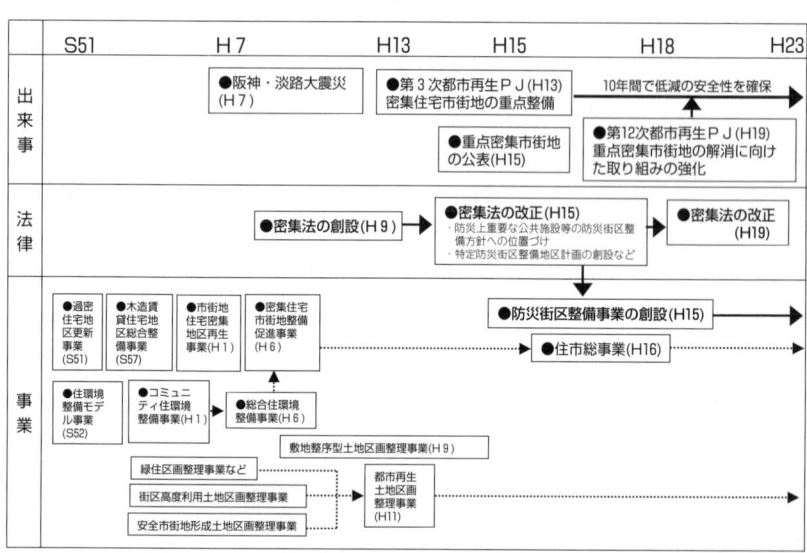

また、東京都においては、昭和58年の木造賃貸住宅地区総合整備事業や昭和59年の住環境整備モデル事業をはじめとして、密集市街地の整備改善に向けた施策が展開されてきた。平成8年には、防災都市づくり推進計画が策定され、「木造住宅密集地域整備プログラム」及び25の重点整備地域と11の重点地区が位置づけられた。また、平成16年には、防災都市づくり推進計画が改定され、重点整備地域として約2,400ha、11地区を選定し、街路事業等の基盤整備型事業と建物の共同化及び沿道の不燃化を進める修復型事業等を重点化し実施することとされた。[3]

このように、国や密集市街地を抱える地方公共団体において、様々な施策が

第1節　　　　　　　　　　　　　　　　　　　　　　　　　　　　　　　　密集市街地の現状

講じられてきた密集市街地であるが、密集市街地の整備改善の進捗率をみると、必ずしも順調に進んでいるとはいえない。現在でも、今後10年以内に重点密集市街地の解消が困難な地区や事業着手の目処すら立っていない地区も数千ha残されている。整備改善が進まない理由として、様々な要因が考えられるが、密集市街地の持つ多様な市街地特性も大きく影響しているのではないだろうか。

3．全国に広がる密集市街地の現状

　密集市街地の市街地特性を表す要素としては、街区割や道路形態、地形などの物理的な特性や住宅需要など地区の持つ開発ポテンシャルなどがある。ここでは、全国に広がる密集市街地の市街地特性が、市街地の整備や更新にどのような影響を及ぼしているのかみてみよう。

　街区割や道路形態は、地区の骨格を規定するもので、密集市街地の市街地形成に大きく影響している。密集市街地を街区割や道路付けで分類すると、街区の形状を有し道路がネットワークしている地区と街区が形成されず道路が未整備な地区に大別される。例えば、近畿圏では、建築基準法やその前身である市街地建築物法以前に建てられた戦前長屋が面的に連担している地域がある。これらの多くは、耕地整理により一定水準の基盤整備がなされ「街区」の形状を有しているが、道路は狭小で、敷地一杯に建物が建てられている。そのため、建替えに併せて、敷地をセットバックし、現行の建ぺい率に合わせると、従前

図表 2 - 1 - 2　京都に多く残る袋路地区

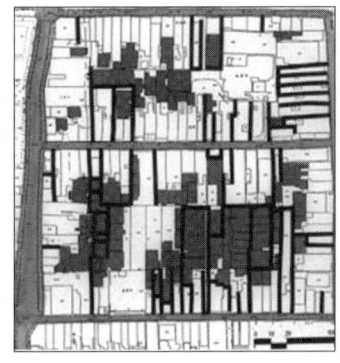

京都市西陣地区：敷地割と行止り状の路地

京都市西陣地区：行止り状の路地と町家

の床面積が確保できず建替えできない場合も多い。また、図表2-1-2に示すように、京都等の歴史的市街地では、袋路に町家が連担する街並みが形成されてきた。現在、町家は年間100件のペースで壊されているというが、今も袋路を特徴とするヒューマンなスケールの街並みが残されている。こうした地域では、狭小ながら道路ネットワークがしっかりしている反面、軒を連ねるため、仮に空家が発生したとしても個別更新が難しく、路線や街区単位で老朽木造住宅が残されているところもある。

一方、首都圏内の密集市街地には、行止り状の道・通路がネットワークされず分断された状態で残り、「街区」の概念すらもない地区も多い。こうした地区では、建築基準法の「道路」に接する敷地で建替えが進むものの、未接道宅地が集中する街区内部においては、老朽木造住宅が建替えされない状態で残されている。

次に、密集市街地を地形的な特徴で分類すると、斜面地、平坦地の狭い谷戸集落、平坦地に大別される。図表2-1-3に示すように、長崎市や北九州市など斜面地を抱える地域では、市街地として有効な土地が限られていたため密集せざるを得ず斜面地に家屋が密集した。こうした地域では、斜面地特有の問題として、地形的な高低差から接路不良宅地も多く地区改良事業など地形的な改変を伴う整備改善が必要な地区も多い。

図表2-1-3　斜面地密集市街地

図・写真とも長崎市十善寺地区

三重県尾鷲市や和歌山県海南市などの湾岸部は、斜面地と同様に、市街地として有効な土地が限られていたため、狭い平坦地に密集する形で形成された漁村集落もある。こうした地域では、湾から陸に向かって狭あい道路が狭い間隔で並走する市街地形態を有し、敷地も狭小で軒を寄せ合うように老朽木造住宅が並んでいるため個別更新が困難な地区も多い。さらに、漁村集落特有の津波問題もあり、地域レベルの災害対策も求められる。

　また、大都市の密集市街地と地方都市や郊外の密集市街地では、地区の持つ開発ポテンシャルが大きく異なる。大都市と地方都市で人口減少の程度・様相が違うように、都市部に位置する密集市街地は概して開発ポテンシャルが高い。一方、地方都市で特に駅から離れた場所にある密集市街地は、人口が減少し空家が増加する傾向にあり、開発ポテンシャルは低い。

　こうした開発ポテンシャルの違いは、市街地の整備や更新にどのような影響を及ぼすのであろうか。

　大都市の特に駅前至近では、新規賃貸住宅需要が旺盛なため、接道したまとまりのある敷地を中心に建替えが進み、まちは更新されていく。新規居住者の転入も見込まれ、多世代居住、まちの活性化も図られる。

　一方、地方都市や駅から離れた交通不便地域では、新規住宅需要が見込めないため、建物の建替え・更新は起こり難い。居住者は高齢化し、老朽化した空家が発生しているが、除却されることなく放置され、災害危険性の高い状態が続く。面的整備手法を活用しようとしても事業性がなく成立しない。また、行政主導のもと規制誘導型で改善しようとしても、そもそも建築行為が起き難く、ほとんど進まない。

　このように、一定のポテンシャルがない地区においては、建替えニーズが低く、それに伴い民間投資も誘発されないため、地区の改善は進んでいない。

4．東京の密集市街地

　これまで、全国の密集市街地の特徴を概括してきたが、東京、特に23区内に散在する密集市街地はどのような特徴をもっているのであろうか。ここでは、密集市街地の形成過程を振り返りながら、現在の密集市街地の状況を俯瞰してみよう。

第2章 密集市街地プロジェクトの展開と課題

（1）密集市街地の形成過程

東京の密集市街地は、山手通り（環状6号線）と環状7号線に挟まれた、通称「木密ベルト」や荒川周辺に集中している。これらの密集市街地の多くは、関東大震災の直後から基盤整備が伴わないまま急速に市街化された地域であ

図表2-1-4　関東大震災以前の市街地（大正10年ごろ）

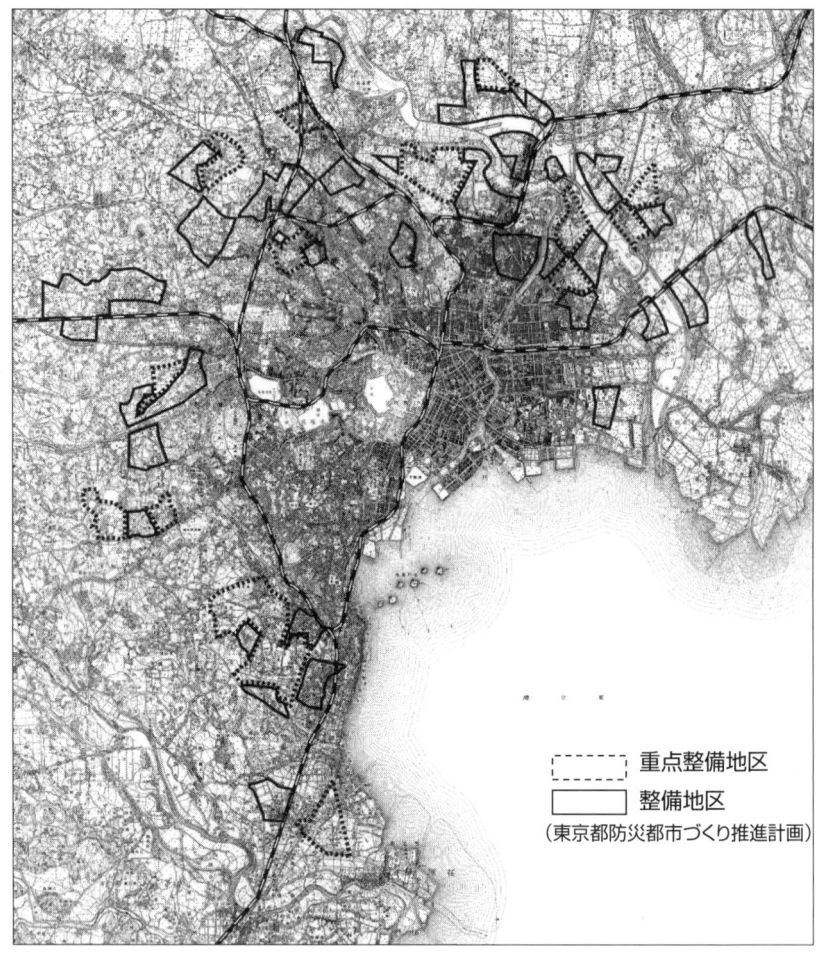

凡例：
- 重点整備地区
- 整備地区

（東京都防災都市づくり推進計画）

関東大震災前、現在の山手線の内側及び東側が市街化されている。当時すでに密集市街地の地域が市街化されているのは、文京区、台東区等の5地域程度。しかし、大正12年9月1日に発生した関東大震災により、それら5地域はもとより、東京の市街地の半分が焼失した。

第1節　密集市街地の現状

る。戦後の東京への人口集中の受け皿として、木造賃貸アパート等が大量に建設されたため、脆弱な基盤のまま住宅が密集した市街地として形成されてきた。
　具体的には、大正10年と昭和7年の地図を比較すると（図表2-1-4）、大

図表2-1-5　震災後から戦前の市街地の広がり（昭和7年ごろ）

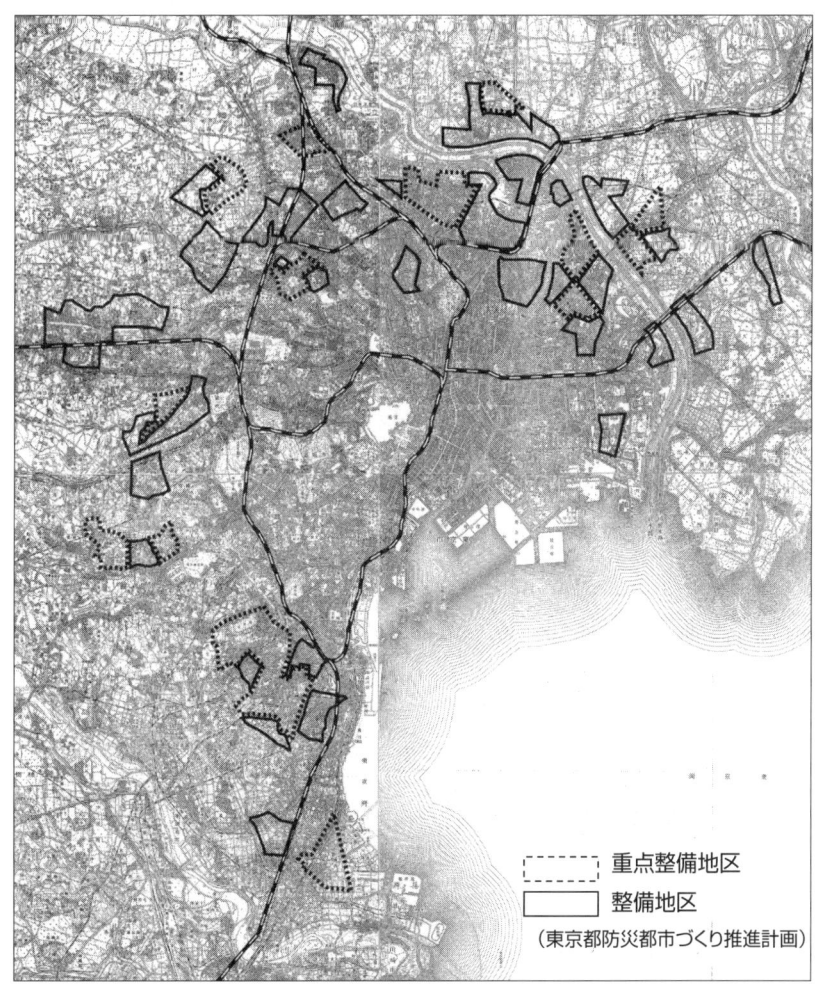

```
┌ ─ ─ ┐
│     │　重点整備地区
└ ─ ─ ┘
┌────┐
│    │　整備地区
└────┘
（東京都防災都市づくり推進計画）
```

関東大震災以後、基盤整備が行われないまま、地盤が弱い地域や農地などが急ピッチに市街化されたことが、現在の密集市街地を生み出した発端となっている。また、戦後も基盤整備のタイミングを逃したまま人口増加の受け皿として木賃アパートが建設されたことが、密集した市街地形成に拍車をかけた。

正10年までは、東京の市街地は、西は山手通り、東や北は今の明治通り周辺までである。当時、人口は東側に集中しており、西側はのどかな武蔵野台地が広がっていた。現在の密集市街地のうち、江戸時代からの下町や街道沿いの利便性が高い千駄木・向丘地域（文京区）や浅草北部地域（台東区）などは、この時点で既に市街化されている。しかし、これらの地域も、大正12（1912）年9月1日に発生した関東大震災により、一度市街地が焼失している。また、この地震による火災で、東京区全域の44％、被害が集中した日本橋地区では100％、浅草地区では96％が焼失した。

次に、関東大震災後の市街地の拡大を昭和7年の地図（図表2-1-5）から読み取ると、荒川や隅田川の度重なる河川の氾濫で、地盤そのものが脆弱な地域や、これまで市街化されてこなかった農地等に拡大している。特に、西側の多くは、都心近郊の比較的利便性が高い農地に拡大している。どちらも基盤整備が行われることなく、急ピッチに市街化されている。

また、戦後スプロールによる市街地形成は、現在の密集市街地よりも外側に広がっており、東京の密集市街地は、関東大震災から戦前にかけて市街化されたものであることがわかる。

一方、住戸密度を密集市街地のレベルに押し上げた要因の1つである木造賃

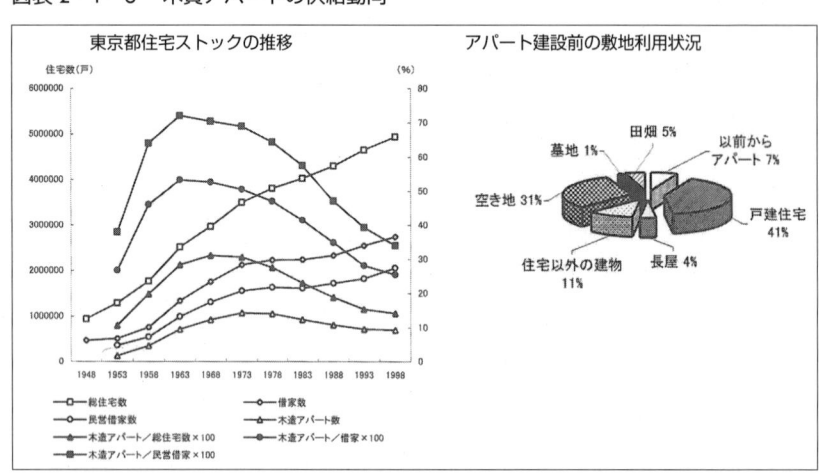

図表2-1-6　木賃アパートの供給動向

出典：「東京における木造アパートの現代的特徴の変遷に関する研究」朴炳順他、2002年3月

貸アパート（以下「木賃アパート」という）の供給状況等について朴炳順らの研究[4]でみると、木賃アパートは、昭和28（1953）年から昭和38（1963）年の10年間で急増している。昭和38年時点で、東京の住宅ストックのうち半数以上は借家であり、さらに借家の半数は木賃アパートであった。つまり4世帯に1世帯は、木賃アパートに住んでおり、当時の一般的な住宅の1つであったと考えられている。また、昭和43（1968）年には、木賃アパートは、東京の住宅ストックの3割を占めるまでになり、その後、木賃アパートのストック割合は減少に転じているものの、戦後の人口集中の受け皿として量的供給に重要な役割を果たしてきたことは明らかである。これらの多くは、もともと戸建て住宅だった敷地を、木賃アパートとして建設したものや、戸建て住宅の庭先を利用して建設した、いわゆる「庭先木賃」として建設されている。

これら木賃アパートは、戦災を受けた都心部、戦後のスプロール市街地など、地域を問わず面的に供給されているが、利便性が高い都心部では、基盤整備が伴わないまま、戦後の早い段階に木賃アパート等が一気に建設されている。このことが現在の密集市街地形成の大きな要因となっている。

（2）現在の密集市街地の状況

現在、東京の密集市街地は、「地震に関する地域危険度測定調査報告書（第6回）」[5]では、総合危険度でワースト100位のうち71地区が含まれるほか、危険度の高い市街地の上位が密集市街地に集中しており、倒壊危険度は荒川・隅田川沿い、火災危険度は木密ベルトに集中している（図表2-1-7）。

また、中央防災会議[6]では、首都直下型地震が発生した場合、建物全倒壊数・火災焼失棟数約85万棟、死者数約11万人という被害想定結果がでている（図表2-1-8）。死者数のうち、約半数が火災によるものとなっており、火災の危険性が高い密集市街地に、甚大な被害が集中するのではないかとみられている。

一方、市街地の開発ポテンシャルから密集市街地をみると、東京の密集市街地は、都心部に至近で利便性が高く、また、一部の地域では、緊急整備地域が隣接しているなど、非常にポテンシャルが高い場所に位置している地区も多い。しかし、民間企業等にとって良い投資場所とは見なされず、実際の容積率は、指定容積率の半分、もしくはそれ以下しか使えていない。例えば、墨田区の京

密集市街地プロジェクトの展開と課題　　　　　　　　　　　　　　　　　　　　　　第2章

図表2-1-7　総合危険度×密集市街地重ね合わせ図

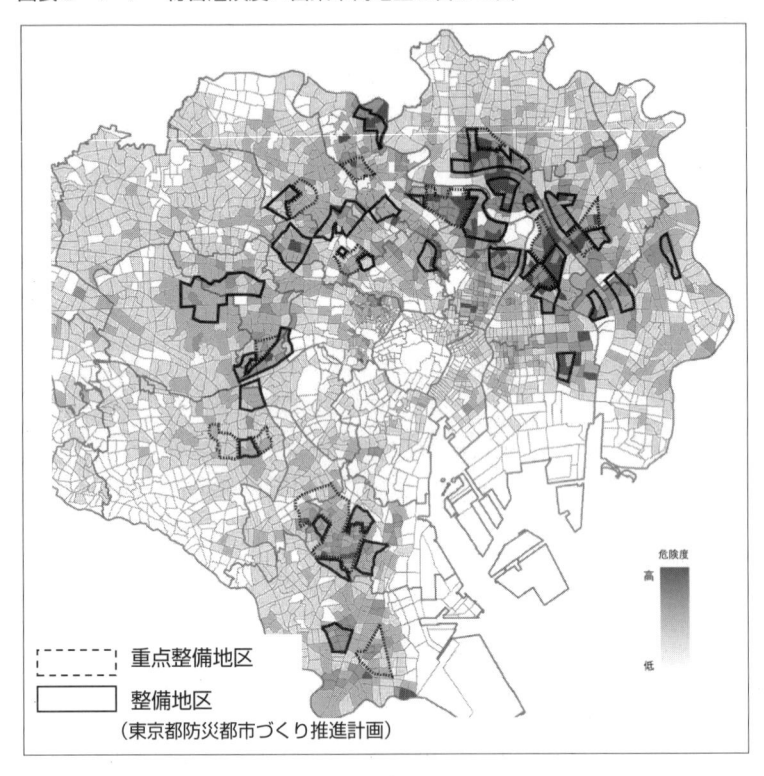

凡例:
- 重点整備地区
- 整備地区
（東京都防災都市づくり推進計画）

危険度　高／低

図表2-1-8　首都直下型地震の被害想定

冬夕方18時　時速15m/s

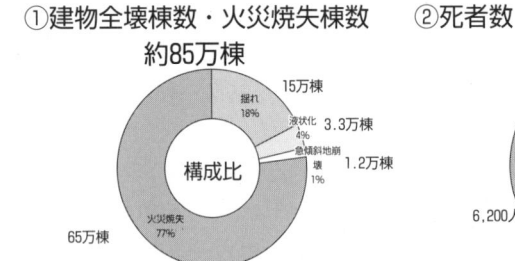

①建物全壊棟数・火災焼失棟数
約85万棟

構成比
- 揺れ 15万棟 18%
- 液状化 3.3万棟 4%
- 急傾斜地崩壊 1.2万棟 1%
- 火災焼失 65万棟 77%

◇瓦礫発生量約9,600万トン

②死者数
約11,000人

構成比
- ブロック塀の倒壊等 800人 7%
- 交通被害 200人 2%
- 建物倒壊 3,100人 28%
- 急傾斜地崩壊 900人 8%
- （火災） 6,200人

◇負傷者数（重傷者含む）約210,000人
　重傷者数約37,000人

出所：中央防災会議

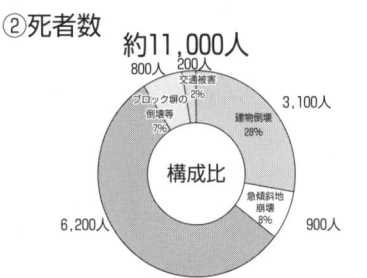

30

島地区では指定容積率200％のところ、京島2丁目で98％、京島3丁目で105％、緊急整備地域が隣接する豊島区の東池袋地区でさえ指定容積率300％のところ、東池袋4丁目で151％、東池袋5丁目で149％にとどまっており、開発ポテンシャルがある程度見込めるにもかかわらず、その潜在的な価値や可能性が見い出されていない状況にある。[7]

5．密集市街地の課題

次に、代表的な密集市街地である墨田区の京島地区を例に、具体的に密集市街地の課題をみてみよう。

京島地区は、墨田区のおよそ中央、隅田川と荒川の中間地に位置しており、大手町などの都心部まで電車で30分以内と利便性の高い都心近郊市街地となっている。京島地区は、大正期には田畑が広がる地域であったが、関東大震災で墨田区の全土が燃え尽き、新たな居住地として、震災後から昭和初期にかけて、基盤整備が行われないまま市街化された地区である（図表2-1-9）。

図表2-1-9　京島地区の形成過程

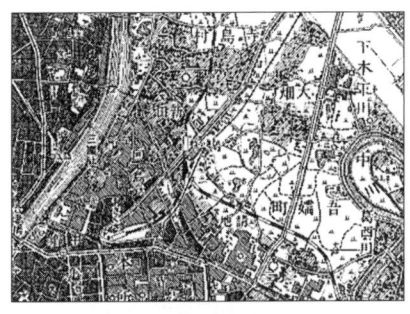

大正10年ごろ 　　　　　　　　昭和20年ごろ

（1）災害時の危険性

京島地区の大きな課題は、やはり防災性能が低く、災害時の危険性が非常に高い点にある。

まず防災性の低さとしてあげられるのは、不燃化の遅れだ。市街地の不燃化とは、建物自体が火災に強い構造をもつことと、まちの構造が延焼を遮断させる機能を持った街区で形成されていることの両面がある。しかし、京島地区で

図表2−1−10 構造別建物棟数割合
（京島3丁目）

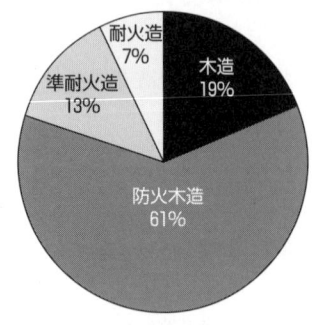

- 耐火造 7%
- 準耐火造 13%
- 木造 19%
- 防火木造 61%

出所：「東京の市街地状況調査」（東京消防庁）

図表2−1−11 老朽木造住宅が軒を連ねている

　は、木造、防火木造が約8割を占めており（図表2−1−10）、街区を取り囲む道路沿道のマンションや点在する公共施設を除くほとんどが、火災に弱い防火木造、木造となっている。特に街区の内部は、建築基準法の「道路」に接していないため、合法的な建替えを行いにくく、防災性の低い建物が幅員の狭い道路に軒を連ねている。そのため一旦、火災が発生した場合、隣家等への延焼危険性が非常に高くなっている。

　防災性能の低さの2点目として、災害時の避難が確保できていないことがあげられる。避難とは、家から外に安全に出られる、家の外から避難場所まで安全にたどり着ける、の両方を意味している。接道条件の悪さや、居住者の高齢化による建替え意欲減退、資金不足などの問題により、建替えだけでなく耐震化も行われていない老朽住宅が地区内には数多くある。阪神淡路大震災では、被災者の大半が家屋等倒壊による圧迫死であったことを考えると、耐震化できていない老朽住宅では、屋外まで安全に出ることができない可能性が大いにある。また、街区内部の道路のほとんどが幅員4m未満の狭あい道路となっているため、住宅の一歩外に出られたとしても、狭あい道路沿道の建物倒壊により、道路が閉塞し、安全な避難経路が確保できなくなる可能性もある。さらに、道路が塞がれてしまうと、消防ホースが出火点に届かず、消火活動が遅れて被害を拡大させてしまう恐れもある。

第1節　　　　　　　　　　　　　　　　　　　　　　　　　　　　密集市街地の現状

図表2-1-12　30年間の人口密度の推移（京島3丁目）

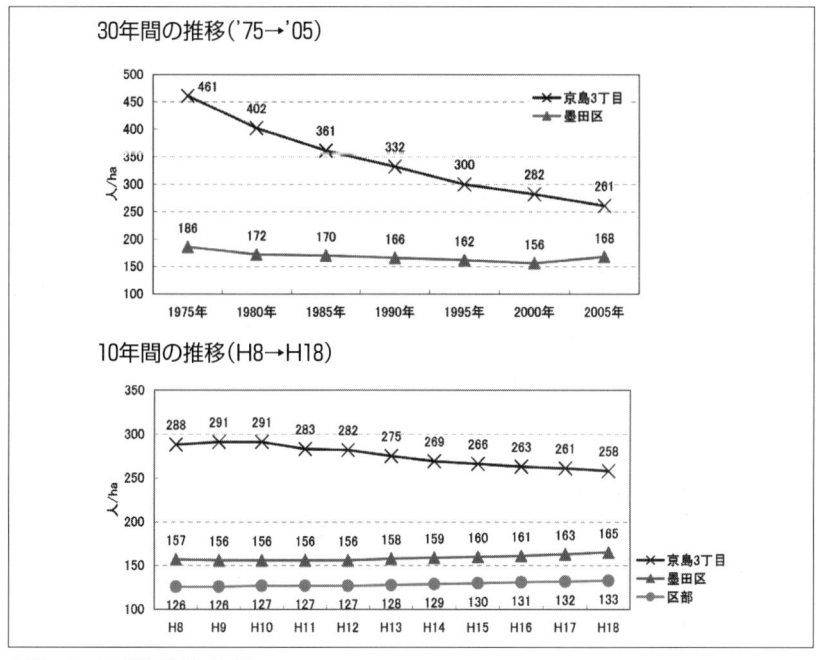

30年間の推移（'75→'05）

年	京島3丁目	墨田区
1975年	461	186
1980年	402	172
1985年	361	170
1990年	332	166
1995年	300	162
2000年	282	156
2005年	261	168

（人/ha）

10年間の推移（H8→H18）

年	京島3丁目	墨田区	区部
H8	288	157	126
H9	291	156	126
H10	291	156	127
H11	283	156	127
H12	282	156	127
H13	275	158	128
H14	269	159	129
H15	266	160	130
H16	263	161	131
H17	261	163	132
H18	258	165	133

（人/ha）

出所：人口は「住民基本台帳」

図表2-1-13　住み方別住宅の1世帯当たり床面積（㎡/世帯）

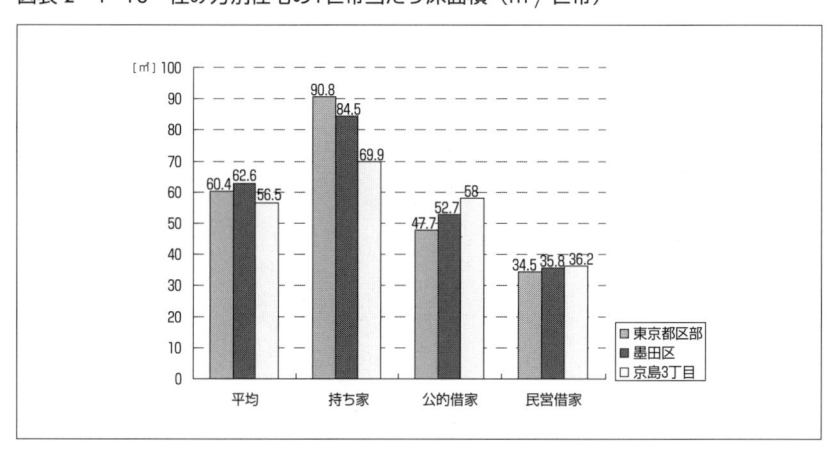

	東京都区部	墨田区	京島3丁目
平均	60.4	62.6	56.5
持ち家	90.8	84.5	69.9
公的借家	47.7	52.7	58
民営借家	34.5	35.8	36.2

出所：国勢調査

（２）人口減少・30代流出による市街地の活力低下

　京島地区の人口は、戦後から高度成長期にかけては、立地条件の良さもあり、急激に人口が増加し、昭和50年には人口密度が461人/haと、当時の墨田区平均186人/haの２倍以上の人口密集度であった。現在の人口密度は、30年前に比べ６割程度に減少しているものの、それでも墨田区平均の1.6倍、23区平均の２倍以上の人口密度となっている（図表２－１-12）。

　また、京島地区の建物は大半が２階建てであり、これらの建物だけで一般市街地の倍以上の人口密度ということは、極度に建て詰まっており、良好な住環境が確保できているとは言い難い状況にある。実際、１世帯当たりの床面積は約57㎡であり、区部や墨田区平均に比べ小さく、持ち家では23区平均に比べて20㎡も小さい（図表２－１-13）。現在の住宅ストックが多様な世代に対応出来ていないことも一因し、ここ10年間で墨田区の人口は微増傾向にあるにも関わらず、京島地区では大幅に減少している。併せて、人口構成をみると、30歳代の人口減少に加え、少子高齢化が顕著に表われており、地域のコミュニティ等の活力が低下していることも指摘できる（図表２－１-14）。

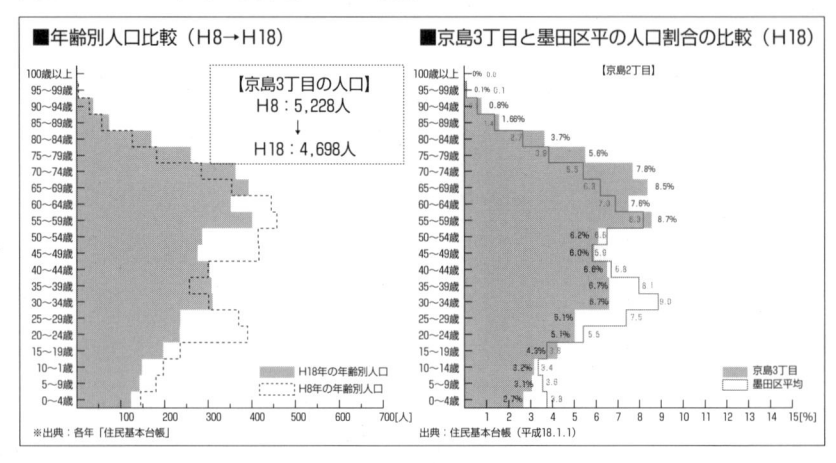

図表２－１-14　京島３丁目地区の人口構成

以上、京島地区でみた課題は、程度の差こそあれ、東京の密集市街地が抱える共通の課題でもある。
 東京の密集市街地は、これまで市街地としての防災性能が低い反面、地縁を中心とした消防団等の活動が盛んだったため、一定の安全性は確保できていた感はある。しかし、人口減少、少子高齢化が進んでいる状況下では、防災性を担保してきたソフト面での対応にも陰りがみえている。今後は、防災性を高めるとともに、好立地であるポテンシャルを活かし、多様な世代に対応した市街地にしていくことが必要である。

＜参考文献等＞
[1] 密集市街地は、全国に約2万ha存在するとされ、特に大火の危険性が高い危険な市街地は、東京、大阪で各で約2,000ha、全国で約8,000ha存在するとされている。
[2] 「住宅市街地整備ハンドブック2008」社団法人全国市街地再開発協会
　　＊「都市再生プロジェクト（第三次決定）」平成13年12月4日都市再生本部決定、「地震時等において大規模な火災の可能性があり重点的に改善すべき密集市街地」平成15年7月11日国土交通省。重点的に改善すべき密集市街地については、最低限の安全性を確保することとされた。最低限の安全性とは、安全確保のための当面の目標として、地震時等において同時多発火災が発生したとしても、際限なく延焼することがなく、大規模な火災による物的被害を大幅に低減させ、避難困難者がほとんど生じないことをいい、市街地の燃えにくさを表わす指標である不燃領域率で40％以上を確保すること等をいう。
[3] 「東京都防災都市づくり推進計画（平成16年度）」東京都
[4] 「東京における木造アパートの現代的特徴の変遷に関する研究」朴炳順他（日本建築学会計画系論文集（第553号）2002年3月）
[5] 「地震に関する地域危険度測定調査報告書（第6回）」東京都、平成20年2月
[6] 「首都直下型地震対策に係る被害想定結果について」中央防災会議首都直下地震対策専門調査会、平成17年2月25日
　　＊中央防災会議は、内閣の重要政策に関する会議の1つとして、内閣総理大臣をはじめとする全閣僚、指定公共機関の代表者及び学識経験者により構成されており、防災基本計画の作成や、防災に関する重要事項の審議等が行われている。
[7] 「東京都の市街地状況調査（第7回）」東京消防庁、平成17年

第 2 節

密集市街地の整備事例

齋藤 智香子：㈱ URリンケージ

　密集市街地整備の手法は、大きく分けて「規制誘導型」と「事業型」の2つがある。規制誘導型は、地域住民と行政がまちづくりに関するルールを定め、それに基づいて密集市街地を改善する方法で、事業型は、密集市街地に事業によるメスをいれながら市街地を整備する方法である（図表2-2-1　密集市街地における整備事業の類型）。

　規制誘導型は、さらに分類すると「都市計画法の地区計画による規制誘導」と「建築基準法の連担建築物設計制度による規制誘導」がある。自治体が地区計画やまちづくりガイドライン、建築協定等を策定し、これに基づいて地権者が個別に建替えることによって密集市街地が改善される手法だが、すべての建物が更新されてはじめて市街地が整備されることとなるため、密集市街地整備の完了までにはかなりの時間を要する。

　事業型は、再開発のように敷地を共同化しながら市街地を改善する「共同化型」と工場や大学等の移転に伴って発生する種地を活用しながら公園や道路を整備し、市街地を改善する「種地活用型」がある。いずれの場合も事業の中で共同化や建替え・移転を行うため、規制誘導型に比べて地権者の生活再建に対する選択肢を複数用意することが可能となるため、限られた時間の中で一定の成果をあげることができる。

図表2-2-1　密集市街地における整備事業の類型と事例

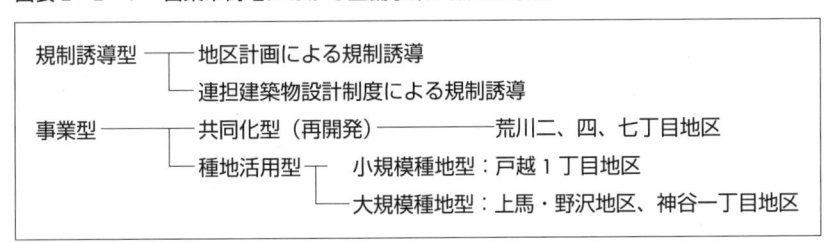

```
規制誘導型 ─┬─ 地区計画による規制誘導
            └─ 連担建築物設計制度による規制誘導
事業型 ─────┬─ 共同化型（再開発）──────── 荒川二、四、七丁目地区
            └─ 種地活用型 ─┬─ 小規模種地型：戸越1丁目地区
                           └─ 大規模種地型：上馬・野沢地区、神谷一丁目地区
```

本稿では、事業型の整備事例について紹介しながら密集市街地整備の実態について考えてみる。

1. 荒川二、四、七丁目地区

(1) 地区の現況

荒川二、四、七丁目地区は、千代田線町屋駅から荒川区役所にかけた約48haの区域である。もともと農地であったところに震災後に家内制手工業の集積や住宅等の建物が借地で建て込んで現在の密集市街地が形成されたため、荒川区が平成17年12月に住宅市街地総合整備事業（以下「住市総」という）の大臣承認をとり、密集市街地整備に取り組んでいる地区である。

地区の現況は、木造建物棟数率が全体の75%で、そのうち昭和55年以前に建築されたものは64%にのぼる。住宅戸数密度は116戸/haで不燃領域率は37.9%といずれも東京都における木造住宅密集地域の基準を上回り、東京都の地震に関する地域危険度は建物倒壊危険度、火災危険度のいずれも危険性が2番目に高いランク4に位置づけられている（図表2-2-2）。

図表2-2-2 地区の現況

東京都における木造住宅密集地域の考え方		地区の現況
木造建物棟数率	70%以上	75%
老朽木造建物棟数率（昭和55年以前建築）	30%以上	64%
住宅戸数密度	55戸/ha	116戸/ha
不燃領域率	60%未満	37.9%

地区内の道路は、幅員4m未満の道路が地区全体の道路延長の約52%と過半数を占め、道路にきちんと接道していない建物が多く、通称アンコと呼ばれる密集市街地の奥は平常時の消防活動に支障をきたしやすい区域となっている。

(2) 荒川二、四、七丁目地区住宅市街地総合整備事業

荒川区は、防災性及び居住環境の向上を目標に、平成18年度から平成27年度までの10年間の予定で住市総を実施し、①主要生活道路整備（優先整備路線）、②公園・広場整備、③老朽住宅（アパート）の共同化による建替えの3つを柱としながらまちづくりに取り組んでいる（図表2-2-3）。

第2節　密集市街地の整備事例

　住市総では、サンパール通りと荒川中央通りを東西に結ぶ３つの主要生活道路を優先整備路線に位置づけ、幅員６ｍに拡幅するため敷地前面の空地を区が取得している。しかし、図表２-２-４、２-２-５に見るとおり、当地区は道路や路地に対して直接接している建物が多く、その大半が道に面して玄関や窓を設けているため、敷地にセットバック等の余裕がまったくない。そのため、地権者の建替え意向に併せて道路用地を取得することとなり、市街地整備の目標やスケジュールが立てにくく、かなりの時間を要することとなる。

図表２-２-３　荒川二、四、七丁目地区住宅市街地総合整備事業　事業計画図

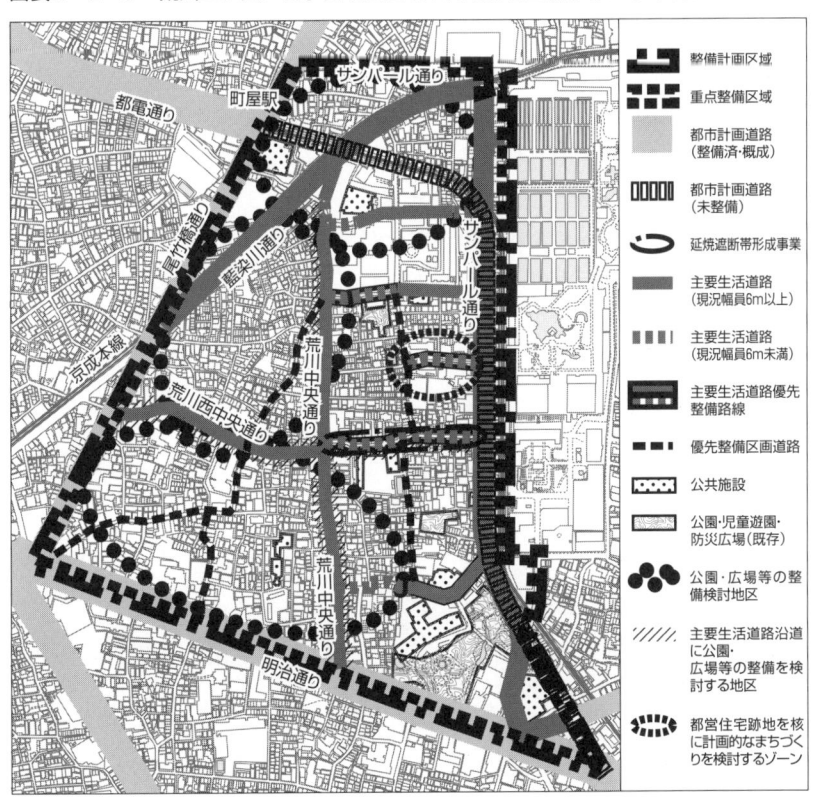

図表2-2-4　地区内の未接道住宅　　図表2-2-5　生活道路沿いのアパート

(3) 町屋駅周辺の再開発事業

　それでは、この地区はまったく市街地整備が進まないのかというと、そういうわけでもない。地区内の町屋駅周辺は、住市総に先立つ昭和58年に東京都の再開発方針2号地区に指定され、6地区（合計約3ha）の再開発事業が立ち上り（図表2-2-6）5地区の再開発が完了している。町屋駅から大手町まで直通で13分という利便性の良さと、バブル期というタイミングの良さという2つの幸運が重なってはいるものの、同一地区内における市街地整備進捗度合いは対照的である。

図表2-2-6　町屋駅周辺の再開発事業

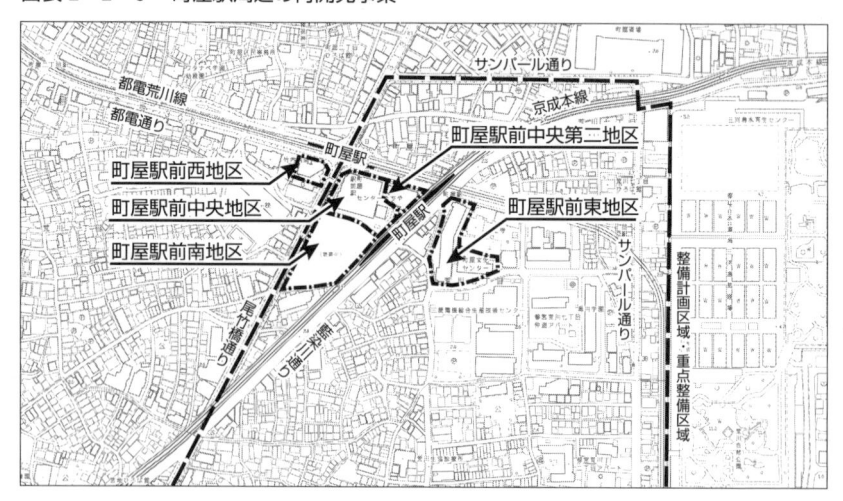

町屋の再開発事業地区の権利者等の状況を見ると、密集市街地の他地区と同じように権利関係は輻輳している（図表2-2-7）。このような状況にもかかわらず市街地整備が進んだ背景には市街地再開発事業を用いることにより決められたスケジュールと手順の中で多くの関係者の合意形成を図りながら権利関係が整理され、生活再建がなされたためと考えられる。このように、事業型の手法は、地区内の複雑な権利関係の清算と住民の生活再建の両方を満たしながら市街地を整備することが可能となる。

図表2-2-7　町屋駅周辺地区整備基本構想に基づく市街地再開発事業の進捗状況

地区名称	町屋駅前西	町屋駅前東	町屋駅前中央	町屋駅前中央第二	町屋駅前南
建物名称	ウエストヒル町屋	イーストヒル町屋	センター町屋	町屋ニュートーキョービル	マークスタワー
地区面積（ha）	0.20	0.60	0.52	0.10	0.60
施行者	個人	組合	組合	個人	組合
都市計画決定	S59年1月	S60年3月	S63年3月	S63年3月	H9年2月
事業認可	S59年8月	S60年11月	H元年11月	H6年4月	H12年12月
権利変換計画認可	S60年3月	S61年10月	H5年5月	H6年9月	H15年3月
工事完了	S62年12月	S63年10月	H8年3月	H8年3月	H18年3月
主要用途	住宅・店舗	住宅・店舗・公益施設	住宅・店舗・事務所他	店舗・住宅（社員寮）	住宅・店舗
敷地面積（㎡）	913	4,137	3,221	940	4,717
延床面積（㎡）	4,741	20,489	27,020	4,826	42,013
容積率（%）	519%	462%	699.5%	513%	647%
総事業費（億円）	16	75	198	25	162
土地所有者	9	34	25	5	19
借地権利者	3	19	20	2	37
借家権利者	3	37	51	0	38
建物所有者（使用貸借）	0	4	3	0	0

2．戸越１、２丁目地区

（１）地区の概要と密集市街地整備の経緯

　戸越１、２丁目地区は、品川区の北西、山手線五反田駅、大崎駅からそれぞれ１km圏内の非常に利便性の良い立地に恵まれた地区である。地区の東側は国道１号（第二京浜）に面し、沿道には高層マンションが立ち並んでいるが、アンコの部分は他の密集市街地同様細街路が多くオープンスペースや公園が不足し、防災や住環境に問題を抱えた地区である。

図表２－２－８　国道1号沿いの高層マンションと密集市街地　　図表２－２－９　細街路に面した老朽住宅

　品川区は、密集市街地内の住民によびかけを行い、平成４年７月にまちづくり懇談会を設立し、平成５年には「密集住宅市街地整備促進事業」（図表２－２－10）の大臣承認を受け本格的に密集市街地整備に取り組み始めた。平成10年度に当地区が防災再開発促進地区に指定されたのを機に、区は住宅・都市整備公団（現：都市再生機構）と事業協力協定を締結し、区と公団の協力による密集市街地整備が図られた。

　13年間の事業成果は、図表２－２－11に示すが、中でも百反通りの拡幅整備は、小規模ではあるものの種地を活用した道路整備の事例である。

第2節　　　　　　　　　　　　　　　　　　　　　　　　　　密集市街地の整備事例

図表 2-2-10　密集住宅市街地整備促進事業整備計画図

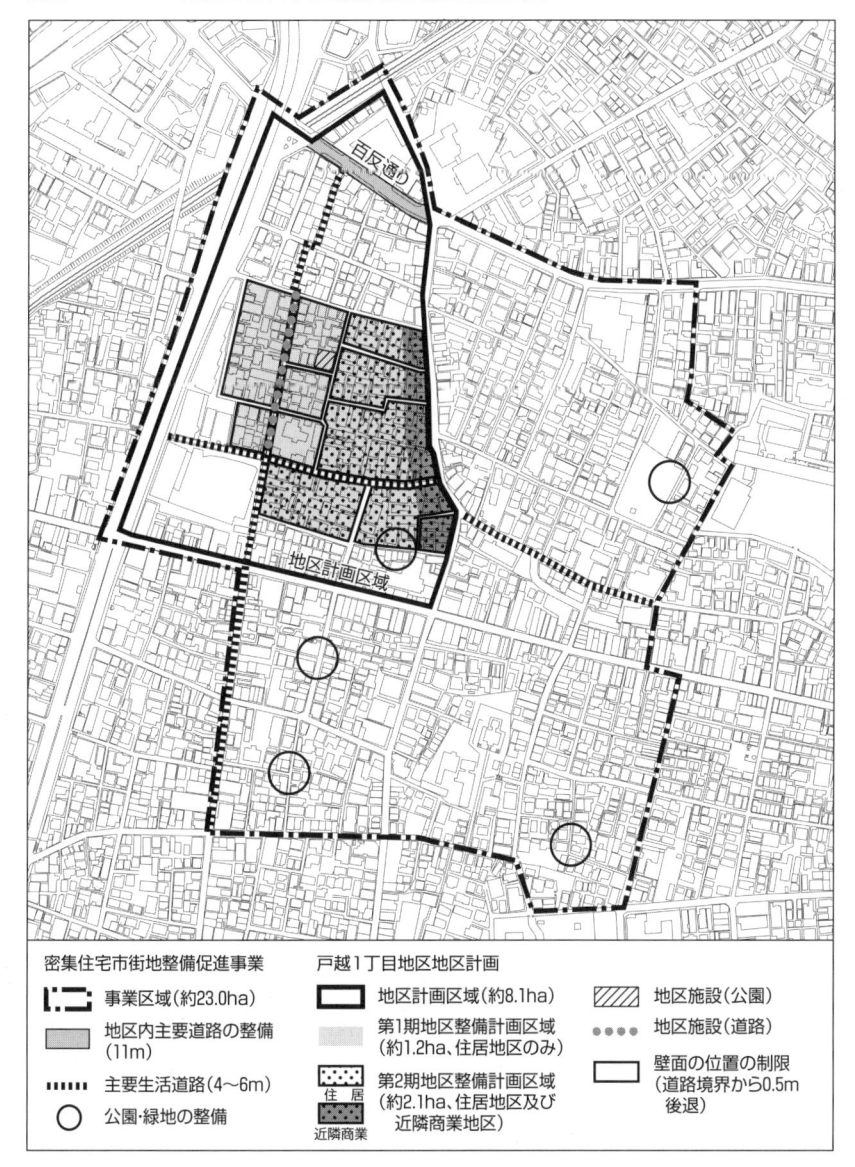

密集住宅市街地整備促進事業	戸越1丁目地区地区計画		
┆┊┆ 事業区域(約23.0ha)	地区計画区域(約8.1ha)	▨ 地区施設(公園)	
地区内主要道路の整備(11m)	第1期地区整備計画区域(約1.2ha、住居地区のみ)	●●●● 地区施設(道路)	
▬▬▬ 主要生活道路(4〜6m)	第2期地区整備計画区域(約2.1ha、住居地区及び近隣商業地区)	壁面の位置の制限(道路境界から0.5m後退)	
○ 公園・緑地の整備			

密集市街地プロジェクトの展開と課題　　　　　　　　　　　　　　　　　　　　　第2章

図表2-2-11　戸越1、2丁目地区　事業実績一覧（平成18年3月現在）

事業項目	実　績
建替助成（老朽住宅の建替え促進）	完成11棟
従前居住者用住宅「ソレイユ戸越」	1棟（10戸）
公園・広場等の設置	3カ所
行止り通路の解消	2カ所
百反通りの拡幅整備と共同化	整備前の幅員：6.36m 整備後の幅員：11m 拡幅整備延長：115m 用地取得面積：560㎡
地区計画の策定	1地区（15ha）

（2）種地（共同化事業）を活用した百反通りの拡幅整備

　戸越1、2丁目地区における密集市街地整備の成果は、百反通りの拡幅である。百反通りの標準幅員は11mであるが、当地区内の幅員は6mしかないため日常交通に支障をきたし地区内でも問題になっていた。

　それでは単に道路を拡幅するために用地を買収すれば問題が解決するのか、答えは否である。そこに生活する11名の権利者の生活が継続できなければ任意の道路拡幅はできない。そこで公団は、通りに囲まれた沿道の地権者11名の個別の事情を考慮しながら土地の交換、共同・協調建替え等を提案し百反通りの拡幅整備を行うこととした。

　合意形成のポイントは、権利者を「借地権者グループ」と「大規模土地所有者」、「地区内の土地建物所有者」にわけ、それぞれ生活再建に向けた複数の選択肢を用意したことにある（図表2-2-12　百反通り拡幅のための事業の仕組み）。

　借地権者グループには共同・協調建替え、地区外での建替え、権利精算の選択肢を、土地建物所有者に対しては、地区内での建替えだけでなく、地区外での建替えの選択肢を用意することにより、権利者それぞれが道路の拡幅整備後も自分の意向に沿った生活再建のイメージを持つことが可能となった。これにあわせて具体的な土地建物の資産評価の実施や、助成事業の活用、資金計画など資金面の検討を重ねた結果、権利者それぞれが生活再建計画を立てることができ、短期間での合意に至った。

　合意後もそれぞれの事業完遂に向けて共同ビルの建設事業組合の設立、権利

第2節　　密集市街地の整備事例

関係の清算や敷地整序、個別建替えの計画や道路拡幅事業の計画作成など道路拡幅と市街地整備を一体的に調整しながら、様々な支援を行い、平成10年のまちづくり基本計画策定からわずか6年後の平成16年3月に百反通りの道路拡幅工事に伴うすべての事業を終えている。

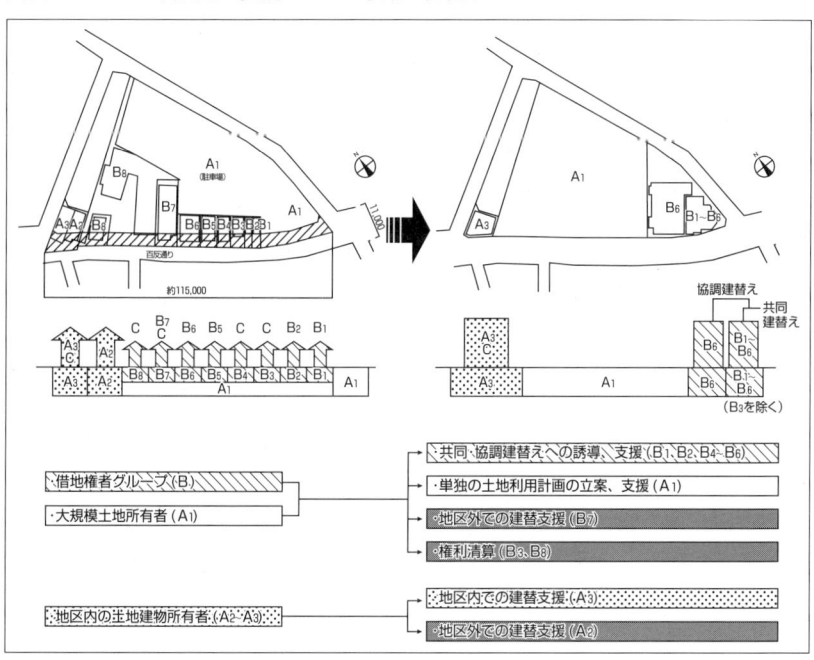

図表2-2-12　百反通り拡幅のための事業の仕組み

（3）街並み誘導型地区計画の策定

　道路拡幅事業を行う一方で、戸越1、2丁目地区では毎月まちづくり懇談会を実施するとともに、そこで議論された内容を「まちづくりニュース」に掲載し、地区内に配布しながら住民にまちづくりの課題や問題点の共有を図っていった。
　このような活動の成果は、「戸越1、2丁目地区のまちづくり」として取り

まとめられ、平成14年に地区計画の都市計画決定に結び付いている。

地区計画の策定にあたっては、地元の人がまちづくりを理解しやすいよう模型を使ったワークショップを開催し、まちづくりの議論を重ねてきたが、その成果の1つが「街並み誘導型地区計画」の導入である。これにより、道路境界線から50cmセットバックし、建築物を耐火または準耐火構造とすることにより現行法規では規制される道路斜線や容積率制限を緩和できることとなった。

さらに、実際建替えを検討している人に対しては、毎月建替相談会を開催し、資金計画や配置計画のアドバイスを行いながら地区の建替更新の推進を支援した。

この制度を活用して自宅の建替えを行った住民は、「建替えで若い世帯が地区に増えてくることを期待している。うちも娘夫婦と2世帯住宅を構えることができた」と喜んでいる。

図表2-2-13　街並み誘導型地区計画による緩和内容

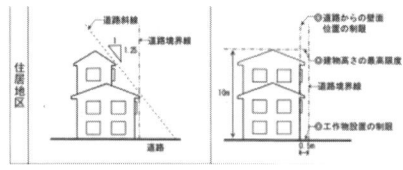

（4）街並み誘導型地区計画の課題

街並み誘導型地区計画は機能しているのか。図表2-2-14の写真は地区内のアンコ部に計画されたミニ戸建て用地である。かつて地区には珍しく大きな

屋敷があった場所が取り壊され、敷地が細分化されミニ戸建てが分譲された。不動産情報によると土地面積約18坪（60.15㎡）、建物面積101.84㎡の4LDKガレージ付が平成21年1月現在6,780万円で売りに出ている。

図表2-2-14　ミニ戸建用地

地区計画では敷地の細分化を防止するために最低敷地面積を定めることができるが、区域内の住宅がなるべく既存不適格にならないよう配慮して数字が決められる。当地区の地区計画で定められた最低敷地面積は60㎡のため、ミニ戸建てを分譲することは法律的にはなんら問題はない。

せっかくまちづくりを住民が共有しても、相続等で土地が住宅事業者の手に渡ったとたんに都心に近く交通や生活利便性の高い密集市街地は、ミニ戸建てが再生産されるというジレンマに陥ることとなる。

図表2-2-15　戸越一丁目地区地区計画の概要

	戸越一丁目地区地区計画（概要）
面積	地区面積15.0ha、地区整備計画面積　4.1ha
用途	風営法関連、ホテル、旅館等の禁止
容積率の最高限度	200％、300％、500％
敷地面積の最低限度	60㎡
壁面の位置の制限	道路境界線から0.5m　真北の隣地境界線から0.5m
高さの最高限度	10m、12m
垣、さく	生垣又は透視可能なフェンス

3．上馬・野沢地区

（1）地区の概要

世田谷区内の国道246号と環状7号に挟まれた約42haのエリアである上馬・野沢地区は、東急田園都市線三軒茶屋駅から徒歩10分程度、渋谷駅から5km圏内と都心の生活を楽しむには非常に便利な立地である。

他の密集市街地の形成と同様、関東大震災以降、道路や公園が未整備なまま市街地化が進行したため、行止り道路や4m未満の狭隘道路が多く、地区内を数分歩いているだけで宅配や引越し業者の車が身動きとれずに立ち往生している光景にでくわす。

当地区は、密集市街地内の奥まった狭小な土地でもその立地の良さから更地になると途端に売りにだされる。渋谷に近い便利な立地であるがゆえに民間事業者による土地取引は盛んであり、地区内の空き地は細分化されて売りに出され結果として新たな密集市街地が再生産される。

図表2-2-16のミニ戸建て住宅は、元々1人の地権者が所有する土地で、行止り道路の解消のため周辺の共同化などが検討されていたが、借地権の清算などでタイミングを逃した結果、約20坪（約70㎡）の狭い敷地に分割され南欧風のデザインが施された4LDKのミニ戸建て住宅が約7,000万円で売りに出された。

図表2-2-16　地区内のミニ戸建て住宅　　図表2-2-17　地区内のミニ戸建て住宅

（2）密集市街地整備の経緯

当地区は、世田谷区が平成5年度から市街地住宅密集地区再生事業（現：密集住宅市街地整備促進事業）に基づいてまちづくりを始めたが、当時は、個別の建替え誘導や街づくり用地の取得は行われたものの、それが面的な事業に結び付かず、密集市街地整備の解決の目処がたたないまま残されている状況だった。

その後、平成8年に都市基盤整備公団（現：都市再生機構）が明治薬科大学

跡地を取得したのを機に、世田谷区と公団、東京都による「三軒茶屋地区基本構想策定委員会」を設置し、跡地開発にあたって密集市街地整備に考慮すべき条件、事業枠組み等を整理・検討した。その結果、跡地を活用した密集市街地整備の実現化方策として①明治薬科大学跡地における代替地の確保及び活用（道路拡幅事業及び密集事業）、②公団による公共事業の受託施行（補助209号線の整備）、③密集市街地における補助の活用と公団による協力、④区と公団の役割分担等が確認され、このことがその後の密集市街地における種地を活用した市街地整備に結び付いている。

図表 2-2-18　事業諸元

名称	上馬・野沢周辺地区住宅市街地整備総合支援事業					
大臣承認	平成12年3月					
区域面積	約42ha		都市再生機構取得用地		明薬跡地	約3.0ha
					社宅跡地	約0.28ha
公共施設の整備	種別		延長	幅員	備考	
	道路	補助209	629m	16m	6mから16mへの拡幅	
その他の整備	建替え実績		109戸			
公団住宅建設計画	共同分譲住宅		ハウスソラーナ109戸			
	公団賃貸住宅		アクティ三軒茶屋523戸			
			生活支援施設（保育施設、高齢者支援施設、医療施設、店舗他）			
			シティコート上馬38戸			

（3）明薬通り（都市計画道路補助209号線）の拡幅整備

　明治薬科大学跡地が隣接する明薬通り（都市計画道路補助209号線）は、区の地域防災計画において「緊急啓開路線」と位置づけられている。これは、災害時に優先的に緊急車両の通過を確保する道路を意味するが、当時の明薬通りは片側通行の幅員6mしかない通りで、バスが通ると人が建物に張り付かなければ歩けないような状態だった。この課題を解決するため、世田谷区は公団の直接施行制度を活用し明薬通りの拡幅整備を公団が区に代わって整備することとなった。

　直接施行制度の活用はさまざまなメリットがある。区に対しては人員的負担の軽減、財政的負担の平準化が実現され、また公団が資源を集中投下することで事業期間の短縮も可能となる。

図表 2-2-19　住市総整備計画図

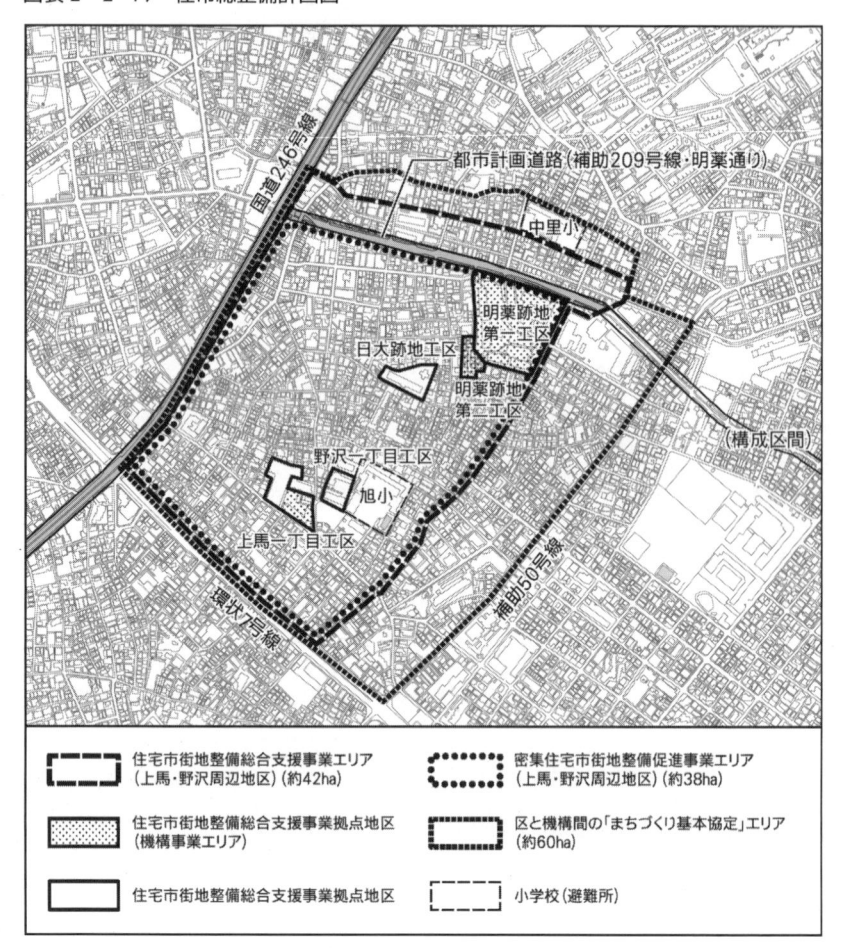

図表 2-2-20　補助209号線整備スケジュール

年	補助209号線整備スケジュール	
平成12年	1月	覚書締結
	3月	施行同意、住市総大臣承認
	12月	事業承認
平成13年	1月	事業説明会
	2月	用地・補償説明会
	3月	補助209号線の整備に関する協定書、用地交渉・用地取得開始
	7月	代替地説明会
平成14年	1月	まちづくり用地引渡開始
	8月	明薬通り整備構想策定に係る検討会議（〜15.3）
	9月	明薬通り整備構想懇談会（〜15.3）
平成15年	4月	道路実施設計開始、覚書の変更
	8月	工事着工
平成16年	2月	都市計画事業・事業計画の計画承認申請、事業計画変更承認の同意
平成19年	3月	事業完了

　平成12年に区と公団の間で覚書を締結し、明薬通り拡幅整備の事業承認を得た公団は、翌年3月には拡幅整備に要する用地取得を開始している（図表2-2-20参照）。

　計画では、延長630mの区間を幅員6mから16mに拡幅するのに必要な用地取得面積は約4,500㎡、その権利者数は、土地所有者104人、建物所有者95人、借地人8人、借家人77人にのぼった。このように多くの権利者を有していたにもかかわらず、平成12年から5年間で用地取得を完了し、平成19年3月には補助209号線の拡幅整備に関する事業を完了している。

（4）　まちづくり用地の活用

　密集市街地整備を成功に導くには、地権者の住み続けたいという意思に対して真摯に向き合いながら、地権者に対してどのような生活再建の選択肢を用意できるかがポイントとなる。

　当地区では、住民の発意で設立されたまちづくり協議会やまちづくり懇談会を通じて計画説明や意見交換、ワーキング等を行いながら地元の意見を道路整備計画に反映させた。また、先行して取得した大学跡地に隣接する第2工区（図表2-2-19参照）にまちづくり用地を確保し、希望する地権者にまちづくり用地（16区画）を特定分譲したことで、住み続けることが可能な選択肢が用意でき、地元住民との話合いが進むこととなった。まちづくり用地16区画中

14区画は、敷地の全部を失う地権者もしくは敷地の一部を売却する事業協力者（家を失う借地人・借家人も含む）に譲渡されている（図表2-2-21参照）。

また、道路の用地買収を行うと建物が建設できない残地が発生するが、公団はこの残地を一旦買い取りながら隣地などの事業協力者へ特定分譲し、使える土地へと転換していった。このようなきめ細やかな対応が地元住民からの信頼を得、短期間での道路事業の完了に結び付いた。

図表2-2-21　代替地の活用による道路整備の促進

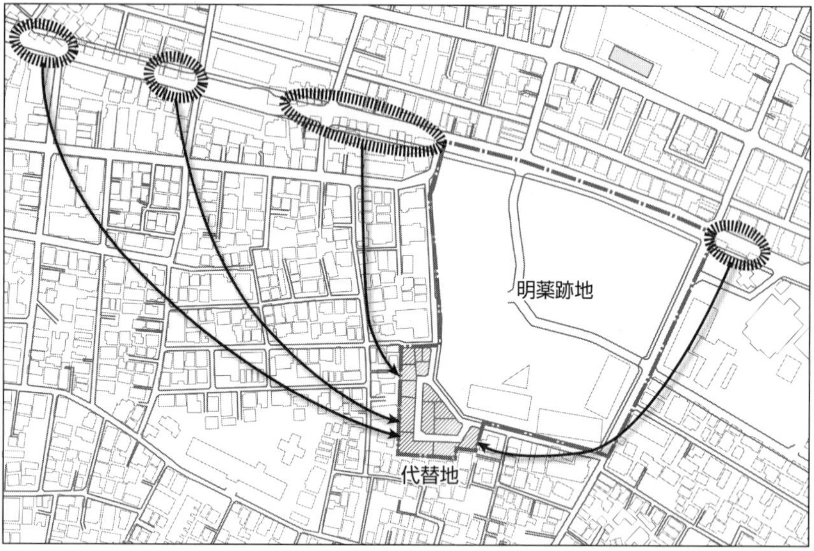

（5）上馬・野沢地区のその後

住民とのワークショップや話し合いは、都市計画道路完成後も続いている。これまでの話し合いを通じて住民の防災意識が高まり、その思いは「旭小学校周辺地区街づくり」に引き継がれている。ここでは、密集市街地全域における防災街づくりのあり方について検討を重ね、都市計画法に基づく「旭小学校周辺地区地区計画」、世田谷区街づくり条例に基づく「旭小学校周辺地区地区街づくり計画」、東京都建築安全条例に基づく「新たな防火規制」の区域指定案にとりまとめられ、地区計画は平成21年4月に都市計画審議会にて都市計画決定され、6月に条例が施行された。また、東京都建築安全条例に基づく「新

たな防火規制」については平成21年4月30日に指定され、6月1日に施行された。

これによると、道路整備については「地区計画」では定めず、世田谷区街づくり条例に基づく「地区街づくり計画」に引き続き定め、これまでと同様建替えにあわせて後退することにより整備を行うこととしている。また、これまで道路中心から5m（主要生活道路）または3m（主要区画道路）の後退が定められていたが、今後は街づくりの計画線（交通安全等を考慮して整形した道路線形のたたき台）まで後退することとなる。

4. 神谷一丁目地区

（1）地区の概要

神谷一丁目地区は、北区の北東部に位置し、約300mの距離にある南北線王子神谷駅ができる前は、最寄の駅は約1km離れたJR京浜東北線東十条駅だった。この街は、昭和40年代初頭まで工場のまちとして発展を続け、戦後の人口増加期にこれらの工場の間を埋めるようにアパートや住宅が建ち並び、住工混在の密集市街地が形成された。昭和40年代後半になると大規模工場の移転が相次ぎ、昭和56年には住宅・都市整備公団が工場跡地2.9haを買収したことから、これを種地として隣接する密集市街地整備が始まった。

図表2-2-22　神谷一丁目地区の事業概要

名称		神谷一丁目地区密集市街地整備促進事業		
公共施設の整備計画	種別		延長	面積
	道路	幅員10〜12m	318.5m	3589.6㎡
		幅員6m	216.4m	1306.3㎡
		幅員4m	241.0m	1142.2㎡
		計	—	6038.1㎡
	公園・緑地	公園	—	278.5㎡
		子供の遊び場	—	313.2㎡
		計	—	519.7㎡
その他の整備計画	不良住宅の買収・除去	138戸		
	良住宅の移転	12戸		
	工場の移転	1棟		
公団住宅建設計画	コミュニティ住宅の建設	16戸		
	公団住宅の建設	621戸		

当時、本事業地区は、住工が混在する老朽木造密集市街地で、地区内には幅員4m未満の道路しかなく、災害時に消防車両が入り込めないような非常に危険な状態だった。そのため、消防車両が通行可能な骨格道路の整備を密集市街地整備の柱に据え事業を組み立てていった。

(2) 密集市街地整備の経緯

昭和56年に大規模工場跡地を取得した公団は、昭和58年に神谷一丁目地区整備基本計画を策定し、地権者への計画説明を開始した。昭和61年に住環境整備モデル事業の大臣承認を受け、地区内の工場リプレイスや骨格道路の整備を進め、平成6年度末に完成させた。

平成7年度には事業期間を延長し、以降期間終了の平成12年までの間は共同化等による建替え更新を進めるべく地権者の合意形成に努めた（図表2-2-23参照）。

図表2-2-23　市街地整備の経緯

年	事業の経緯
昭和56年度	住宅・都市整備公団が工場跡地を取得
昭和58年度	神谷一丁目地区整備基本計画策定
昭和59年度	住環境モデル事業制度の改正によって、施行者に住宅・都市整備公団が加わる
昭和61年度	住環境モデル事業建設大臣承認（施行者　住宅・都市整備公団）
昭和62年度	密集市街地内の道路整備に着手（平成6年度完成）
昭和63年度～	公団賃貸住宅（神谷堀公園ハイツ）入居開始 工場アパート、コミュニティ住宅、優良再開発、緩傾斜堤防、民営賃貸用特定分譲住宅
平成7年度	整備計画の変更（共同化更新への働きかけ）
～平成12年度	共同化更新（1件）、区画街路整備、子供の遊び場整備、事業完了

当時は、種地で単独事業を行う場合、敷地内に整備されるアクセス道路の整備に加え、学校協力金をはじめとする開発負担金の負担が必要であったが、ここでは密集市街地を整備する代わりに開発負担金が免除され、種地の住宅地と隣接の密集市街地を併せて整備することが可能となった。

(3) 骨格道路の整備とその効果

通常道路を整備するためには居住者の権利移転や住替えが重要となる。しか

し、単に種地に集合住宅を整備し、密集市街地からの権利移転や住替えを促すだけでは、なかなか整備効果はあがらない。

　本事業では、取得した工場跡地の一部に戸建て住宅の移転代替地を確保し、地区内移転の受け皿を用意した（図表2-2-24参照）。移転先が同一地区内でありかつ従前と同様の規模を確保でき、移転に伴う補償費で建物が新築できるということは、移転をよぎなくされる地権者にとってとても魅力的な選択肢となる。もちろん地権者が望めば集合住宅の床を優先的に譲渡するし、従前借家人に対しては、種地に16戸のコミュニティ住宅を確保し、住み替え用にあてている。このようなきめ細やかな生活再建を提示することが、骨格道路整備の推進に大きく貢献し、密集市街地の改善に大きな効果を発揮した。

　骨格道路の整備により、当初地区内にあった179戸の老朽住宅のうち109戸の接道条件が改善され自主更新が可能となった。道路整備により除去した29戸を加えると地区内の約8割の老朽住宅が解消されたこととなる。

(4) 代替地確保の合理性

　種地の事業者にとって密集市街地整備のために無条件に代替地を確保することは難しい。しかし、代替地を確保することにより種地の敷地形状や接道条件が改善されるのであれば話は別である。

　本事業では種地を高度利用し、集合住宅を整備するために敷地内に道路を周回させる必要があった。その結果、集合住宅による高度利用にはなじまない「へた地」が相当生み出されることとなったが、へた地であっても日照は確保されており接道条件も良好なため、戸建て住宅に適している。これらの土地を移転用の代替地としたため、種地の有効活用と代替地の確保の双方が無理なく可能となった（図表2-2-24参照）。

(5) 共同化更新事業

　骨格道路が完成すると公団はさらに密集市街地の内側にメスを入れるべく共同化のコーディネートを開始した。相続の発生を機に借地を含めた権利関係の整理の意向を持っている大規模地主の土地を中心に、大規模土地所有者2名、隣接する地権者1名、借地人6名の地権者を交えて共同化の検討を行った結果、大規模土地所有者2名と借地人4名が共同化に応じ、他の地権者は、区

第2章 密集市街地プロジェクトの展開と課題

図表 2 - 2 -24　骨格道路整備の経緯

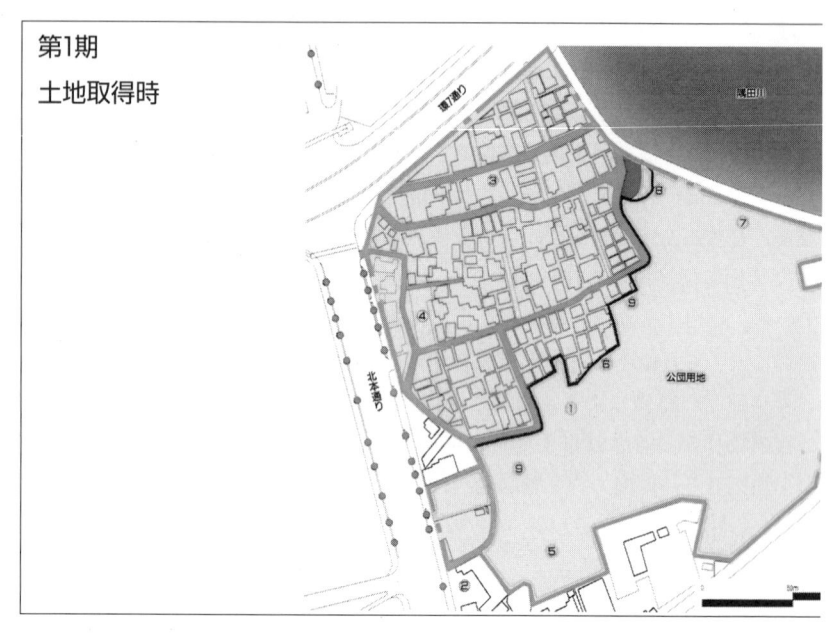

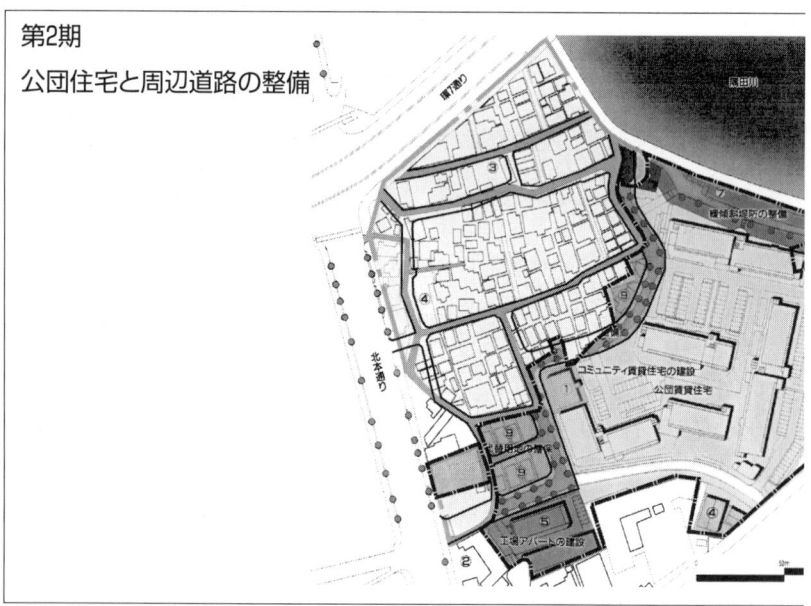

第1期
土地取得時

第2期
公団住宅と周辺道路の整備

第2節　密集市街地の整備事例

第3期　代替地への移転

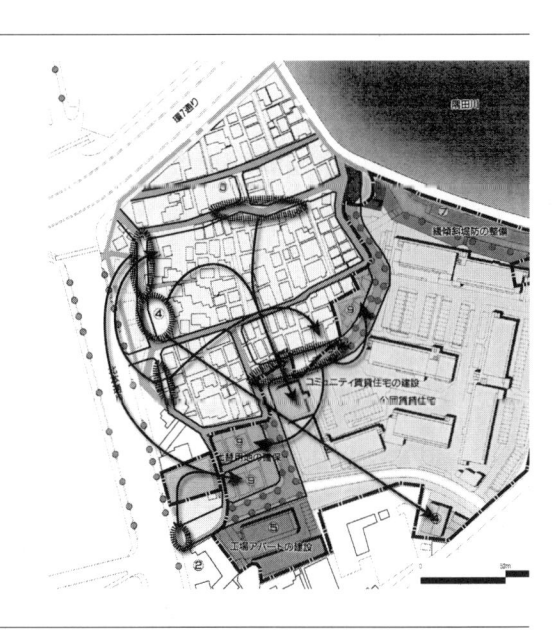

第4期　骨格道路の整備

画道路整備に併せて戸建て住宅のまま地区内での移転・建替えを行った。

しかし、このような共同化に伴う区画道路整備が成功したのは1カ所のみであり、労力がかかるわりにはなかなか進まず市街地整備の効果が現れにくい。

（6）種地を活用した密集市街地整備の課題

神谷一丁目地区において、種地を活用した骨格道路の整備はかなりの成果をあげたものの、当初住環境モデル事業に位置づけられた地区内のおおむね全ての4m未満道路の拡幅整備までは至っていない。やり残した道路整備を仕上げるためには種地の活用だけでなく、個別の建替え更新を集中的に進める必要があったが、労力がかかりすぎること、種地活用と異なり密集市街地内の共同化は地権者の合意を円滑に形成できるほどの提案が難しいことなどから、市街地整備が進まない状況にある。

これまでの事例からわかるとおり、種地を活用しただけでは地区内すべての密集市街地が改善されるわけではなく、むしろ限られた種地によって改善されるのは密集市街地のほんの一部にしかすぎない。また、密集市街地内に適当な種地があれば道路整備と併せて事業化が可能ではあるが、そのような条件の良い密集市街地は稀である。さらに、種地を活用して道路を整備したとしても上馬野沢地区や戸越一丁目地区の事例のように道路拡幅の予定のないアンコの部分ではミニ戸建て化が進行する恐れがある。

これらのことから、比較的市街地整備が進んでいる「種地活用型」ですら事業の視点でみると限界があることわかる。アンコの部分も含めて密集市街地整備を抜本的に進めるためには従来の事業手法にとらわれない新たな手法が求められる。

＜参考文献＞
[1] 荒川二・四・七丁目地区防災まちづくりの会ホームページ
[2] 再開発事業地区カルテ：都市再生機構
[3] 荒川区の再開発：荒川区ホームページ
[4] とごしまちづくりニュース最終号：品川区まちづくり事業部都市開発課住環境整備担当

- [5] 密集事業パンフレット：都市再生機構
- [6] 密集市街地整備の再生における都市再生機構の役割（都市計画273号）：藤井正男
- [7] 三茶物語：ＵＲ都市再生機構
- [8] 旭小学校周辺地区街づくり：世田谷区ホームページ
- [9] 都市再生機構の先導事業を契機とした密集市街地改善と住民主体のまちづくり（再開発25号）：久野暢彦
- [10] 街みち瓦版：ＵＲ都市再生機構ホームページ
- [11] 東京川の手街づくり　神谷　密集住宅市街地整備促進事業：住宅都市整備公団
- [12] 東京川の手街づくり　神谷・豊島　公団事業の連鎖的展開による街づくり：住宅都市整備公団
- [13] 神谷一丁目地区における密集市街地整備の歩み：住宅都市整備公団
- [14] 低未利用地における住宅地整備と連動した密集市街地整備推進方策について（神谷一丁目地区密集住宅市街地整備促進事業から得られた成果と課題（再開発研究No.18）：水野谷英敏、遠藤　薫

第3節
密集市街地整備の課題

中川 智之・㈱アルテップ

　第2節では、密集市街地において、共同建替えや種地を活用した代表的な事業地区について紹介した。こうした地区では密集市街地の改善効果が発揮されているものの、都内には、今もなお密集市街地が数千ha残されており、さらなる取組みが必要である。

　本稿では、密集市街地の整備に向けて、「東京の都市構造からみた密集市街地整備の必要性」と「密集市街地の整備改善に係る課題」について考える。

1．東京の都市構造からみた密集市街地整備の必要性

　まず、東京の都市構造からみた密集市街地整備の必要性について、次の2つの視点から考える。

　1つは、密集市街地の抱える課題が、東京の都市構造に大きく影響を及ぼすため、密集市街地の課題を密集市街地だけで捉えるのではなく、周辺地域を含めた広域的な観点から捉え、あるべき方向を検討していくという視点である。

　もう1つは、東京の抱える様々な課題あるいは今後顕在化する課題に対して、立地ポテンシャルなど相対的優位性を持つ密集市街地を取り込んで対応を図ることで課題解決を図るという視点である。

（1）密集市街地の災害危険性が都市機能を麻痺させ、経済的損失も甚大になる

　まず前者の視点から、密集市街地の災害危険性を取り上げる。

　密集市街地の災害危険性の解消については、地区改善の視点から対策が講じられてきたが、密集市街地で起きた災害が周辺地域に大きく影響し、場合によっては、都心・副都心機能を麻痺させる危険性を有していることについては、あまり認識されていない。

　しかし、密集市街地の災害、特に火災による延焼拡大や老朽建物の倒壊による

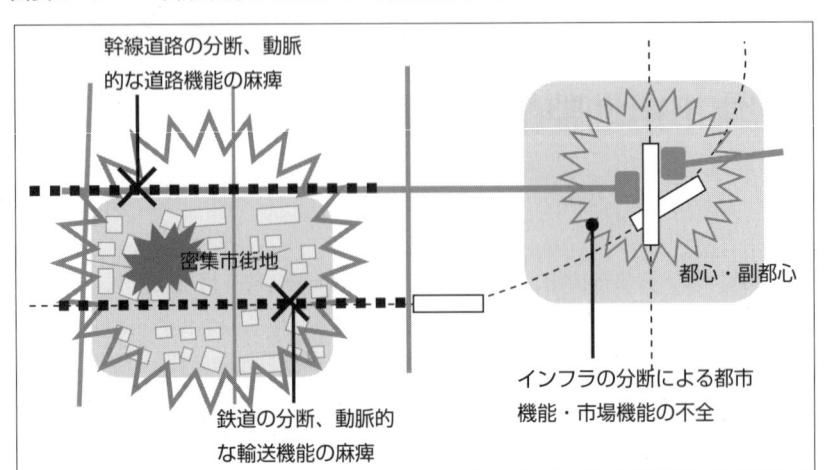

図表 2-3-1　密集市街地の延焼による被害拡大のイメージ

（図中ラベル）
- 幹線道路の分断、動脈的な道路機能の麻痺
- 密集市街地
- 鉄道の分断、動脈的な輸送機能の麻痺
- インフラの分断による都市機能・市場機能の不全
- 都心・副都心

幹線道路の閉塞等により物流機能や都市機能が麻痺し、それに伴う社会的な経済損失が甚大になることは現実的に起こり得る問題である（図表2-3-1）。

阪神・淡路大震災調査報告[1]では、阪神・淡路大震災による港湾被災と道路被災を総合した経済被害を推計している。時間軸で追ってみると、震災直後の平成7年3月、1カ月の経済被害は966億円、9カ月後の平成7年10月においても794億円と経済被害があまり減少していない。震災後2年間の経済被害は、製造業において1兆3,750億円、卸売業3,190億円、小売業840億円に及んでいる。

翻って、東京23区に大震災が発生した場合はどうであろうか。23区内の密集市街地内を走る鉄道は10路線程度あり、1日当たりの輸送人員は10路線合計で約620万人[2]に及ぶ。密集市街地で火災が発生し延焼が拡大すると、こうした都市の動脈となる鉄道や道路が寸断され、その結果、近接する都心や副都心の都市機能・市場機能が麻痺するなど、阪神・淡路大震災の被災・経済的損失を遙かに上回る甚大な被害に至ることは想像に難くない。

そのため、こうした課題に対しては、密集市街地の災害危険性の解消を単に密集市街地だけの課題として捉えるのではなく、東京インナーエリアにおける災害時のリスクマネジメントの観点から広域的に捉える必要がある。財政状況、マンパワー等の問題から密集市街地の改善は後回しということではなく、都

心・副都心、生活拠点等、密集市街地を取り巻く周辺地域を含めた総体を対象として、災害時の安全性を図ることが望まれる。

（2）密集市街地は東京における集約型都市構造の一翼を担う

次に、密集市街地の立地ポテンシャルを活かし、東京の抱える課題や今後顕在化する課題の解決を図る方向性について考える。

地球環境問題への対応や地方公共団体の都市経営的な観点から、都市の集約化が叫ばれているが、それは、地方都市に限った問題ではない。大都市東京においても、都市の集約化は今後の政策課題である。しかし、東京都市圏で起きる人口減少は、単純に郊外から都市部に向かって進行するものではない。郊外、インナーエリアにかかわらず、交通が不便な地域など居住地として不利な条件を持つ地域や地区を中心にまだら状に起き、それが今後大きな問題になる。そのため、東京においても、今後、集約型の都市構造への転換が求められる。ただ、東京における集約化の態様は、地方都市とは大きく異なる。東京は、センターコアエリアを中心とする国際都市東京の中枢拠点を有するとともに、副都心、鉄道結節点を中心とする生活拠点等が分散しており、一極依存構造を形成する現在の東京圏市街地は、多極分散化型の集約構造として性格の異なる小圏域に分化し、それぞれが連携・競合しあいながら緩やかな集合体として再編されていくことが想定される。都市活動や生活活動も小圏域を基礎的な空間単位として行われることがイメージされる。

そして、多極分散型の集約構造を目指す場合、その実現に大きく貢献するのが、密集市街地である。既成市街地の駅前周辺は、既に高度利用が進み、これ以上の集約化が困難なところも多いなか、これまで手つかず状態であった密集市街地に着目し、東京における新たなコンパクトシティのモデルを構築することが考えられる。単に、密集市街地を高密度化し居住機能を集約するということではない。密集市街地の立地特性を活かしながら、環境に調和した質の高い複合住宅市街地として再編していくことがイメージされる。

（3）環境構造体の形成によるインナーエリアの地域再生を牽引

密集市街地の立地特性に応じて利用方法を適切に選択していく必要があるが、概して、公園・緑地が欠如する東京のインナーエリアにおいて、木賃ベル

ト地帯と呼ばれる密集市街地の連担性に着目すれば、密集市街地相互の有機的な連携を図り、空間構造としてネットワークさせ緑のインナーリングを構築することも選択肢の1つとして考えられる。

旧東ドイツ地域では、都市計画と緑地計画が連携したマスタープラン、地区詳細計画を策定し、荒廃した空地を暫定的に緑地として活用する中間的な土地利用を定めるなど、緑地への転換を促す複数の仕組みを設け、環境を重視した地域再生を図っている[3]（図表2-3-2、2-3-3）。

図表2-3-2　Leipzig市内の後背した空地を暫定緑地に転換した事例

写真提供：千葉大学大学院岡部研究室　勝岡裕貴

東京においても、密集市街地内で発生する空地や空家を緑地化しネットワーク化することで現在の都市構造を環境先導型の構造へ改変させていくことが可能になる。

また、こうした考え方を、大都市東京における「グリーンニューディール」政策として打ち出すことで、密集市街地の環境改善に対する投資を拡大し低迷する景気・深刻化する雇用に対しても、何らかの対応が図られるものと思われる。

以上、東京の都市構造からみた密集市街地整備の必要性について考え方を示したが、東京の都市構造を広域的に捉えると、密集市街地という災害危険性の高い地域について、単に地区の防災性を高めるだけでなく、立地ポテンシャルなどの相対的優位性を最大限活かし、将来の東京の都市構造再編の資源・要素として活用することが期待される。

図表 2-3-3　Leipzig 市インナーエリアの計画

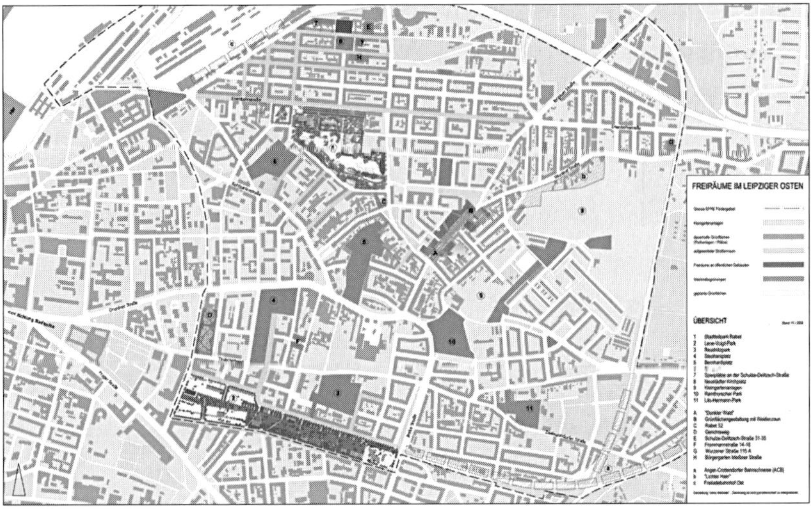

出典：STADTERNEUERUNG Neue Freiraume im Leipziger Osten

2. 密集市街地の整備改善に係る課題

（1）密集市街地のさらなる改善に向けた課題

　前項では、東京の都市構造からみた密集市街地整備の必要性について述べた。ここでは、密集市街地そのものに焦点を当て、さらなる整備改善に向けた課題と今後の展望を考える。

　これまでの取組みや整備改善の進捗状況等を踏まえると、密集市街地の整備改善をさらに進めるためには、超えなければならないいくつかのハードルがある。

　まず、物理的な課題がある。「第 1 節　密集市街地の現状」で示したとおり、地形的な特性や接道条件、街区割などが起因し更新できないケースが多い。23区内の密集市街地において、物理的な観点からみて更新できない最大の理由は、建築基準法の接道規定を満たさない敷地が多いことと、敷地が狭小なことである。こうした課題に対しては、共同建替えや協調建替えにより、接道条件を満たすことや敷地規模を拡大することが求められる。しかし、共同建替えや協調的な建替えを実現するためには、物理的な課題の解消に加え、経済的な

課題、合意形成上の課題をクリアする必要がある。

　経済的な課題には、地方公共団体における財政的な課題と建替えを行う地権者等の経済的課題がある。これまで、多くの地方公共団体では、地方公共団体が直接、狭あい道路を拡幅整備したり、2項道路の敷地後退に対して助成してきた。しかし、近年、地方公共団体の厳しい財政事情や資金投下に見合う効果の不透明さなどから、公費の投入は慎重かつ消極的になりつつある。そのため、個別建替えや共同建替えを通じて部分的、段階的に道路拡幅することが余儀なくされる。

　一方、密集市街地の居住者は、生活資金の確保が精一杯で建替え資金までは準備ができない高齢者世帯も多く、仮に建て替えようとしてもローンが組めないなど、経済的な隘路から建替えそのものを望まなく更新が進まないケースも多い。こうした課題に対しては、現状の仕組みだけでは対応に限界がある。例えば、アパート等の建替えに不動産ファイナンス手法を導入したり、密集市街地の余剰容積を隣接する開発地区に移転しその対価を建替え費用の一部に充てるなど、経済メカニズムを組み込み、建替えを促進するような方策の検討も必要である。

　また、密集市街地の整備改善を促進する上では、合意形成上の隘路も大きい。借地人や借家人等、権利関係が錯綜し合意形成が難航する。仮に資力はあっても他人に協力してまで一緒に建て替えたくない、そもそも建て替えたいと思う時期がバラバラで共同化の意向がまとまらない、軒先へのこだわりから共同化はしたくない、裏宅地の建替えのために自分の敷地を後退する必要はないなど、地権者等の意向の違いから共同化は難航する。共同化した事例もいくつかあるが、それは、公的主体や設計事務所・コンサルタント等の多大な支援のもと成功した事例も多く、共同化が密集市街地改善の一般解にはなっていない。本来、零細地権者や借地・借家人等、権利が錯綜している敷地で、単独建替えが難しいところでは共同化のニーズが高いはずにもかかわらず、共同化が進まないのは、共同化を牽引する強力な動機づけとそのサポートの仕組みが欠如していることも要因として大きいと考えられる。

　こうした課題への対応としては、主要生活道路等の道路整備を通じた共同化のきっかけづくりや共同建替え等の動機づけから具体的な建替え事業の支援まで、総合的にコーディネートできる主体の位置づけなど推進体制の構築が求め

られる。

（2）事業や規制誘導の限界

　（1）で示した課題に対して、これまで、複数の事業や規制誘導策により対応が図られてきたが、必ずしも十分な効果が上がっていない。その要因はどこにあるのであろうか。

　事業においては種地不足があげられる。そもそも面的な事業を実施するためには、土地や権利を集約するための種地が必要になる。しかし、密集市街地には種地がない、あったとしても小規模で散在していることから事業が思うようにいかない場合が多い。密集市街地における事業は小規模な再開発事業であるが、市街地再開発事業と大きく異なるのは区域取りができないことにある。合意が取れた敷地だけを対象として事業を実施することになり、虫食い状態の区域での展開が強いられる。また、1人ひとり地権者を説得交渉し土地の権利調整等を行うことになるが、その手間は膨大な割に再開発事業のような事業メリットがなく事業者にとってうまみがない。こうしたことから、密集市街地では、面的な事業が進まない。

　また、地方公共団体の中には、財政出動ができないため規制誘導を主体として密集市街地の更新を図ろうとする自治体もある。特に関西方面においては、建築基準法第42条第2項道路（以下「2項道路」という）の特例的な対応として、建築基準法第42条第3項の水平距離指定[4]により4mに満たない幅員を指定したり、連担建築物設計制度[5]等の協調的な建替え手法の活用により個別更新や協調建替えを促進しようとしてきた。しかし、これまた思うように動いていない。

　規制誘導手法も効果を発揮しない要因は、「敷地の不公平性」にあるように思われる。敷地の不公平性とは、建築基準法の道路に接する表宅地と裏宅地に生じる建築条件の違いをいう。表宅地では個別更新が可能であるが、裏宅地は、建築基準法上の道路に接していないため、原則、建替えできない。図表2-3-4に示すとおり、建築基準法第43条第1項ただし書許可により建て替えることが制度的に用意されているが、許可に際して、表宅地を含めた関係権利者の合意が必要になり、個別更新が可能な表宅地の合意は得られず裏宅地での建替えは困難な場合が多い。

図表2-3-4　建替えにおける表・裏宅地の条件の違い

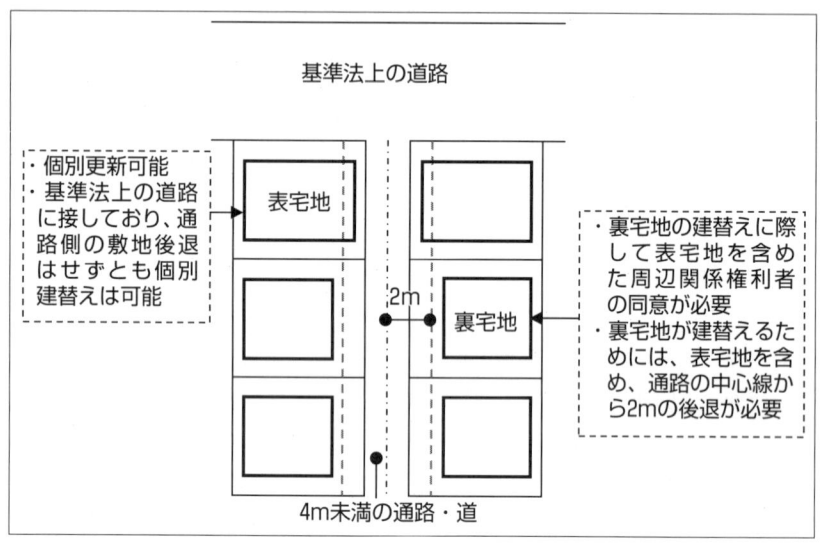

```
                    基準法上の道路

┌──────────┐      ┌─────┐    ┌─────┐
│・個別更新可能│      │     │    │     │
│・基準法上の道路│ →   │ 表宅地│    │     │
│ に接しており、通│     │     │    │     │
│ 路側の敷地後退│     └─────┘    └─────┘
│ はせずとも個別│                           ┌──────────┐
│ 建替えは可能 │     ┌─────┐2m ┌─────┐   │・裏宅地の建替えに際│
└──────────┘     │     │●─●│ 裏宅地│ ← │ して表宅地を含め│
                   │     │    │     │   │ た周辺関係権利者│
                   └─────┘    └─────┘   │ の同意が必要   │
                                          │・裏宅地が建替えるた│
                   ┌─────┐    ┌─────┐   │ めには、表宅地を含│
                   │     │    │     │   │ め、通路の中心線か│
                   │     │   ●│     │   │ ら2mの後退が必要│
                   │     │    │     │   └──────────┘
                   └─────┘    └─────┘
                     4m未満の通路・道
```

　また、裏宅地の建替え更新を促進する協調的な建替えにかかる規制誘導手法として、平成10年、連担建築物設計制度（建築基準法86条2項）が創設された。この制度は、接道規定をみたさない裏宅地において、表宅地を含む複数の敷地で当該制度を適用することにより、複数敷地を一敷地としてみなすことで裏宅地の建替えを可能にしようとするものである。しかし、当制度の適用にあたって、区域内の関係権利者全員の同意が必要であり、ただし書許可同様、表宅地の合意が得られず制度活用が進まない。

　なぜ表宅地の合意が得られないのであろうか。規制誘導手法による協調的建替えは共同化等の事業と異なり、個々の敷地の建替えを前提としている。個々の建替えをうまく誘導するため一定のルールとインセンティブを与えるものが協調的な建替え手法である。しかし、そもそも表宅地と裏宅地では立地条件が大きく異なり、条件の良い土地側からみると他人のために犠牲を払う手法である。京都市内でこれまで協調建替え制度を活用した建替えを実施した事例として、京都市が定めている建築基準法第43条のただし書許可の基準に該当しない裏宅地の建替えにおいて、裏宅地と表宅地を含むエリアで連担建築物設計制度を活用し裏宅地の容積の一部を表敷地に移転し、表宅地の合意を取り付け建

替えた事例など数件の事例がある。しかし、これはまれな事例で、その後、この手の事例に遭遇することはない。その理由としては、協調的な建替え手法において、「敷地の不公平性」を上回るだけのインセンティブが備わっていないことにあると思われる。

（3）地区ごとに異なる課題

このように包括的にみても様々な課題があるが、23区内の密集市街地を細かくみていくと、地区ごとに相当程度、抱える課題が異なる。次に地区ごとに課題を追ってみる。

❶ 木賃密集地区

北区十条や豊島区上池袋など、駅至近に広がる密集市街地には、老朽化した木賃アパートが多数残る地区がある。こうした地区は、駅至近の便利さから賃貸居住ニーズが高く、アパートの建替え更新も一定程度進んでいる。しかし、高齢の家主も多く、アパート経営を将来の生活保障として捉え金銭面での負担に対する不安から老朽化しても建替えに消極的な者も多く、更新されない状態の老朽木造アパートも散在している（図表 2-3-5）。

❷ 戦前長屋地区

中央区月島や墨田区京島など、戦災を逃れた地区を中心に戦前長屋が残っている。この地区の特徴は、街区割、道

図表 2-3-5　老朽化した木賃アパート

北区十条

図表 2-3-6　戦前長屋

墨田区京島

路ネットワークは形成されているが道路が狭あいであること、建物は軒を連ねる長屋建てであることだ。こうした地区では、協調的な建替え手法の導入も想定されるが、地主の高齢化と借家人を含めた権利調整の困難性が起因してあまり更新が進んでいない（図表2-3-6）。

❸ 住商工混在地区

また、墨田区の京島などは、商工業のまちとして発展した経緯もあり、今なお職住近接型の市街地としての性格を残している。住商工混在の用途を許容するため、用途地域は準工業地域、指定容積率は200％、300％が指定されているが、実態の市街地は、低層主体で構成され、地区内に商店街も立地するなど、ヒューマンな市街地を形成している。こうした地区においては、地域の防災性の向上のみならず、商店街の活性化やこれまで培われてきたコミュニティの再生など、「下町」らしさを継承したまちづくりも重要なテーマである（図表2-3-7）。

図表2-3-7　密集市街地内の商店街

墨田区京島

図表2-3-8　行止りやクランクした狭隘道路

目黒区西小山

❹ 狭あい・行止り道路地区

もともと、東京には街区割の定かでない土地が多い。昭和25年、建築基準法が施行された当時、第42条第2項道路が包括的に指定されたが、実態は行止り状態の道がネットワークされず分断状態で残っている。東京都は、関西圏の行政庁と異なり、協調的な建替え手法を積極的に導

入するよりも、むしろ道路整備を優先的な施策に位置づけているのは、こうした行止り状の狭あい道路が多数散在する東京の土地特性に起因していると思われる（図表2-3-8）。

（4）市街地環境面からみた課題
（3）で地区ごとの課題についてみてきたが、次に、現在実施されている施策の効果や市街地環境上の課題について整理する。

❶ 街区外周部と街区内部の一体・連携した更新の必要性

表通りに面した街区外周部を中心に建替えが行われているものの、密集市街地の街区内部では更新が進んでいない。それは、未接道宅地が多く物理的な条件から建替えできない敷地が多いこと、高齢者も多く建替え意欲が減退しているなどの理由があげられる。しかし、密集市街地の防災性向上のためには、街区外周部の延焼遮断機能と併せて、火種となる街区内部の不燃化が不可欠である（図表2-3-9、2-3-10）。

また、高容積率指定された表通り沿道で高層建築物が建てられることにより、街区外周部の高層建物と街区内部の低層住宅との間で建物ボリュームが激変し市街地環境や街並み景観上の不調和を来している。

図表2-3-9　高容積率指定された表通り沿道

品川区戸越

図表2-3-10　表通りが一歩入った街区内部

品川区戸越

そのため、街区外周部だけで建て替えるのではなく、裏側を含めた一体的なエリアで、段階的に建替えするなど、街区内部を取り込んだ整備改善が必要で

ある。

　街区内部の安全性を高めるためには、少なくとも、災害危険性の高い老朽化した木造の空家を放置せず、除却し火種をなくすことが必要である。図表2-3-11に示すように、近年、老朽化した空家を除却しオープンスペースにすることに対して税金等を投入する自治体もでてきた。こうした取組みは、地区の災害危険性を解消するとともに日常アメニティの向上にもつながる施策として評価される。しかし、本来、土地・建物の所有者に除却費用を負担させるべきであり、空家を放置することに対して賦課金を課すなどの措置を講じるべきである。今後、さらに地方公共団体の財政状況が逼迫することが予想されるなか、こうした施策展開には限界がある。あくまでやむを得ない次善の策と認識すべきであろう。

図表2-3-11　老朽化した空家の除却に税金を投入する自治体も

出所：朝日新聞09.02.10から

❷　従来のまちなみ・コミュニティに配慮した事業展開の必要性
　密集市街地整備に向けて取り組まれているプロジェクトには、密集市街地内

の遊休土地を種地として活用し共同建替えするなど面的整備事業として取り組まれるものがある。こうした事業は事業成立性の観点から高度利用が前提となるが、周辺地域は2階建主体の地域で、突如、密集市街地内に高層の建築物が出現することにより、従来の低層主体の市街地は激変するとともに、これまで育まれてきた地域コミュニティの改変を余儀なくされる場合もある（図表2－3－12、2－3－13）。

密集市街地の整備改善の視点から面的整備は必要であるが、従来持っていた地域の魅力・価値を大きく改変するような再生は望ましくない。基本的には、従来の空間構成・構造、地域コミュニティを継承するような、低密度開発による再生とそれを支える事業要件の担保が必要であり、周辺市街地環境に配慮した身の丈型の再生が望まれる。

図表2－3－12　表通りに面した街区外側と街区内側の様子

品川区戸越

図表2－3－13　高層マンションと隣接する木造低層住宅

新宿区若葉

❸ 防災性能だけでなく市街地の質を誘導する再生の必要性

自治体によっては積極的な規制誘導により、密集市街地の個別更新や協調建替えを促進している。その結果、建物の不燃化は進むものの3階建ミニ戸建が連担し密集再生産につながっているケースもある。

狭あい道路は敷地の一部セットバックにより拡幅されるが、従来あった鉢植えの緑等により軒先のアメニティ空間は、駐車場に変貌する。敷地が狭小であり道路の拡幅を前提とした個別更新においては、従前の居住面積を確保するため3階建てにならざるをえないが、そのため、従来持っていた良好なアメニ

図表2-3-14　街区内部に残る軒先のみどり

図表2-3-15　街区内部で建て替えられた3階建住宅

身近な緑のある路地。老朽木造住宅で安全性には問題であるが、アメニティは豊か（墨田区京島）

不燃化されたが足元は駐車場となり、緑が喪失（品川区戸越）

ティ空間が消滅する現実がある。密集市街地の改善の目標としては、最低限の安全性確保の観点から不燃化促進が優先され、従来持っていたヒューマンスケールの魅力、身近な緑等のアメニティの保全・再生は二の次とされてきた。しかし、地元住民の合意形成や将来的なまちの魅力を確保するためには、密集市街地の魅力を活かし、ヒューマンスケールや身近なアメニティを誘導する再生も必要である（図表2-3-14、2-3-15）。

❹ バリューアップの視点の必要性

　災害危険性の高い密集市街地の最低限の安全性の確保することが最優先課題であるが、それだけでは良質なストック形成にはつながらない。最低限の安全性の確保としてのボトムアップと併せて、地域の魅力・価値を増進するバリューアップの視点が必要である。例えば、従前居住者用住宅を建設する場合、移転のための受け皿住宅という器を用意するという発想を変えて、高齢者福祉の観点を組み込み、グループホームとするなど、生活者の福祉、子育て支援、商店街の活性化、日常アメニティの確保、コミュニティ再生などの視点からソフト・ハード面での環境整備を通じ、まちの魅力・価値を高めることが重要である。

　以上、示したとおり、密集市街地の整備は、防災面からみた安全性の確保の視点に加え、生活利便性の向上や調和のとれた市街地環境の確保など、良質な

住宅市街地の形成の視点から、多様な対応が求められるといえよう。

＜参考文献等＞
［1］阪神・淡路大震災調査報告　社会経済的影響の分析（阪神・淡路大震災調査報告編集委員会　土木学会、地盤工学会、日本機械学会、日本建築学会、日本地震学会）
［2］都市交通年報（H17年度）に基づく。
［3］旧東ドイツ地域における空地の緑地への転換手法に関する研究（東京大学大学院工学研究課都市工学専攻2004年度修士論文概要　野上陽子）
［4］建築基準法第42条第2項道路の特例制度。特定行政庁は、土地の状況によりやむを得ない場合は、建築基準法第42条第2項の規定にかかわらず、同項に規定する中心線からの水平距離については2ｍ未満1.35m以上の範囲内において水平距離を指定することができる。
［5］京都市では、建築基準法第86条第2項連担建築物設計制度の認定基準について、袋路再生を目的とした認定基準を作成し運用している。

第4節

望まれる密集市街地の将来像

山口 幹幸・東京都
松村 秀弦・都市再生機構

　密集市街地[1]は、震災時における老朽建物などの倒壊や大規模な市街地火災の危険性から、その対策が長期にわたり検討され続け、老朽木造住宅の除却、共同建替えによる不燃化促進、道路の拡幅整備などが実施されてきた。しかし「第2章第3節　密集市街地整備の課題」でみてきたとおり、まだ道半ばの状況にある。

　一方、「第1章　東京モデル―自律連携による都市マネジメント」で述べたように、東京の密集市街地は、災害リスクを有するものの立地としては恵まれている地区も多く、潜在力を顕在化させるように開発されれば、重要な都市生活拠点として再生する可能性を秘めている地域である。

　では、潜在的な魅力が引き出された密集市街地とはどのようなものか。

　ここでは、ポジティブな面に着目して密集市街地の秘められた可能性を明らかにし、「将来像」とその実現の方向について考えてみたい。

1．東京密集市街地のポテンシャル

（1）東京の都市構造

❶ 多機能集約型都市構造

　東京都は、平成13年10月「世界をリードする魅力とにぎわいのある国際都市東京の創造」に向けて、都市づくりの基本的方針である「東京の新しい都市づくりビジョン」を明らかにしている。

　東京は、国際競争力を備えた都市活力の維持・発展、環境との共生、安全で暮らしやすい都市を実現するため、「多機能集約型都市構造」を目指している。

　この骨格は、山手線沿線の大手町・丸の内・有楽町、大崎、新宿、池袋などの「中核拠点」が相互に機能分担・連携しながら国際ビジネスセンター機能や都市文化を発揮し、首都東京の中心的役割を担う「センター・コア」と、その

周囲の三軒茶屋、中野、蒲田、南千住など地域個性を有した「生活拠点」が周辺居住地の生活支援機能を発揮し、無秩序に広がった市街地を再編整備しながら質の高い居住空間の役割を担う「水と緑の創生リング」、そして、臨海部に面した「東京湾ウォーターフロント都市軸」で構築されている（図表2-4-1参照）。

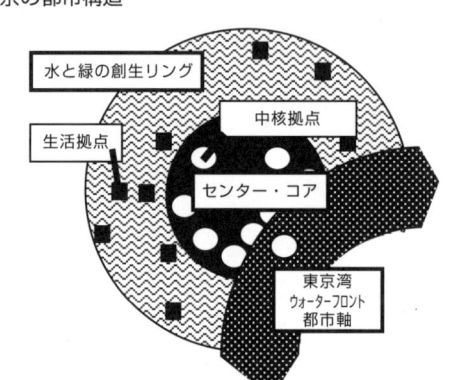

図表2-4-1　東京の都市構造

出所：政策誘導型都市づくりによる東京の再生　H13.10　東京都より一部加工

❷ 水と緑の創生リングに位置する密集市街地

「水と緑の創生リング」は、「密集市街地」の災害危険性やスプロール開発による基盤整備の遅れなどの課題解決のほか、河川及び幹線道路沿道における緑の創出などを図るとともに、生活拠点を中心にその周辺の居住地が一体となった「歩いて暮らせる街」を目指している区域である。

さて、東京の密集市街地は「木造住宅密集地域」に代表されるが、東京都が平成9年3月に策定した「木造住宅密集地域整備プログラム」において、この木造住宅密集地域とは、木造建物棟数率70％以上、老朽木造建物棟数率30％以上、住宅戸数密度55世帯／ha以上、不燃領域率60％未満のいずれにも該当する地域としている。

また、平成16年3月に策定した「防災都市づくり推進計画」では、建物倒壊危険度5及び火災危険度5に相当し、老朽木造建物棟数が30棟／ha以上の町丁目を含み、不燃領域率が60％未満である区域及び連たんする区域を「整

備地域」と定義し、23区内で27地域・約6,500haを指定し、さらに整備地域の中から、基盤整備事業などを重点化して展開し早期に防災性の向上を図ることにより、波及効果が期待できる地域を「重点整備地域」として11地域・約2,400haを指定している（図表2-4-2参照）。

図表2-4-2
a　整備地域

No.	地域名称	面積（ha）	No.	地域名称	面積（ha）
1	大森中地域	約195	14	西ヶ原・巣鴨地域	約103
2	西蒲田地域	約121	15	十条地域	約80
3	林試の森周辺・荏原地域	約1,022	16	志茂地域	約123
4	世田谷区役所周辺・三宿・太子堂地域	約211	17	荒川地域	約573
			18	浅草北部地域	約208
5	北沢地域	約134	19	千住地域	約168
6	南台・本町（渋）・西新宿地域	約326	20	西新井駅西口一帯地域	約373
7	阿佐谷・高円寺周辺地域	約273	21	足立地域	約63
8	大和町・野方地域	約270	22	北砂地域	約87
9	南長崎・長崎・落合地域	約233	23	墨田区北部・亀戸地域	約514
10	東池袋・大塚地域	約170	24	平井地域	約78
11	池袋西・池袋北・滝野川地域	約239	25	立石・四つ木・堀切地域	約433
12	大谷口周辺地域	約215	26	松島・新小岩駅周辺地域	約135
13	千駄木・向丘地域	約87	27	南小岩・東松本地域	約88

出所：防災都市づくり推進計画　H16.3　東京都

b　重点整備地域

No.	地域名称	面積（ha）	No.	地域名称	面積（ha）
1	大森中地区	約232	7	大谷口地区	約143
2	林試の森周辺・荏原地区	約683	8	町屋・尾久地区	約280
3	世田谷区役所周辺・三宿・太子堂地区	約228	9	西新井駅西口周辺地区	約94
4	中野南台地区	約96	10	鐘ヶ淵周辺・京島地区	約218
5	東池袋地区	約111	11	立石・四つ木地区	約192
6	十条地区	約95			

出所：防災都市づくり推進計画　H16.3　東京都

「水と緑の創生リング」に内包されている密集市街地は、北千住、南千住、日暮里・西日暮里、蒲田、大崎、三軒茶屋、新宿、池袋、中野などの中核拠点

密集市街地プロジェクトの展開と課題　　　　　　　　　　　　　　　　　　　　　第2章

図表2-4-3　23区における拠点地区と密集市街地

[地図：密集市街地（重点整備地域・整備地域）と密集市街地に近接する拠点（北千住、日暮里・西日暮里、池袋、南千住、中野、新宿、三軒茶屋、大崎、蒲田）]

出所：東京都ホームページ「防災都市づくり推進計画（整備プログラム）の概要」の計画図より作図

や生活拠点の周囲に広がりをみせている（図表2-4-3参照）。

（2）密集市街地の多様性と可能性
❶ 歴史性や立地特性など多様な表情をもつ密集市街地
　　① 密集市街地の形成

80

第4節　望まれる密集市街地の将来像

　明治から昭和にかけての東京は、工業化の進展と経済発展に伴う市街地の拡大により、道路などの都市基盤施設が十分に整備されないまま密集市街地が形成されてきたが、それは一様ではない。市街化の時期によって街の特性が異なる。そこで、「江戸時代の都市構造の継承」「鉄道延伸と関東大震災を契機とした市街地形成」「戦後のスプロール化」の3つに大別してみる。

　「江戸時代の都市構造の継承」の例は、寺社が多く歴史的にもゆかりのある新宿区若葉、街道沿いの町人地だった台東区根岸、70を超える寺と門前の町だった台東区谷中があげられる。これに共通するのは「寺社」や寺社の「緑」である。谷中を歩いてみると、初音小路や谷中銀座商店街などの「路地」や「商店街」が目を引くとともに、谷中と千駄木の崖を結ぶ富士見坂などの「坂」や高台から谷中銀座へ続く「階段」が街に個性を与える。

　「鉄道延伸と関東大震災を契機とした市街地形成」の例は、渋谷区本町、墨田区北部、荒川、世田谷区役所周辺・三宿・太子堂などである。これらは、鉄道の延伸に加え、関東大震災による被災者流入などにより密集市街地が形成された。渋谷区本町は、新宿に近接しているなど交通利便性から、木造賃貸住宅などの建設が活発化し、道路基盤の整備が十分でないままに市街地が形成された。荒川は、関東大震災による都心部からの被災者の流入と中小企業の工場の集積などを契機に大正末期から昭和初期に形成された「住工混在の密集市街地」である。荒川区三河島付近ではかつての自転車関連メーカーが多かったことと、平地という立地特性を活かし「自転車」をキーワードにモノづくり・街づくりが進められている[1]。世田谷区役所・三宿・太子堂は、玉川電車の開通により宅地化が進み、関東大震災の被災者の流入、戦後の高度経済成長期の人口流入により市街地が形成された。現在では周辺に教育施設があり、「文教地区」としての特性も見出される。

　「戦後のスプロール化」の例は、江戸川区一之江駅付近であるが、ここでは昭和30年代から40年代の高度成長期に農地が急激に宅地化され市街地が形成された。

　東京は、農村からの若い勤労者や、関東大震災による被災者を受け入れることで、市街化が進んだ。そこには庭先木賃といわれる「木造賃貸住宅」、

第2章　密集市街地プロジェクトの展開と課題

コミュニティの場である「路地」、さらに生活を支える「商店街」が形成された。それが当時の「都市居住」の姿であった。しかし、地域の特性から、「寺社」などの歴史ストックや「坂」や「緑」などの自然要素、町工場が混在した「住工混在地区」、教育施設が点在する「文教地区」など多様性を有している。

次に、密集市街地内に共通して存在する「路地」「商店街」の潜在的魅力を掘り下げてみてみる。

② 路地（路と建築物の一体的空間）

密集市街地で有名な墨田区京島の路地を歩く。両側には低層の木造住宅が連なり、その住宅の脇には幾つもの鉢植えが並べられている。足を止め佇んでみると、春の陽射しが顔を照らし、風が通り抜ける。夕暮れ時には、味噌汁の匂いがこぼれ、薬味を切る包丁の音が聞こえてくる。

路地と狭隘な道とは若干異なる。路地とは、路とその両側にある建物とが融合し、日常生活の中で一体的な空間となっており、言わば路も居住者の準専有的な空間として使用されているものと捉えられる。

図表2-4-4　① 路地　　　　　　　　② 狭隘な道

墨田区京島　　　　　　　　　　　台東区根岸

西村幸夫編著「路地からのまちづくり」(学芸出版社)の中で椎原氏(NPO法人たいとう歴史都市研究会)は、台東区谷中における路地と建物との関係についてその特徴を幾つか示している。

「・幅４mに満たない路地は車が入らず、歩行者優先のスペースとなって住む人、訪れる人が安心してコミュニケーションできる。
・路地は面する長屋や戸建などの家の前庭でもあり、戸口の前には植木棚や趣味の置物が並べられ、路地に潤いを与え、ご近所同士声を交わし合うきっかけにもなる。
・長屋や古い家の戸はたいがいが引き戸で、玄関の間があり、間に簾や障子が二重三重にあって居間になる。家に居て風通しをよくしたい時、人が来てもよい時は引き戸、障子を開け、簾やのれんをかけて外とのつながり具合を調整している。引き戸は摺ガラス入りの格子戸で、中の気配が知れるが奥は見えない。(省略)
・床は地面より１尺半か２尺ほど高く、自分の視界が往来の人の目線より下にならない。」[2]

そこから読み取れる魅力と可能性について、「ヒューマンスケール」「路地園芸」そして「コミュニティ空間」という点から考えてみる。

「ヒューマンスケール」

　路地は、幅が４m未満で非常に狭い。路地に面する建物は、建築基準法の道路斜線制限により２階程度しか建たない。しかし結果としてこのことが人に圧迫感を与えないヒューマンスケールを生み出している。

　このヒューマンスケールの中に、引き戸、障子、簾などの伝統的な建具を用いて住宅と路地の連続性を確保できること、一方で、段差などを用いて視線の抜けを工夫しプライバシーの維持を保つということが見出せる。これら日本の伝統的な空間作法により路地と建物は一体的な空間となり、路地を通る人と住人との関連性が生まれた。

　都市の高層階に住んでいる人には、道を歩く人の気配を感じ取れるだろうか。

「路地園芸」

　路地に両脇を埋め尽くす植木鉢の群を見かけるが、これを路地園芸と呼んでいる。[3] 通勤・通学・買い物途中に、路地に置かれた植木鉢に咲く朝顔やひまわり、コスモスを眺め季節の移ろいを感じ、豊かな心にさせられた経験は誰しもがあるように思う。住人が手をかけて育てていることも伝わってくる。路地園芸を通して無言のコミュニケーションが生

図表2-4-5　① 路地園芸　　② フットパス

墨田区京島 　　　　　　　台東区根岸

まれ、近所同士声を交し合うきっかけになっていく。
「コミュニティ空間」
　さらに、路地には建物との関係や路地園芸に加え、歩行者優先というシステムが存在することで地縁型のコミュニティが生まれ、存在していると推測できる。このコミュニティは、時には犯罪の抑止力として働き、安全・安心の面で効果を発揮する。よそ者が路地を歩くと、建物の中からの無言の視線が浴びせられるからだ。
　さて、路地は、防災性の向上という視点から行き止りの解消や道幅の拡幅といった整備がなされてきたが、これにより車が通過しやすい道路になったものの、一方で安心してコミュニケーションを図れる場が壊れてしまった。路地をコミュニケーションの場として位置づけるには、路地に車が進入するのを防ぐことも求められる。
　路地を単なる通行機能として捉えるのではなく、伝統的な空間作法などを用いて路地とそれに面する建物とを関係づけ、「ヒューマンスケールの維持」「路地を活かす建築計画」「路地園芸による空間演出」を施し、さらに「歩行者優先の交通マネジメント」を実施することで、「路地」を活かした街並み再生が可能ではないか。
③ 活気ある商店街
　墨田区京島は、もともと大きな溜池が幾つも点在する田園地帯であったが、関東大震災後の急速な市街化に伴って、畦道をベースに商店街が街の骨格として形成され、その後商店街から派生するように、農地単位で宅地

が開発された。[4]京島で暮らす人の中には、向島橘銀座があるので街から離れたくないと思う人もいる。商店街は地域に暮らす人々の心の支えになっている。

図表2-4-6　①　　　　　　　　　②

向島橘銀座　　　　　　　　谷中銀座

　東京の密集市街地には、他にも北区の十条銀座、品川区の戸越銀座、台東区の谷中銀座など現在も有名な商店街が存在している。夕方、現地を歩くと多くの買い物客で活気に溢れている。
　商店街の潜在的な魅力とはいったい何か。この問いに対して、「コミュニティ空間」「歩行者優先」そして「生活の中心地」という観点から考えてみる。
「コミュニティ空間」
　　京島の今でも賑わいをみせる向島橘銀座を歩く。店先に並べられた揚げたてのコロッケの匂いが胃袋を刺激する。「おばちゃんこれいくら」と声をかけ、コロッケを手に取り、口にほおばる。こうした売る人・買う人とのコミュニケーションも商店街の醍醐味である。毎日顔を合わせれば、天気の話からTVの話まで日常会話が弾む。風邪をひいて数日間店に顔をみせずにいると店の人が健康を気遣って声をかけてくれる。商店街は、程よい幅の小路と商業施設が買物行為を通して一体的となり、活気のあるコミュニティ空間となっている。
「歩行者優先」
　　活気のある商店街を歩くと、車が排除され、安心して買物ができる。商店街の小路は、路地より幅員が広いが、路地と同様に歩行者優先のシ

ステムが存在することでコミュニティが生まれる。しかしながら、密集市街地の商店街の中には防災性を向上するため、小路を拡幅する計画がある。小路が拡幅されると、行き交う車が増え安心して買物ができなくなり、両側の店舗をみてまわる楽しさが奪われてしまう。

歩行者優先の小路に個性的な店舗が両側に連なった商店街が構成されることで、街に活気が醸し出されるのではないだろうか。

「生活の中心地」

活気にあふれた風景をみていると商店街が地域の人たちに支持されていると実感させられる。商店街は生活の利便性とコミュニティ形成をあわせ持っており、密集市街地の生活の中心地であると言える。「東京の新しい都市づくりビジョン」にも、商店街は人々の活動や交流の場となる生活中心地として位置づけられている。

そうした生活の中心地である商店街に幼少時から行き来し、学校帰りに友達と寄り道した人は多いのではないか。一度街を離れていても再びそこを訪れたとき、懐かしい愛着のような気持ちが沸き起こる。多くの時間を商店街で過ごし、記憶に刻み込まれていくことで我々の原風景になっている。

人は原風景を大切に扱う。誰しもが残したい風景を持っているわけで、一般的に原風景の継続や再現を望んでいる。

より多くの人が共通の原風景を持つとき、地域資源として抽出され、時に保存運動として脚光を浴びることがある。例えば、歴史的な街並みや品格のある建物だ。

商店街は生活の中心地だからこそ地域に暮らす人々の共通の原風景となる可能性がある。それを見出すには、地域で関係する人々が議論をし、地域資源としての価値をまず共通認識しなければならない。そして商店街の保存・再生を目指す場合には、真に保存・再生すべき価値を吟味するとともに、活性化に寄与する新たな機能を吹き込むことを検討し、実行しなければならない。

商店街を生活の中心地として捉え、「コミュニティを誘発する場の設定」「歩行者優先の交通マネジメント」を施すとともに、「商店街で保存・再生すべき価値を認識すること」も、活気ある商店街を維持できる方策

第4節　　　　　　　　　　　　　　　　　　　望まれる密集市街地の将来像

の1つと考えられる。

❷ ポテンシャルを活かした密集市街地の可能性
　① 職住近接を生かした魅力ある居住地
　　　密集市街地は都心から概ね10km圏、新宿や池袋などのターミナル駅に近接しており、交通の利便性が高い（図表2−4−7参照）。
　　　密集市街地に居を構えると、夕方定時に会社を出てから、オペラを観たり、美術館に寄ったり、隠れ家でワイングラスを傾けることも可能だ。通

図表2−4−7　文中で出てくる主な密集市街地位置図

東京都ホームページ「防災都市づくり推進計画（整備プログラム）の概要」の計画図より作図

勤時間に2時間を要する郊外居住者には決して味わえない生活がそこにある。

さらに密集市街地には各々個性があり、これを活かした魅力ある居住地になる可能性がある。そこで3つの事例をみてみる。

豊島区東池袋は、歩いて池袋駅に行くことができる。日常的に先端の都市文化を享受し、深夜まで池袋で飲んでいても歩いて帰宅できるというサラリーマンなら誰しもが羨む都心居住がそこにある。

台東区谷中は、最寄り駅となる生活拠点の日暮里・西日暮里駅が徒歩圏内で、山手線に乗って東京駅まで15分程度で行くことができる。また文化施設が集積している上野へは散歩可能な距離である。さらに、密集市街地内には谷中銀座のほか、多数の寺院や豊富な緑、ギャラリーやアートリンクと呼ばれるイベントがあり、日常的な買い物から、歴史文化、自然、アート・芸術に触れあうこともできる。谷中に住むと、個人の嗜好にあわせ多様な選択肢の中から都市文化・サービスを選択できる。

品川区林試の森周辺には、武蔵小山商店街や林試の森公園がある。子育て中の親子は、毎日公園に足を運べるなど子育ての環境に適している。もちろん最寄り駅の武蔵小山駅から電車に乗れば、都心まで数分で行くことも可能だ。

このように密集市街地は、立地に応じた個性を見出せば、豊かなライフスタイルを過ごせる魅力的な居住地なのである。

② グリーンリングの創生

密集市街地の課題の1つに緑量の少なさがある。台東区谷中や根岸では寺社や斜面地の緑を、品川区林試の森周辺では公園の緑を見かけるが、大多数の密集市街地には緑が少ない。例えば、京島の緑被率は、区平均の約

図表 2-4-8
① 空地の緑化　　　② 路地沿いの緑 　　　③ 寺社の緑

第4節　望まれる密集市街地の将来像

1/3に過ぎない。[5]

　一方、東京では今日、ヒートアイランド現象が大きな課題となっており、このため東京都は、ヒートアイランド対策推進エリアを定め、都市再生緊急整備地域などヒートアイランド対策を取り込みながら都市開発を計画的に誘導すべき地域を指定している。その1つの大崎・目黒エリア約1,100haは密集市街地を多く含んでいるが、地表面からの熱負荷が大きく、夜間においても気温が低下しにくいエリアとされ、この対策には敷地緑化が有効であるとしている。[6]

　密集市街地は環状7号線に沿って連担しながらリング状に分布しており、東京の都市構造上からも重要な位置にある。密集市街地の緑化を推進するとともに「「10年後の東京」への実行プログラム2009」（平成20年12月東京都）に示された環状7号線などの「グリーンロード・ネットワーク」と連携し、緑の深みを出すことで、東京のほぼ中央部に緑の回廊を創出で

図表2-4-9　グリーンリングイメージ図

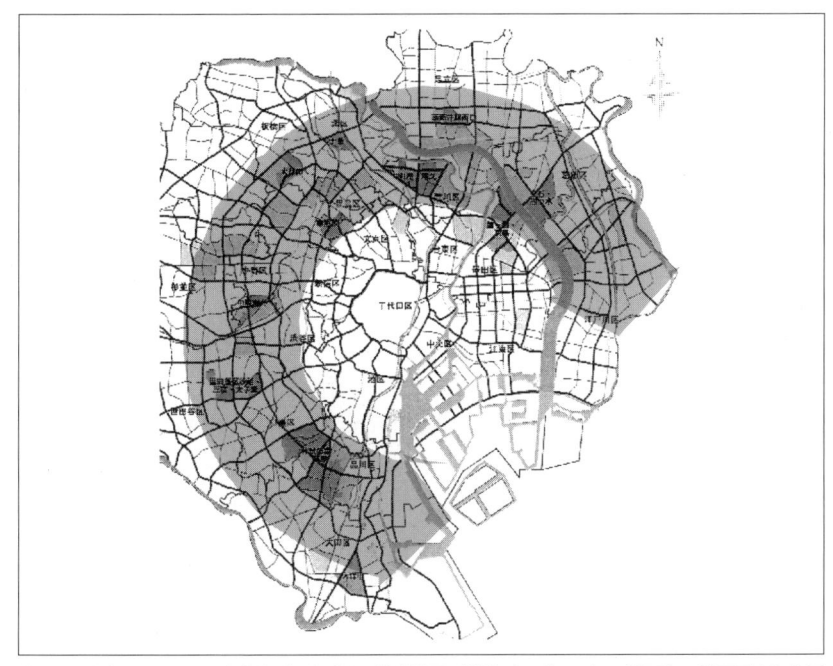

出所：東京都ホームページ「防災都市づくり推進計画（整備プログラム）の概要」の計画図より作図

きる（図表 2 - 4 - 9 参照）。

2. 潜在的な魅力を活かした密集市街地の将来像

　密集市街地は多様な表情を持ち、またポテンシャルを有するなど魅力に溢れ、可能性を秘めている。そこで、潜在的魅力を活用した密集市街地の将来像を描き出すとともに、実現手法について考えてみる。

（1）コミュニティを活かす建築・緑地空間
❶ 路地を活かす建築的・都市計画的手法
① 路地を活かす建築的手法

　　路地には住人の営みにより「コミュニティ」や「路地園芸」が存在し、さらに「陽射し」や「風」が流れ、建物と向き合う。こうした路地と建物の関係を具体の建築計画の中でどう創出できるのだろうか。
　　密集市街地の狭隘な道を歩くと、木造3階建ての住宅や、コンクリートのアパートに建て替わるケースが多いと実感する。道路にはそれら建物を囲むブロック塀やガレージが面しており、歩いていて住宅内の人の気配を感じることはない。また路地園芸も見かけない。ここでは建物と路地とをつなぐ仕掛けは消失している。路地に面した建物について何か対策を打たないとますます密集市街地から潜在的な魅力が失われる。[7]
　　近年「狭小住宅」として、建築家が腕を振るった建物が雑誌に取り上げられている。都心部で戸建て住宅を取得するには多額の費用がかかるため狭小宅地を購入し、建築家に依頼する人が増えている。この建築家による狭小住宅の中には、四方を壁で囲み中庭を設けてプライバシーを確保する建物がある。このようなコートハウス的な住宅は、奥まで光が届き、薄暗い空間を解消する手法として支持を得ている。中庭に出ると密集市街地から切り取られた青空や光、そして風を感じることができる。デザインに優れ、プライバシーと自然とが調和している点に魅力を感じるが、路地との有機的な関連性が切断されている。
　　では、路地の魅力を活かすために次のような考え方はどうだろうか（図表 2 - 4 -10参照）。

　　・路地に面した場所に、わずか30cmでもセットバックをして、その場

所に植栽するか、路地園芸を施す。
- 路地に面して土間を設け、そこを子供の遊びの場に、お父さんの趣味のDIY工房やスモールオフィスに、お母さんの趣味の雑貨などを並べたギャラリーに、近所の仲間とのパーティの場として、意識的に路地を行き交う人との交流の場として空間を創出する。
- 路地に顔を向けて、普段過ごすリビングまたはダイニングを設け、無言のうちに人とのコミュニケーションや路地の気配を感じさせていく。
- 路地と建築、土間とリビングの境界は引戸にすることにより、引き戸の開閉により空間やコミュニティの関係を調整する。
- 耐震性や耐火性をもたせるとともに、天窓や吹抜けを活用し、路地から建物内奥まで光や風を通す。

図表2-4-10　断面構成イメージ

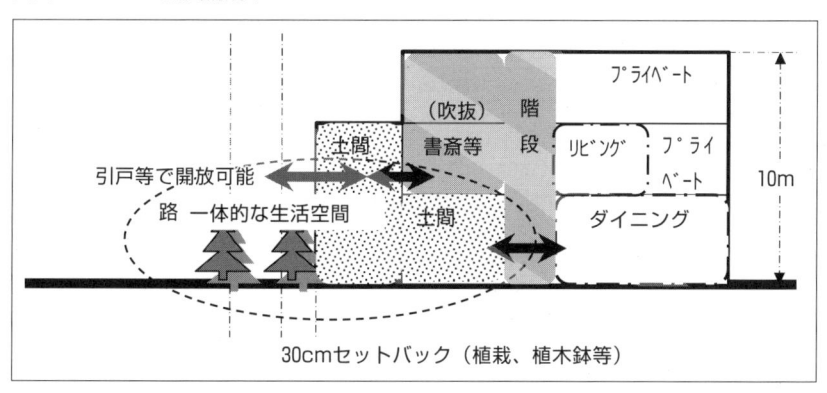

　この建築空間は、古くから継承されてきた地縁型コミュニティを求める人たちに対し、土間を活用したコミュニティのふれあいを提案でき、一方、そうしたコミュニティを強く意識しない人たちに対しては、こうした建築空間を近隣で協調して建てることにより、路地における小さな緑の連続性、路地からの採光や通風の確保、プライバシーの確保といったきめ細やかに配慮した住環境を提案できる。
　長年住み慣れた熟年層、新たに住み着く若年カップルやファミリー層に対して、住み手のニーズに合わせつつ、路地を活用した建築空間を提案し

② ヒューマンスケールを維持する都市計画的手法

　もんじゃ焼きで有名な中央区月島は、戦前長屋地区の代表で、幅員2.7mの路地と長屋で構成された昔の趣を残す地区である。路地を残しながら老朽木造住宅の建替えを促進する手法として、第2章第2節　密集市街地の整備事例で紹介した「戸越1・2丁目地区」と同様に街並み誘導型地区計画を指定している。地区内の路地を地区施設に位置づける一方、幅員2.7mのそれを建築基準法第42条第3項道路に指定し、建替時には敷地境界から30cmセットバックし、建築物の高さの限度を10mに抑えるなどの条件を付している。建物は耐火・準耐火建築にすることで、容積率は240％程度まで使用可能になる。（図表2－4－11参照）

図表2-4-11　月島地区計画

路地を幅員2.7mの「通路」（地区施設）として定めている

路地に係る諸元	商業地区	住居地区
容積率の最高限度	240％（ただし、建物の延べ床面積の1/2は住宅等とする）	
壁面の位置の制限	0.3m	0.3m
高さの最高限度	10m	10m

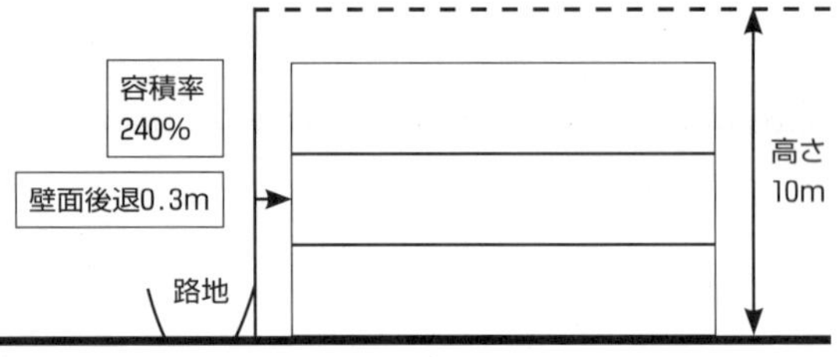

出所：中央区ホームページ　月島地区のパンフレットより作成

　密集市街地では、斜線制限など様々な課題により建て替えたくても建て替えられないケースがあるが、需要の高い東京ではそうした課題に対応することで自律的に建替えが動き出す可能性がある。この街並み誘導型地区計画は、地区の特性に応じた建物の壁面の位置、高さ、敷地面積の最低限度などの制限を定める一方、特定行政庁の認定を受ければ斜線制限が適用除外とすることができるので、自律的な建替えを促進させるのに有効と考

第4節　望まれる密集市街地の将来像

えられる。逆にそのようなルールがないと、第2章第2節で紹介した上馬・野沢地区のようにミニ戸建が新築され、密集市街地が再生産されることになる。

❷ 商店街再生の建築的手法

大阪の具体事例により、建築的視点から魅力的な商店街への再生について考えてみる。

1つは、「法善寺横丁」である。法善寺横丁は、大阪ミナミの歓楽街、道頓堀にある幅員2.7mの小路で、沿道に40を超える店舗が建ち並ぶ情緒を残す横丁として親しまれてきたが、旧「中座」の爆発・火災によって法善寺横丁を含

図表2-4-12　法善寺横丁連担建築物設計制度を活用した密集市街地の整備
a　［連担制度認定区域イメージ図］

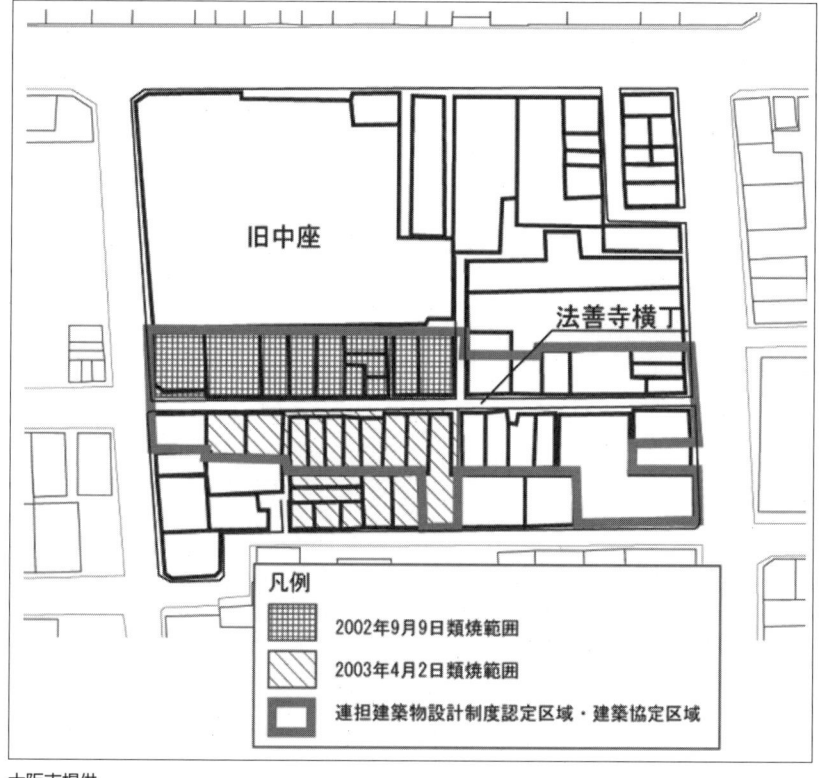

大阪市提供

密集市街地プロジェクトの展開と課題　　第 2 章

b ［連担制度適用にあたっての基準］

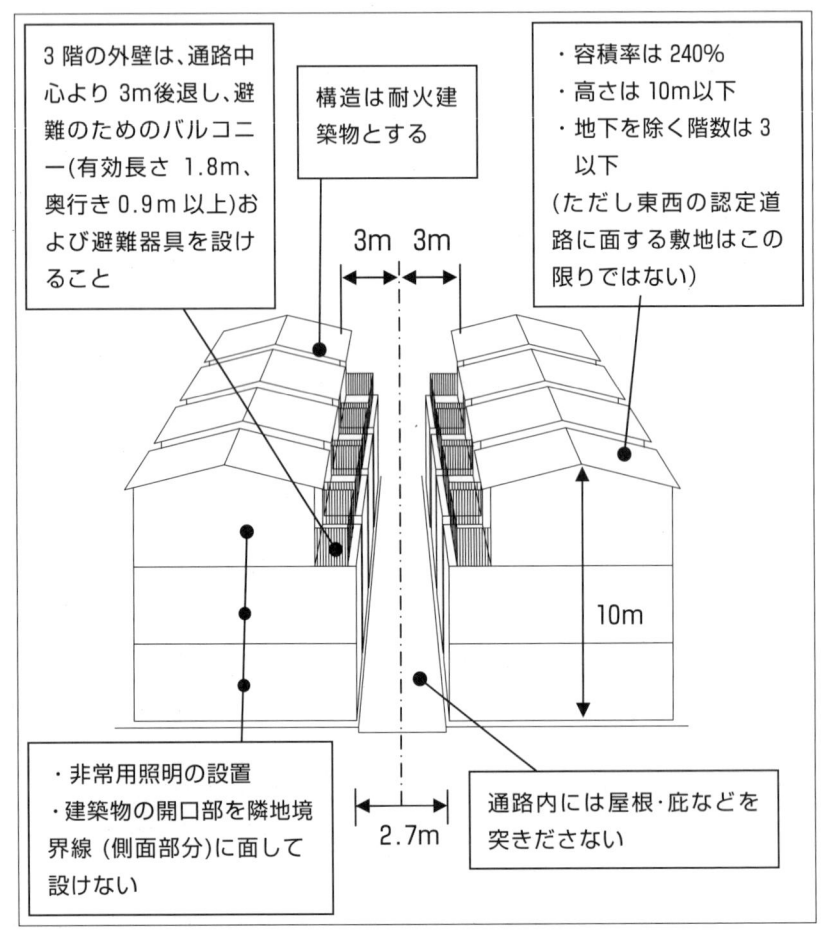

- 3 階の外壁は、通路中心より 3m 後退し、避難のためのバルコニー(有効長さ 1.8m、奥行き 0.9m 以上)および避難器具を設けること

- 構造は耐火建築物とする

- 容積率は 240％
- 高さは 10m 以下
- 地下を除く階数は 3 以下
  (ただし東西の認定道路に面する敷地はこの限りではない)

3m　3m

10m

2.7m

- 非常用照明の設置
- 建築物の開口部を隣地境界線（側面部分）に面して設けない

通路内には屋根・庇などを突きださない

大阪市提供

む店舗が全半焼した。

　法善寺横丁は文学や映画の舞台にもなり、大阪の人々の原風景の 1 つであった。従って、横丁を愛する多くの人々から情緒を残した復興を望む声があがったのである。しかし、横丁の路地は建築基準法第42条第 2 項道路であったため、個別に建て替える再建方法では横丁を再現することは難しいとされた。そこで、被害を受けた権利者は、「法善寺横丁復興委員会」を組織して再建方法につい

て協議した。その結果、「連担建築物設計制度」の活用により防災性能を向上させつつ風情あふれる街並みが再生され、以前と変わらぬ活気が甦った。[8]

　２つ目は、「空堀」である。空堀は、上町台地に位置し、古くは大阪城の外堀である惣構（そうがまえ）があったと伝えられ、江戸期に発展した歴史ある街である。都心部にありながら戦災を免れた空堀界隈には、空堀商店街の周辺に今なお戦前の佇まいを残しており、数多くの長屋・町家や寺社等が表情豊かな街並みを創っている。しかし、近年、建て替えられずに空長屋が放置あるいは取り壊され、地域の風景が徐々に壊れていく状況にあった。

　こうした中、空堀の魅力的な街や文化を愛する有志が集まり、長屋の保存・再生、活性化を目的にし、青空駐車場にされる寸前だった空長屋を複合ショップとして活用したり、大正末期に移築された御屋敷を再生するなど様々な活動を展開している。新しい材料は極力使用せず、既存ストックをそのまま活かして、古い部分の魅力を引き出す工夫を行っている。[9]

　このように生活の中心地である商店街の中には、人々の原風景として心に宿る建物や空間が存在している。商店街を魅力的に再生する１つの方法として、地権者や地域に関わる人たちが議論して地域資源を抽出し、それらを活かした街並みの再現やストックの工夫が考えられる。

❸ 地元と連携した公園・緑地の整備手法

　密集市街地では住環境の向上とともにヒートアイランド対策の点からも緑化の推進が必要であり、幅広い取組みによって東京のグリーンリングを創出していくことが望まれる。ここでは公園・緑地整備の方法について考えてみる。

　地区内の１人当たりの公園面積が、区平均の約1/5とかなり低い水準（密集市街地での事業を開始する時点）のある地区では、区が積極的に公園整備を進めてきた。公園整備については適切な場所での整備が必要であるが、土地売却情報を捉えることが非常に難しい。当該地区では、公園用地情報の提供について、地域住民に「街づくりニュース」で呼びかけるほか、連絡協議会の中で用地情報の提供を呼びかけ、これらの取組みを通じて用地を取得した。

　複数の区でポケットパーク的な辻広場を整備しているが、これらに共通するのは、地元住民とのワークショップを開催して整備したり、完成した広場を近隣の住民と連携して管理していることである。

　一方、密集市街地の整備において、道路整備に係る代替地などの公共目的で

行政が用地を取得することがあるが、取得時期と使用時期が異なるため一定期間にわたり更地となる場合がある。こうした期間においても路地園芸のノウハウのある住民と連携し、緑化を推進することが考えられる。

今後、密集市街地の緑化を促進するには、地元からの移転や用地に関する情報を集め適切に用地を確保するとともに、地元住民とのワークショップを通じて整備や管理面での連携を図ることだ。こうした行為を通じて、わが街意識や地域住民間のコミュニティが一層深まるものと考えられる。

図表2-4-13　① ポケットパーク　　② 整備された公園

墨田区京島　　　　　　　　　　　台東区谷中

（2）歩いて暮らせるみち空間

● 人中心の路地と商店街

① 歩きたくなるみち空間

社団法人新都市ハウジング協会都市居住環境研究会著「歩きたくなるまちづくり」によると、アンケート調査を通じて、「緑や川沿いの緑道、身近にあり魅力的な店舗や複合商業施設は、どの機会でも街の魅力要素としての位置づけが高く、街の骨格を成している。」[10]、さらに、台東区谷中地区居住者に対する面接調査（評価グリッド法）の結果を通じて「「緑」に愛着があり、緑量が大きいほど好ましいと考え、その存在によって落ち着きが得られるという一連のつながりが見られる。また、「車」については車通りがなくなることで排気ガスが減るといった関連や、車が通れない路地は安全であるので好ましいという一連のつながりが見られる。そして、車は必要ないという見解が多いのも谷中地区の特徴として挙げられる。

「店」については「行きたくなる」「のぞきたくなる」といった好奇心に関係する項目が上位概念として多く得られ（省略）」[11]が示されている。

この調査結果より、「緑」「歩行者優先」「魅力ある店舗」が「歩いて暮らせるみち空間」の骨格的要素であると読み取れる。そこで、密集市街地のみち空間について考えてみる。

② 歩行者優先で緑豊かな路地空間

防災性の向上を図りつつ、人中心の路地にするにはどうしたらよいか。防災性を向上するために、行止り道路の解消などによって二方向避難を確保したり、緊急車両が通行できるような拡幅整備や隅切りは必要であるが、これでは車が益々地域内に進入しやすくなる。

それを回避するには、1つは地域ルールとしての地区計画で、道路の位置や目的を考慮して歩行者専用路に位置づけることだ。この上で、交通マネジメントによって緊急車両のみの通行を許可するとか、車の進入に対して時間制限を設けるといった方法が考えられよう。

さらにこの歩行者専用路は、路地を活かす建築的手法で提案した一定のセットバックのうえ路地園芸を施す空間づくりを連続的に行うことで、緑のフットパスとなる。

③ 歩いて楽しい魅力ある商店街

路地と同じように、人中心の商店街とするための工夫として、一般車の進入を避ける手立て、サービス車両が直接寄りつかず近傍の中継点で荷卸して搬送するシステムの構築が必要である。

さらに人々の自然の触れ合いの中でコミュニティが誘発されるような仕掛けが重要だと考える。

近年、郊外に続々開店している大規模商業施設では、大規模な平面に骨格となるモールがあり、その両脇に魅力的な店舗が展開している。適度な幅のあるモールには、ベンチ、カフェ、子供の遊び場があり、買物に疲れた際には休憩が可能である。また、広場では時折イベントが開催され、買物客は歩いていて楽しい祝祭的な雰囲気を感じる。こうした仕掛けが施されていることで、買物客が集まり買物客同士が触れ合う機会が生まれ、コミュニケーションが誘発される。

同じように商店街にも、魅力的な店舗を小路の両側に集積させる中で、

歩行者優先の交通システムとともに、人々が佇み休憩して会話ができるスペースとか、地域に関連したイベントの開催、屋台、オープンカフェなど、買物客のコミュニティを誘発する場を設定することで、歩いて楽しい魅力ある商店街が生まれよう。

④ 歩いて暮らせる・み・ち空間の連続性

「生活拠点」としての機能を有している三軒茶屋駅を中心に、北側には世田谷区役所周辺・三宿・太子堂の密集市街地が、南側には上馬・野沢周辺の密集市街地が隣接している。ここでは歩いて暮らせる・み・ち空間の連続性が見られる。

三軒茶屋駅前には、再開発事業で整備された超高層のキャロットタワーがあり、商業施設、公共ホール、地下鉄連絡通路沿いのサンクン・ガーデン（吹抜広場）が内包されている。駅から日曜日の午後（1時〜5時）に歩行者天国となる茶沢通り、茶沢通りの途中から東に伸びる太子堂中央街、さらに太子堂中央街から北に伸びる下の谷商店街、さらには烏山川緑道が密集市街地内を交差している。日曜日の昼下がり、親子連れの笑顔や店先の商品、脇に咲く草花を眺めながら商店街や緑道を歩いていると、時の経つのを忘れてしまう。途中、商店街では小学生のマラソン大会が開催され、それを見守る人たちでにぎわっていた。

また、駅の反対には上馬・野沢周辺の密集市街地がある。この密集市街地では「第2章第2節　密集市街地の整備事例」で述べたとおり大学の移転を契機として都市計画で緊急物資輸送と位置づけられた道路が拡幅整備され、幅の広い歩道が設置された。上馬・野沢周辺では、歩きやすい歩行空間と大山街道旧道沿いのひっそりとした雰囲気の商店街を通り抜け駅に行くことができる（図表2-4-14参照）。

「東京の新しい都市づくりビジョン」において、生活拠点を中心にその周辺の居住地が一体となった「歩いて暮らせる街」の形成がうたわれている。密集市街地は、駅前の生活拠点に近接していることから、この2つの地域を「歩きたくなる・み・ち空間」で繋ぐことで、「歩いて暮らせる街」を創造できる。

❷ 徒歩中心の都市生活圏における交通ネットワーク

自動車交通に配慮をしつつ、徒歩中心の街づくりを実現するための交通ネッ

第4節　　　　　　　　　　　　　　　　　　　　　　　望まれる密集市街地の将来像

トワークについて考えてみる。

図表2-4-14　三軒茶屋駅周辺

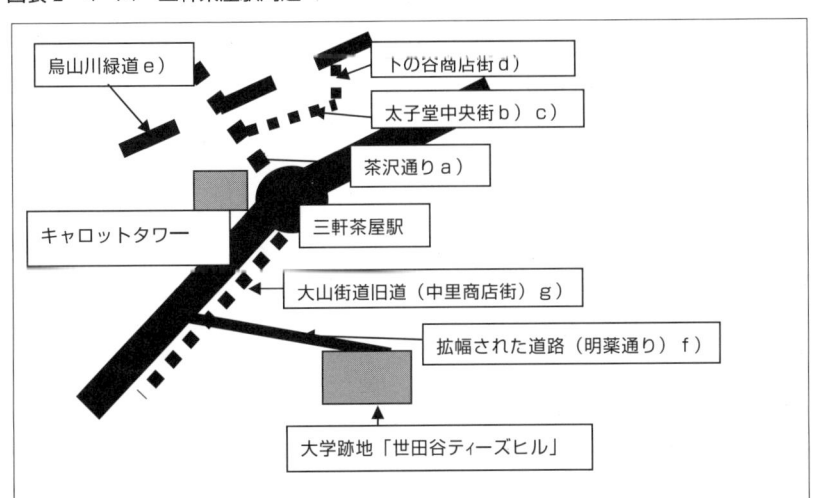

【a）茶沢通り】

【b）太子堂中央街】　【c）太子堂中央街横の辻広場】　【d）下の谷商店街】

【e）烏山川緑道】　【f）拡幅された道路】　【g）大山街道沿いの路地】

99

① ヒエラルキー

　近代の都市計画においては、ボンエルフによる歩車共存やクルドサックと歩行者専用道を組み合わせた歩車分離などが考案され各居住地での整備がみられる。密集市街地においては、通過交通などの交通量の多い「幹線道路」、通過交通を排除しつつも日常的な交通や緊急車両のための「主要生活道路」、地域内の居住者が利用する「生活道路」、そして歩行者優先の「路地」や「商店街」を、ヒエラルキーを持たせて効果的に配置することが必要である。さらに、日常時のネットワークに加え、災害時の避難路ネットワークを重ね合わせて考えることが密集市街地には求められてくる。

　「幹線道路」や「主要生活道路」は防災上の観点から早期の整備が望まれ、「路地」や「商店街」は先に示した徒歩中心の運用が望まれ、それらを重ね合わせた計画立案が重要である。

② 駐車場

　車のアクセスの悪い街は衰退していくことは、地方の中心市街地が物語っている。アクセスを向上させつつ歩行者優先の市街地にするには、駐車場の適正な配置が重要となる。商店街の買物客や工場への搬入車両の受入れは必要不可欠である。

　どこに駐車場を配置すればよいのだろうか。商店街や工場、路地周辺の住宅地への動線を考慮した上で、商店街や路地の近傍にある幹線道路や主要生活道路沿いに、必要に応じてまとまって配置するのが望ましい。

　そしてこれらは、駅前や幹線道路沿いの高度利用を図る再開発にあわせて整備されることが考えられる。

③ 交通マネジメント

　人中心のみち空間とする上で、災害時の緊急車両に加え、高齢者・身障者の介護車両、引越時の車両、商店街への搬入車など例外的なものをどうするかという課題がある。また、低炭素社会に資する自転車中心の交通システム（レンタルサイクルなど）を運営していくことも今後必要である。こうした交通マネジメントを誰が行ったら地域の特性を活かせるだろうか。通常、交通管理は公安委員会が所掌しているが、こうした地域固有の課題については、地域の人々の間で、例えば、委員会などを構成して議論し運営されることが望ましい。[12]

（3）若年層に魅力ある居住地
❶ ミックストコミュニティの実現
　都心居住の魅力の大きな要素に、多様な都市文化への接近性と選択性がある。ニュータウンでは、センター街区に商業や公益施設などを計画的に配置し、中学校区において生活が完結できるような土地利用計画となっている。利便性の観点から言えば十分だが、都心居住者はそれだけでは満足しない。都心居住を嗜好するのは、職住近接のみならず、新しい都市文化を身近に触れ、体得できるからだ。最近でも六本木ヒルズ、丸ビル、ミッドタウン、豊洲ララポートなど賑わいをみせるが、これまで味わうことのない都市的な要素を発信しているからであり、このことの現れである。

　密集市街地には、経済成長を背景にした都市化の過程において、地方から転入してきた多くの若者や若年ファミリー層が、職場や大学を求めて低家賃の木造賃貸住宅に住み着き、街に活気がみなぎっていた。しかし、こうした若年単身や若年ファミリー層は修学・結婚・出産などを機に転居する一方、新しく整備された住宅地との競争力を失ったため新たな世帯が住み着かず、時間が経過するなかで高齢者世帯の占める割合が高くなってきたものといえる。

　交通や生活面の利便性、多様な都市文化の享受など都心居住の魅力を密集市街地は潜在的に秘めている。高齢者世帯の多い地域に、各層に届く住宅の商品企画を施すことで、若者に加え、敏感な感性を持ち合わせる30代、40代のディンクス、ファミリー世帯、子育てが一服した熟年カップルなど多様な世帯が住むことも可能である。さらにコミュニティを活かした仕掛けを施せば、多様な世帯が交流するミックストコミュニティが実現できる。

❷ 新たな都市文化の創造拠点
　起業家、デザイナー、クリエーターなどは、多様な都市文化の体験・交流を重ね、また自らの発想を加えることで、独特なアイデアによる新たな都市文化を創造し、発信していく。こうした都市文化の芽を受け入れ、育み、密集市街地に誘導することも、新たな魅力の創造に繋がる。

　墨田区向島の密集市街地では、地元の住民団体などが中心となって平成12年10月に「向島博覧会」と称するアートとまちづくりのイベントが開催され、その後移住してくるアーティストが数多くいるようだ。そうしたアーティストのネットワークが新たな街の魅力をつくりだしている。[13]・[14]

また、台東区谷中においても平成9年より隣接する上野の美術館との連携したイベント活動がある。それは「art-Link 上野–谷中」というが、美術館、ギャラリー、アーティストが連携し展覧会やパフォーマンス、ワークショップなどを行っている。街には芸術家や学生が多く住み、個性的なギャラリーがみられ、谷中に街の個性を与える。[15]・[16]

❸ 若年層・若年ファミリー世帯層の流入の基礎的条件と建築的手法

　若年世帯にも魅力的な街並みをどう再生できるかが課題である。

　密集市街地ではないが、大阪の南堀江の例をみてみる。平成9年頃には、週末にもかかわらず人影のほとんどなかった商店街、中小の業務ビル、そして倉庫が混在した雑然とした街並みであったが、その後、仕掛人らが魅力的なカフェを開業させたことを契機に地元の若者もカフェやギャラリー、ファッション、雑貨・家具の複合店舗などを次々と開き、SOHOなどデザイナーらの拠点も開設された。こうして新たな街の魅力が備わり、居住地としても注目を集め、若年層や若年ファミリーをターゲットにしたデザイン性を有した集合住宅が建設されている。

　それを参考に例えば、都心に隣接する豊島区東池袋のような密集市街地にも、まずは隠れ家的なショップを点在させ、もともとある街の魅力に現代的な味付けを施してはどうか。ショップで働く人や訪問者などが往来することで街に魅力が付加される。そのような魅力が浸透し始めた頃、デザイン性の高い住宅を誘導していってはどうか。そうすることで街の担い手となる若年層などの新しい生活者が住まうことになるかもしれない。

　一方、品川区林試の森周辺のように、密集市街地に隣接して大規模な公園が整備されている場合には、ファミリー世帯への訴求がしやすくなる。しかしこれだけでは不十分であり、保育園や小児科医療施設などの子育て支援施設の充実、小規模な児童遊園や緑地も必要である。不燃領域率の向上が防災性の観点から求められているが、老朽木造住宅の跡地を活用して子育て支援施設や緑地などの整備を進めることも必要であろう。そうした仕掛けと同時に良質な住宅を誘導していってはどうか。先に示した三軒茶屋駅周辺上馬・野沢地区の大学跡地開発はその一例である。

　このように、地域の特性を活かした商品企画を行いつつ、個別建替えや共同建替え、マンションやコーポラティブ住宅の建設意欲のある人たちに対し、質

の高い住宅設計を提案するなど、住民の意識を喚起して質の高い街並みを誘導することが考えられる。

（4）コミュニティマネジメント
❶ 街づくりにおける地域管理の必要性
　田園都市の先駆けといわれるイギリスのレッチワースでは、レッチワース財団が景観や環境の保存、地域のレクリエーション施設や社会福祉施設の管理など、地域コミュニティを支える活動を行っている。100年を経過した現在、訪れる者に期待を裏切らない住環境は、こうした街を管理する機能があるからと言われている。[17]

　近年の企業による大規模な再開発では、広場でのイベント開催をはじめ、都市景観の維持、エネルギーの効率的な管理、共同駐車場の運営など、竣工後の地域管理に着目して、その取組みを充実させている。これは、地域に最も適した運営を地域に精通した自分たちで行うことが持続的発展に不可欠だからである。

❷ エリアマネジメントへの多様な取組み
　最近、郊外の駅前の土地区画整理事業において、丘陵斜面を活かした緑地が整備された。行政により管理されるのが通常であるが、ここでは地域住民を対象に管理の担い手の募集があった。身近な緑地の管理を行政に任せきるのではなく、住まい手自らが参加することで、画一的ではない、地域密着型の緑地を継続して維持管理できるものと期待できる。

　しかしマネジメント機能を育てることはたやすいことではない。何か各人共通の対応すべきことが生じた際に、一致団結した地域の住民組織ができ、その組織が母体になってマネジメント機能を担うことがある。例えば、滋賀県長浜市の「黒壁」は、建物保存運動を契機に生まれた組織だが、まちづくりや観光、情報発信など街のマネジメント機能を有する組織へと発展していった。

　しかし、自然発生的にそのような組織や活動が生まれることは稀で、どこかが立ち上げを支援しなければならない。独立行政法人都市再生機構（以下「都市機構」という）が整備した「八王子みなみ野シティ」では、都市機構が事業の一環として里山の緑を地元の居住者に関わってもらえるように取り組んだ。まずは担い手をみつけるところから始め、担い手を見つけた後は組織化、組織

が誕生してからは自立化を目指して連携していった。現在は市民団体として「みなみ野自然塾」となり、公園や緑地の自然を育む活動を行っている。[18]

❸ 地域の魅力を保つコモンスペースの管理

　密集市街地の魅力を活用した再生には、これまで述べてきた路地の継承、商店街の再生、公園・緑地の整備や管理など公でも私でもないコモンスペースとなる空間の整備や管理運営が必要となる。一方、密集市街地の課題や高齢社会への対処として、防災・防犯活動、独居老人への支援など、コミュニティが支える領域が存在する。さらに、街の魅力を高める活動として、商店街や街の魅力の情報発信、イベント活動などもコミュニティが担う領域となろう。北区十条地区では、町会と商店街が核となったボランティア組織が防災・防犯、路地園芸などの活動を行っている。[19] 戸越銀座商店街では、商店街の情報に加え、防災・安全などの暮らしの情報、まちづくりの情報など多様な情報を発信している。[20]

　このように密集市街地には、中間領域が多数存在し、その一部で地域管理する試みがみられる。しかし、ハードとソフトの全領域にわたるマネジメント組織の立上げは、権利が輻輳した密集市街地では困難かもしれない。

　密集市街地の整備においては、公共団体に加え、まちづくりの専門家など複数のNPOなどが活動しており、それらが連携するプラットホームがつくられ始めている。

　コモンスペースの維持・管理などにも、こうした地域の動きを持ち込めないだろうか。密集市街地では防災性や住環境の向上を目的に事業が進められているが、道路や建物が完成して終わりというのではなく、将来の街のマネジメントを視野に入れたまちづくりが必要である。

　NPOなどによるプラットホームに町会、自治会、商店街などが連携し、街のマネジメントとそれを担う組織づくりを検討してはどうだろうか。その際、地域の担い手の中核として忘れてはならないのは「団塊の世代」の力である。

(5) 密集市街地の将来像

　以上を総括すると、密集市街地は、その潜在的魅力を活かして新たなタイプの都心居住地として再生することができる。

　新たなタイプという点では、1つは、これまでの画一的で機能優先の街づく

りの中で忘れ去られてきたヒューマンな都市である。地形や歴史を踏まえ地域の中で慣れ親しんできた温かみのある路地、住民のコミュニケーションの場となる活気のある商店街、魅力とともに無言のコミュニケーションを語りかける緑化空間、歩行者が安心して歩行できるみち空間の連続性などを重視していくことである。

　２つ目に、新たな価値観の創造である。高齢者世帯の多い密集市街地に、若年世帯も居住するバランスのとれたミックスコミュニティを、ソフト・ハード面から誘導する。また若年世帯の価値観や文化、ニーズ、さらに歴史や文化などの地域資源などにも着目して、街づくりの商品企画ともいえる分野に戦略的に取組んでいく。こうした方向で施策を講じ、地域のアイデンティティを高めていくことである。

　そして３つ目に、コミュニティマネジメントの実践である。これからの街づくりに不可欠なのは地域の担い手によるマネジメントである。コモンスペースが潜在的に多く、コミュニティマネジメントが求められる密集市街地だが、一方で、今こうした機運の高まりがみられる。

　密集市街地では、魅力的な空間づくりや商品企画の推進によって、新たな住まい手や担い手を呼び込み、その人たちが自らの選択のもと多様なコミュニティと交流して、地域を支えていくことが大いに期待できるのである。

　東京における都心居住は、都心部等の超高層のマンションによる「眺望」「ランドマーク」「匿名性」といったイメージが定着している。これに対して密集市街地は、多様な都市文化への接近性と選択性をベースに「ヒューマン」「接地性」「コミュニティ」を重視した新しいタイプの都心居住といえよう。従来の都心居住のイメージに、もう１つの住まい方が加わることによって、東京の魅力が一層高まることになる。

　更に、密集市街地と一口に言っても、月島や谷中などそれぞれの地域では、独自の表情や個性を有しており、これを活かすことによって、多様性に富んだ都心居住スタイルが創造できるのである。

　ヨーロッパの諸都市を旅して感じる醍醐味は、中世都市のスケール感（中層の石造建物・路地・ラビリンス（迷宮性）・広場）とそこでの生活の営み（歴史・アート・ファッション・グルメなど）である。これらが相まって、その街の魅力が醸し出され、人々にいつまでも心象風景として残るのである。

密集市街地は、そうした魅力を潜在的に秘めているのではないだろうか。

3. 密集市街地の再生の鍵

　阪神・淡路大震災後の平成9年に「密集市街地における防災街区の整備に関する法律」（以下「密集法」という）が制定され、それから10年以上が経過している。密集市街地の整備は、密集法が制定されるかなり以前から取り組まれてきたが、目に見えるような成果が表れているとは言い難い。

　国は、平成19年に第12次都市再生プロジェクト「重点密集市街地の解消に向けた取組の一層の強化」を決定し、同年密集法を改正している。

　これまで、個別建替えによる不燃化と併せ、敷地のセットバックによる道路整備、地元の合意が得られた場所から共同建替えを行うという規制誘導手法や、地権者の土地売却を契機とした行政による広場整備などが主流であったが、市街地全体の整備が進むまでには至らず、長い時間が費やされている。そこで国は、災害時に重要な役割を担う道路の優先整備路線を定め、そこに集中投資する戦略を立てている。[21]

　密集市街地整備の必要性は災害の起こる度に繰り返し唱えられ、特に阪神淡路大震災時には、国・都・区市に至るまで、最重要な政策課題として積極的な取組みがみられたが、整備はその困難性から一向にはかばかしく進まない。近年、この主たる担い手であった行政に陰りが見え始めている。少子高齢社会に対応した行政ニーズの高まりや税収の伸び悩みが主たる要因となっている。国をはじめ区市に至るまで厳しい行財政運営の中で、事業効果の観点からも政策の選択性が一層強まっている。

　こうした現状からは地区計画等の規制誘導策の導入や地域のまちづくり支援などへの対応はまだしも、密集地域で精力的に進められてきた緑地整備などへの支出も潤沢ではなくなっている。

　今後とも、行政が主体となって防災性や住環境を向上するために緑地整備を行うとしたとしよう。大雑把な試算ではあるが、例えば密集市街地の内、重点的に不燃領域率の向上が求められる重点整備地域は2,400haであるが、その10%、約240haを緑地にすると仮定した場合、現在のペースでは何十年も事業期間を要するとともに、約1兆2千億円のコストが必要となる。まず実現も困難だろう。

行政に依存する以外に整備を促進する手立てはないだろうか。

仮に、この緑地整備を何らかの動機づけによって民間が行うとすると、行政は、新たな投資をせずに10％の不燃領域率の向上が図られる。言わば、少ない行財政投資で大きな政策効果の実現が可能となる（1兆2千億円＝240ha×50万円/㎡で試算）。

また、緑地の管理については、行政の施策誘導のもとに住民、NPOなどとの協働によって進めることのできる分野であり、行政コストの縮減にもつながる。地域管理という側面からは、緑地のみならずコモンスペースまでを含めて、今後、公から民に委ねていく方向が望ましい。

一方、密集市街地の道路整備は、住民の合意形成の困難性などから計画的に築造が進まないが、災害時の消防活動などのためには必要不可欠である。今後、消防活動困難区域の解消のためにも、地域の骨格となる主要生活道路について各地区において1カ所程度の整備が必要である。しかし、これまでは道路整備は行政が行うものとの認識があり、マンパワー不足もあって進捗が思わしくないが、世田谷区や足立区のように、都市機構と連携して整備を行っている例もある。行政と公的団体による連携方策も視野に入れ整備を促進すべきだろう。

このように、各分野において、行政一辺倒で整備や管理を行っていくとの発想から、今後は適切な役割分担のもと、民間等が活動できる分野を更に広げた都市政策が考えられなければならない。

東京の密集市街地は経済的ポテンシャルが高いがゆえに、リスクが取り除かれ、きっかけさえあれば、個人等による建替えが促進され、自律的な再生が動き出す可能性も高い。

その「再生の鍵」は、低層過密状況にある地域の建物密度を薄めることにあると思う。建て詰まった民有地の中に、公共空地をできるだけ生み出し、これを活用して緑地や必要な道路空間に活用して整備することではないか。高度経済成長の過程で発生した過密化を、時計の針を戻すように適度な密度へと引き戻すことである。

これを実現する上で、1つは、行政に依存した公共空地の創出という従来の固定観念から発想を転換する必要がある。少ない行政コストで大きな政策効果が得られるよう、民間の活力を誘導することである。

もう1つは、東京の土地利用という視点からマクロ的に捉えて、密集地域の

改善につながるポイントを抑えた有効施策を講じることだろう。それは、密集市街地に埋もれる財ともいうべき未利用容積を、可能な場において顕在化させて適正に活用することである。

　生み出した空地を公共緑地等として整備し、この管理まで含めた一連の事業を、広く民間の動機に適合させながら、民間の力で実施する。この地域全体の動きを梃子にして、様々な整備を進める足がかりにすることであろう。行政には、都市経営上の戦略性を踏まえ、民間の力を政策的に誘導する仕組みづくりが必要なのではないかと考える。

　その制度的枠組みについて、具体的には次章で述べる。

　　補注
　　1）東京都が「木造住宅密集地域整備プログラム」(平成9年3月)において示した「木造住宅密集地域」及び東京都木造住宅密集地域整備促進事業の対象区域

＜参考文献等＞
[1] TEKU・TEKU編「まち歩きガイド東京＋(プラス)」(学芸出版社2008年11月30日) p.138
[2] 西村幸夫編著「路地からのまちづくり」(学芸出版社　2006年12月30日) pp.80-81
[3] 編集責任者八甫谷邦明「季刊まちづくり8　0510」(学芸出版社　2005年9月1日) p.50
[4] 岡本哲志著「江戸東京の路地　身体感覚で探る場の魅力」(学芸出版社2006年8月30日) pp.115-117
[5] ＨＰ「墨田区ホームページ(町別緑被率)」
[6] ＨＰ「東京都ホームページ(2005年4月報道発表資料及びヒートアイランド対策ガイドライン2005年7月)」
[7] 青木仁著「快適都市空間をつくる」(中公新書1540　中央公論新社2000年6月25日) pp.32-34
[8] [2] pp.141-152
[9] ＨＰ「からほり倶楽部ホームページ」
[10] 社団法人新都市ハウジング協会都市居住環境研究会著「歩きたくなるまちづくり　街の魅力の再発見」(鹿島出版会2006年4月30日) p.109
[11] [10] p.124

- [12] ［2］pp.245-258
- [13] ［3］pp.41-43
- [14] 平良敬一編集長「造景 まちづくりと地域おこしのための総合専門誌 32 2001年4・6合併号」（建築資料研究社 2001年4月1日）pp.41-69
- [15] ［1］p.90
- [16] ＨＰ「art-Link ueno-yanaka2008ホームページ」
- [17] 齊藤広子 中城康彦著「コモンでつくる住まい・まち・人 住環境デザインとマネジメントの鍵」（彰国社 2004年5月30日）pp.218-221
- [18] ＨＰ「みなみ野自然塾ホームページ」
- [19] ［2］pp.104-115
- [20] ＨＰ「戸越銀座商店街ホームページ」
- [21] 都市計画270 特集：再考，密集市街地 日本都市計画学会 2008 pp.3-83

第3章 Chapter3

容積移転を活用した密集市街地整備―事業論・各論

山口　幹幸＜東京都＞

日端　康雄＜慶応大学名誉教授＞

遠藤　薫＜東京大学教授＞

永森　清隆＜㈱再開発評価＞

第1節

容積移転を活用した都市部の強化—東京モデルによる試論

山口　幹幸・東京都

1．施策の内容と意義

（1）施策のイメージ

　本書の提案は、東京の密集市街地、その象徴である木造住宅密集地域（以下「木密地域」という）の整備改善と民間事業者による都心部等の開発を施策によって連携し、複合的な政策効果を生み出そうとするものである。

　民間事業者が、木密地域における宅地等を将来の緑地空間を主たる目的に、場合によっては必要な道路空間として確保することを目的に、地権者から土地を取得する。その土地に存在する未利用容積を開発地で活用する。通常、未利用容積とは、現在建物で使用している部分以外の空間をいうが、ここでは、敷地がその地域で利用可能な容積すべてを対象として考えている。

　未利用容積は、用途地域に関する都市計画上の指定容積率か、実際に適用可能な基準容積率か2通りの考え方があるが、これに敷地面積を乗じた延べ床面積を開発地側で活用する。施策の目的を達成するには、利用可能な容積を開発地に直接移転する、いわゆる容積移転と、緑地整備のための空地確保を地域貢献と評価して容積割増しを行う方法が考えられ、ここでは前者の計画手法に主眼をおいて検討を行う（図表3－1－1参照）。

　開発地では、その地域の指定容積率から算出された容積に移転容積を加えたものが利用可能となる。開発側では、ある程度まとまった規模の移転容積を必要とするため、複数の敷地の土地取得を要する。つまり、複数の木密地域内の敷地と開発地との間で容積移転が行われることになる。

　事後、木密地域内には容積移転によって生じた空地が散在するが、これを土地の交換分合によって、まとまった緑地等として整備する。緑地は、生活道路の沿道や、利用上効果的な場所に配置する。緑地の整備や維持管理は基本的に

図表3-1-1　施策のイメージ①

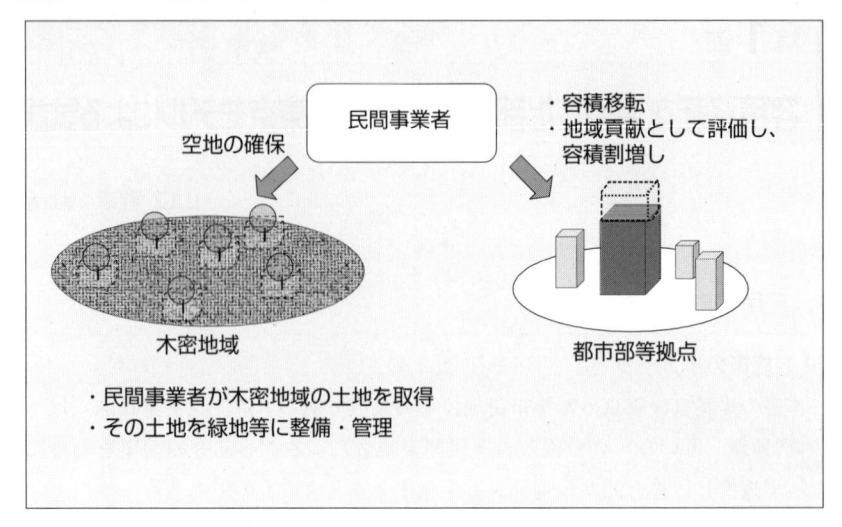

施策のイメージ図
- 民間事業者
- 空地の確保
- 木密地域
  - 民間事業者が木密地域の土地を取得
  - その土地を緑地等に整備・管理
- 容積移転
- 地域貢献として評価し、容積割増し
- 都市部等拠点

は地元区だが、事業者や地域住民などに委ねる方法もある（図表3-1-2参照）。

　このように、本提案は、都心部等で開発事業を実施する民間事業者の旺盛なエネルギーを、都市再生の重要課題である木密地域の整備に振り向け、施策の連携を図る。言い換えれば、都心部等の拠点地域と木密地域の各都市部が、容積移転を通じて、都市部相互の機能補完と強化を図る。言わば、都市間連携施策または地域間連携施策と考えている。

　そして、緑地等の整備や管理までを含め、民間の活力を中心に行政、住民、NPOなど多様な主体が、自律的かつそれぞれの動機に適合した参加と連携によって、都市づくりを促進することをイメージしている。

　本書では、本提案による施策（以下「本施策」という）の政策的意義を明らかにし、施策を実施する上での都市計画法等の制度活用スキームや事業化スキームの構築を考える。また、事業成立性を考察し、様々な角度からその実現性について検討していく。

（2）東京都の都市環境政策の方向

　地球温暖化は世界的なテーマとなっている。国の経済成長や都市の持続的発展とのバランスをどう確保するかが問題である。依然として続く緑の減少、化

図表3-1-2　施策のイメージ②

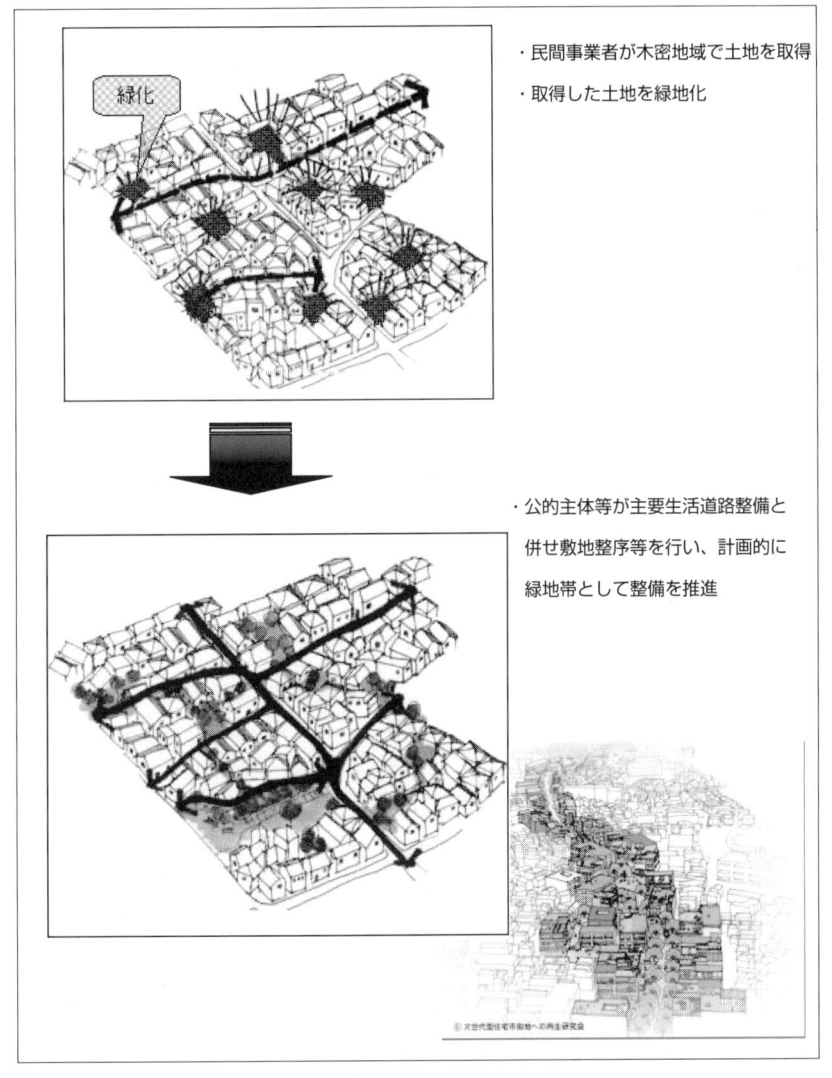

・民間事業者が木密地域で土地を取得
・取得した土地を緑地化

・公的主体等が主要生活道路整備と併せ敷地整序等を行い、計画的に緑地帯として整備を推進

石燃料の使用によるCO_2などの温暖化ガスの増大を食い止めなければならない。

　平成18年12月に東京都は将来の都市像となる「10年後の東京」を策定し、特に環境問題への積極的な対応を図るため全庁横断的な戦略会議を設置した。

緑の都市づくりとカーボンマイナス都市づくりの2つを柱に庁内に推進本部を据え、19年6月、緑溢れる東京の再生を目指した「緑の東京10年プロジェクト」と、世界で最も環境負荷の少ない都市を実現するための「カーボンマイナス東京10年プロジェクト」を公表した。この中で、各プロジェクトの基本方針と主な取組みを示している（図表3-1-3参照）。

例えば、緑の創出・保全に向けて、誘導や規制など多様な手法を活用する。その1つとして、民間事業者による自主的緑化の取組みを推進する。また、2020年までに2000年比25%のCO_2排出削減を目標として、都市開発等の機会をとらえたCO_2削減対策の強化やヒートアイランド対策などを掲げている。

平成21年2月からは、大規模開発等における建物建設時の省エネルギー機器などの導入促進や緑化率の向上を目的に、建物の環境性能が一定水準を満たすことを開発諸制度の適用条件にするとともに、建物の緑化率に応じて割増容積率を増減させるなど、現行の開発諸制度の運用基準や許可要綱を改訂し、環境都市づくりへの取組みの促進、強化を図っている。

このように東京都は、国や他の自治体に先駆けて様々な施策を講じ、地球環境問題への積極的な取組みを展開している。

本施策は、木密地域の緑化促進とともに、都心部等の開発地でのCO_2削減に配慮した建設計画を進めることを目指しており、容積移転を通じた地域間の連携施策が、環境対策への相乗効果をもたらすものと考えている。

東京都の都市環境政策の方向性にも合った、施策の充実・強化につながるものといえる。

（3）期待できる3つの政策効果

東京の抱える都市づくりの主要課題に、ヒートアイランド対策やCO_2削減など環境問題への対応がある。都市開発にともなう建物からの排熱、コンクリートやアスファルトによる蓄熱の増大が、都市のヒートアイランド現象や温室効果ガスによる地球温暖化の原因の1つになっている。

エネルギー需要やCO_2排出量の増加抑制をさらに積極的に進め、低CO_2型の都市構造を目指すとともに、建物の省エネルギー化など環境性能の向上を図る。また一方、クーリング効果のある緑化を促進することなどに力点を置いた施策を推進しなければならない。

第1節　容積移転を活用した都市部の強化―東京モデルによる試論

図表3-1-3　「緑の東京10年プロジェクト」と「カーボンマイナス10年プロジェクト」

「緑の東京10年プロジェクト」（骨格）について

「緑の東京10年プロジェクト」とは
- 水と緑の回廊に包まれた、美しいまち東京の復活を目指す取組
  〜海から緑の風が吹き抜けるまちへ〜
- 既存の緑のネットワーク化推進と新たな緑づくり

10年後の東京の姿
- グリーンロードネットワークの形成
- 東京に、皇居と同じ大きさの緑の島が出現（「海の森」整備）
- 新たに1,000haの緑（サッカー場1,500面）の創出
- 「緑のムーブメント」を東京全体で展開
- 都内の街路樹を100万本に倍増

取組の基本的ありかた
- ◆東京の総力を投入し、プロジェクトを実現する。
  - ▶民間企業、都民を巻き込む果敢な取組
    〜規制と誘導を大胆に実行〜
  - ▶都政のあらゆる分野での大胆な施策展開
    〜民間を牽引する率先行動、各局横断による戦略的取組〜
- ◆「緑の東京10年プロジェクト」（骨格）をもとに、2008年度予算要求時期までにプロジェクトの事業化を図り、集中的・本格的な取組を開始。

「緑の東京10年プロジェクト」（骨格）

1. **グリーンロードネットワークの形成**
   ☆海からの風が吹き抜ける広域的・骨格的な緑の形成☆
   - 「海の森」整備
   - 都心の大規模緑地を結ぶ幹線道路の街路樹整備

2. **あらゆる都市空間のすき間を活かした身近な緑の創出**
   ☆緑を緑あふれる都市へ☆
   - 屋上、壁面緑化の一層の推進
   - 駐車場、鉄道敷地などの緑化
   - 都市開発事業者による自主的な緑づくり
   - 都市施設の緑化推進
   - 緑化技術の開発促進

3. **校庭芝生化など地域における緑の拠点づくり**
   - 校庭芝生化など小中学校の緑化
   - 高校など、その他施設の緑化
   - 地域での「芝生応援団」創設や人材活用

4. **既存の緑の保全など質の高い緑づくり**
   - 屋敷林など既存の緑の保全
   - 緑の質を高める新たな仕組みづくり
   - 里山や森林など、貴重な緑の保全と再生

5. **都民、区市町村、事業者を巻き込む緑のムーブメント**
   ☆都民、区市町村、民間事業者を巻き込んだ取組の推進☆
   - 新たな募金の仕組みづくり
   - 緑の保全や企業やNPOが取り組むパートナーシップの推進
   - 観光農園、グリーンツーリズムなど緑を親しむ機会の創出
   - 身近な緑の環境教育への活用、意識啓発・醸成
   - 都内の街路樹を100万本に倍増

「カーボンマイナス東京10年プロジェクト」（骨格）について

「カーボンマイナス東京10年プロジェクト」とは
- オリンピックを梃子にした都市と社会の変革に向け、世界で最も環境負荷の少ない先進的な環境都市の実現を目指す取組
  〜世界の温暖化対策で子どもたちに豊かな環境を引き継ぐ〜
- 21世紀に通用する新しい都市モデルにまで高めて、アジアをはじめ、全世界に発信

10年後の東京の姿
- CO2排出削減目標：2020年までに2000年比25％減を達成
- 増大するアジアのエネルギー消費の効率化に向け、世界最高水準の省エネ技術の普及と支援

取組の基本的ありかた
- ◆東京の総力を投入し、プロジェクトを実現する。
  - ▶民間企業、都民を巻き込む果敢な取組
    〜規制と誘導を大胆に実行〜
  - ▶都政のあらゆる分野での大胆な施策展開
    〜民間を牽引する率先行動、各局横断による戦略的取組〜
- ◆「カーボンマイナス東京10年プロジェクト」（骨格）をもとに、2008年度予算要求時期までにプロジェクトの事業化を図り、集中的・本格的な取組を開始。

「カーボンマイナス東京10年プロジェクト」（骨格）

1. **世界最高水準の省エネ技術を活用した東京発のエネルギー戦略の展開**
   - 建築物の最高水準の省エネ・低CO_2仕様化
   - 都市開発・都市基盤整備等の機会をとらえたCO_2削減対策の強化
   - 省エネ家電の普及、住宅の省エネ性能向上など、家庭部門での取組強化
   - あらゆる施設、機会における省エネ化の促進
     都市施設や民間施設、地域（商店街等）、各種イベント　等

2. **世界一の再生可能エネルギー利用都市の実現**
   ☆100万kW相当（火力発電1基分）の太陽エネルギーを都内に導入☆
   - 太陽光発電の飛躍的拡大、太陽熱利用の再生
   - バイオマス燃料の普及
   - 電気のグリーン購入制度による再生可能エネルギー需要の拡大　等

3. **持続可能な環境交通ネットワークの実現**
   - 交通インフラのゆとりを活かす自動車交通対策
   - 快適で環境に負荷をかけない交通システムの実現
   - 物流効率化、エコドライブ・低燃費車の普及拡大　等

4. **新たな環境技術の開発と環境ビジネスの創出**
   - 低公害・低CO_2自動車の開発促進
   - 先駆的な民間企業等との連携によるCO_2削減技術の開発促進
   - 研究機関、大学等との連携　等

5. **カーボンマイナスムーブメント**
   ☆CO_2削減に向けた基盤形成、アジア、世界への発信☆
   - 環境教育拡大など、次世代人材育成
   - 世界大都市との連携、アジアのCO_2削減支援　等

このため、これからの東京は、多機能集約型の都市構造や、自動車交通に過度に頼らず、駅を中心としたコンパクトな街づくりを進めることが一層重要となる。都心・副都心など東京の中心的な役割を果たす中核的拠点、交通結節点等における生活機能が集積する生活拠点など、これら拠点機能の育成・強化を図る。

また、公共交通ネットワークを通じ相互に機能分担と連携を図り、環境負荷の少ない職住近接の都市構造を目指す。このような方向で、拠点への施策を集中し民間投資を誘発するなど、メリハリのある都市開発を進めていくことが求められる。

開発に際して、敷地内での屋上や壁面緑化など積極的な緑化誘導を進める一方、最大限のCO_2削減が行われる仕組みを構築する。高効率のトップランナー機器の導入による省エネ性能の向上にとどまらず、パッシブなエネルギーの利用や建物運用時の対策等による建物の低エネルギー化、再生可能エネルギーの利用、地域におけるエネルギーの有効活用などを図ることである。

一方、東京の木密地域は、環状7号線や中央線沿線を中心に分布しており、実に約24,000haに及び、区部面積の30%以上を占めている。東京都の防災都市づくり推進計画では、木密地域の中でも震災時の甚大な被害が想定される整備地域は約6,500ha、重点整備地域は約2,400haとしている。

平成20年2月の「地震に関する地域危険度測定調査（第6回）」の結果からも、下町地域を中心とした木密地域では、火災危険度をはじめ、建物倒壊危険度、総合危険度が高いことがうかがえる。道路や公園などの公共施設が不十分なうえ、狭小敷地において老朽木造住宅が軒を連ねて密集している。

一般の市街地に比較し、高齢化の進展と世帯人数の減少が顕著であり、地域の活力が低下しつつある。居住者は、災害の危険性を認識しているものの、土地等の権利関係が複雑、土地の規模が小さい、接道条件が悪い、居住者の高齢化が進展しているなどの理由から積極的に建替えが行われる状況となっていない。

また、民間事業者から見ても、事業規模が小さくなりがちなこと、共同化等の権利調整に手間と時間がかかるなどの理由により、事業が採算に乗りにくく、参入が難しい地域でもある。

地元区が主体となって整備を進めているが、国における法制度の改善や都区

による新たな計画が策定されても、整備の困難性や財政状況もあり、十分な進捗がみられないのが実態である。

今後、東京の都市づくりにおいては、環境問題への対応や木密地域の抜本的な整備改善に着目した施策の実施が求められている。木密地域においては、緑化促進と併せて、オープンスペースの確保によって不燃領域率を拡大し、防災性の向上を図る。また、開発地においては、容積移転によって得た床面積を拠点整備の育成・強化に活用する。その際、開発事業において低CO_2型の建設計画を積極的に誘導する。本施策は、こうした3つの政策効果を同時に期待するものである（図表3-1-4参照）。

図表3-1-4　3つの政策効果

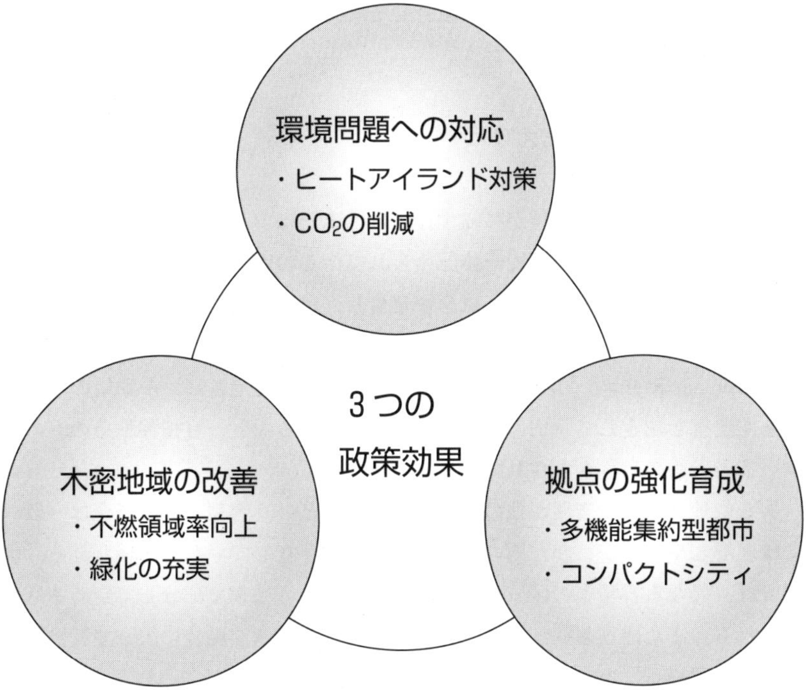

環境問題への対応
・ヒートアイランド対策
・CO_2の削減

3つの政策効果

木密地域の改善
・不燃領域率向上
・緑化の充実

拠点の強化育成
・多機能集約型都市
・コンパクトシティ

2. 容積移転の仕組みと法制度の活用

　わが国の都市計画法や建築基準法では、飛び地の建築敷地間で容積移転が認められているのだろうか。実際、様々なプロジェクトで容積移転を伴うケースも生まれているのだが、開発計画では、どのような制度が適用されているのか。

　また、本施策は、木密地域と都心部等との飛び地間の容積移転を考えている。都心部等と一口に言っても様々なケースがある。開発地、すなわち容積の受け手の都心部等には、丸の内や臨海部という高度に発展した東京を代表する都心部もあれば、木密地域内部のいわゆる「アンコ」といわれる地域の中に位置している場合もある。

　ここでは、容積移転の意義を理解するとともに、施策の実現可能性や効果に着目して、最も適切な飛び地間の組合せを考える。そして、制度をどう適用すべきかという観点から検討を行う。

（1）容積移転の基本的考え方
❶ 容積移転の意義

　異なる建築敷地間で容積が移転すること、または容積を移転させるという行為は、わが国の法制度の中で一体認められているのか。米国では敷地空間を水平分割して生じる空中権という概念が定着し、建築敷地間での一定の空間部分の容積移転が認められている。この考えのもとで、米国 TDR（Transferable Development Rights）制度は、容積移転の公共性が規定され、未利用の建物容積を開発権と認定して特別に移転できるようにするなど、容積移転そのものに強い都市計画の関与がなされている。

　ある敷地の未利用空間が他の敷地に移転するという容積移転の概念は一般的には理解しやすいが、わが国の法体系の中では存在していないといわれる。現行では、異なる容積率の区域を空間的に配置し、容積率を配分して定めるものとされる。また建築基準法では、特定行政庁が、特別な場合に限って特例的な容積率を認めることとしている。

　言い換えれば、都市計画法では、用途地域など地域制による均一な規制から生じる変化を都市計画が新たに規定する。この際、仮に容積移転が生じるという問題は、建築自由の範囲で生じることで、都市計画は関与しないということ

でもあるとされる。

本施策は、わが国の法制度のもとでは厳密には容積移転とは言えないが、理解を容易にするため、あえて「容積移転」という言葉を使用していく。

❷ 土地取得の潜在的需要

土地取得が困難とされている木密地域内でも、防災や住環境の理由や土地利用の実態からみて取得が望まれるものや、可能と思われるものは存在する。もちろん、土地取引や敷地空間の容積移転は私人間の取引であり、取引に応じるか否かは土地建物所有者の意思によるもので、当事者双方の合意により成立するものである。地上げのような方法で強引な取得が許容されるものではない。

幾つかのケースが想定されるが、1つは、未接道敷地や狭小敷地、間口が道路に十分接していない敷地などで、地権者による個別建替えが困難な場合や土地を有効利用できないような場合である。また、地権者の個別事情から当面利用目的のない空地状態にあるものや、暫定利用されている駐車場等、居住実態のない空家状態の敷地などがある。

一方で、防災上の理由から、むしろ行政が積極的に関与して取得すべき土地もある。災害時に有害な老朽木造建築物の敷地である。例えば、「密集市街地における防災街区の整備の促進に関する法律」（以下「密集法」という）による除却勧告の対象となるような危険な建築物。災害時に建築物の破損や倒壊を生じ、隣接家屋に被害を及ぼす可能性や避難路を閉塞する恐れのある危険な建築物など。これらは地権者の理解と協力のもとに、行政が適切に判断して除却を誘導することが望まれる。

さらに、借地権の存する土地で借地権者や土地所有者の事情から土地の処分を考えている場合をはじめ、高齢者世帯で土地を処分し公的賃貸住宅等への入居を希望する場合、子供との同居の理由から他に転出希望をする場合など、地権者自らが取得を希望するものもあるだろう。

このように、木密地域は一般の市街地とは異なる実情から、様々なケースで土地取得の可能性が生まれており、潜在的な需要は決して低くないと考えられる。

❸ 取得地の規模とタイムラグ

本施策は、木密地域内の未利用等の状態にある個々の敷地（譲渡地）を、民間事業者が将来の緑地空間等として取得し、その敷地の未利用容積を都心部等

の開発地（譲受地）に移転するものである。

　容積移転は、送り手側（譲渡地）と受け手側（譲受地）の双方の意思が合致し、ある時点において行われる。また、受け手側では一定規模のまとまった面積が必要となるため、この相当規模を木密地域内で確保するには、狭小敷地が多いことから何筆もの土地を取得することになる。

　また、道路や公園など公共用地は、地区計画による地区整備計画などを策定し、計画的に用地を取得して整備するのが基本だが、個別敷地の容積移転でこれを実現しようとする場合には、土地取引が私人間の自由意思によるため、公共用地のように取得場所をあらかじめ特定したり限定することはできない。木密地域では合意形成が困難で時間もかかるとされ、民々の自由な意思に委ね、取得可能な所から随時買収するという方が、必要な移転容積や公共空地を迅速に確保できる利点があるともいえる。

　実際、開発地側の事業着手時に、個々の容積移転取引が一斉になされ、必要な移転容積を即確保できるわけではない。当然、個々の敷地を取得する時期と、開発地の事業着手時期との間にはタイムラグが生じることになる。これらの点が、本施策における容積移転の特色といえる。

　むしろ、譲渡地の範囲をあらかじめ限定して、土地取得が計画的に進められれば望ましいことは事実だ。しかし、木密地域では借地権上の建築物や民間賃貸アパートも多く、権利関係が輻輳しており、すべての関係権利者の了解を得て土地を取得するには、想像以上に長い時間を要する。また、地区整備計画という計画的な枠組みをつくって進めることが正当であるようだが、得てして小回りのきかない進め方となり、迅速な対応ができず、結果として目的を達することができない事態を招くこともある。容積移転取引を行う事業者への一定の歯止めは必要だが、ある程度自由に進められる柔軟な制度であることも必要だ。

　相当件数の容積移転を要することになるため、できるだけ早期に土地取得交渉に入れることや、防災や住環境面から有意義な土地取得が可能となるよう地権者の理解を前提に、優先的に交渉に入れるような行政との連携などの仕組みを構築することも大切である。

　また、後述するが、土地取得と容積移転時のタイムラグをあらかじめ考慮に入れた安全で確実な土地取得契約の方法や、タイムラグが原因となって発生する様々な課題やリスクを回避するための容積率売買等を担う空地バンクの介在

などの工夫が重要となる（4.（2）❸容積移転における主要課題への対応を参照）。

（2）活用可能な都市計画制度等

本施策は、飛び地の敷地間での容積移転であり、開発地である受け手側は指定容積率を超えて高度利用を図る一方、送り手側は将来の緑地等に土地利用目的を限定する。

現行法制度においては、都市計画法による「容積配分型地区計画」、「再開発等促進区」（「東京のしゃれた街並づくり推進条例」の「街区再編まちづくり制度」）、都市計画法及び建築基準法による「特例容積率適用地区制度」、密集法による「防災街区整備地区計画」などが、施策を実現するのに相応しい手法と考えられる。

一敷地内に数棟ある建築物間で容積を配分する総合的設計制度、隣接敷地にある建築物間で容積を配分する連担建築物設計制度などは、適用がなじまないか、一定のケースに限って活用可能な制度といえよう。

❶ 地区計画手法の共通課題

容積配分型地区計画や再開発等促進区では具体的な整備にあたって、あらかじめ地区整備計画を策定するものとしている。地区計画区域においては、将来の青写真ともなる目指すべき市街地像を地区整備計画として定めることとされているが、実は、このことが本施策を実施する上での課題となる。

これは木密地域内の取得地やその範囲をあらかじめ特定することが困難なためである。取得前に整備計画を示せない。また、取得後に敷地整序して緑地帯とするため、木密地域内の具体的な地区整備計画は容積移転後となる。一方、容積の受け手側の開発地では開発計画はあるが、木密側からの容積移転が可能となって初めて計画性が担保される。つまり、開発にあたっての移転容積が確保され、建設に着手する段階で、送り手側と受け手側の具体的な地区整備計画を明示できる状況になるのである。

このため木密区域では、当初、取得地の概略範囲など基本的事項を地区計画の整備方針として定め地域整備の一定の方向づけを行い、土地の取得後に具体的な地区整備計画を定めていく方法が望ましい。

❷ 容積配分型地区計画

容積配分型地区計画は、土地利用の観点から一体性を有する区域において、指定容積率を超えて土地の高度利用を図るべき区域と、低い容積率を適用すべき区域がある場合に活用される。地区の特性をふまえて、それぞれの区域に詳細な容積の配分を行い、良好な市街地環境の形成と合理的な土地利用を図るものである。

　容積率を規制する区域とは、樹林地や伝統的建造物の保存、良好な景観を確保する場合などで、この区域をダウンゾーニングにより、目的を達成しようとするものである。

　容積配分型地区計画を適用した実例は少ないが、平成19年4月都市計画決

図表3-1-5　容積配分型地区計画の実例「千住大橋駅周辺地区」

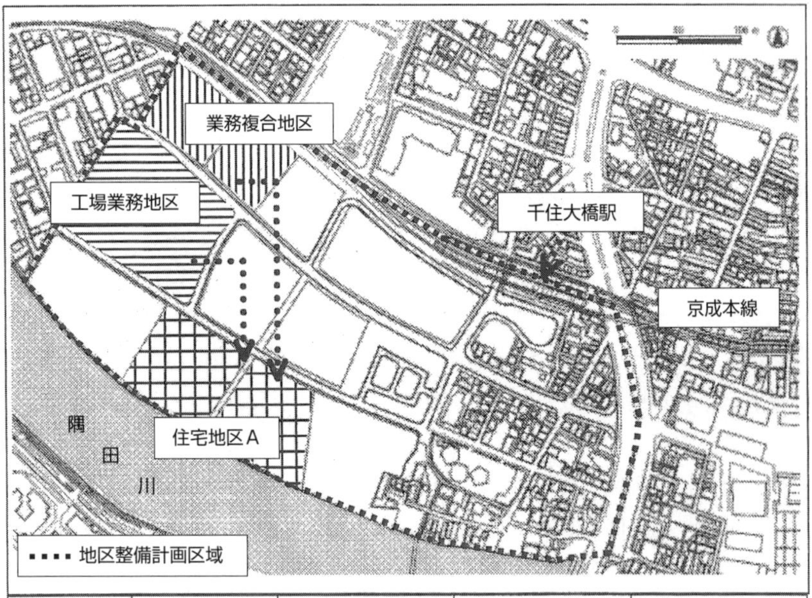

地区名	用途地域	建ぺい率／容積率	容積率の最高限度	容積率の最適限度
業務複合地区	第二種住居地域	300／60	220	―
工場業務地区	準工業地域	300／60	240	―
住宅地区A	第一種住居地域	300／60	380	250

出所：千住大橋駅周辺地区地区計画　容積適正配分対象街区図より作成

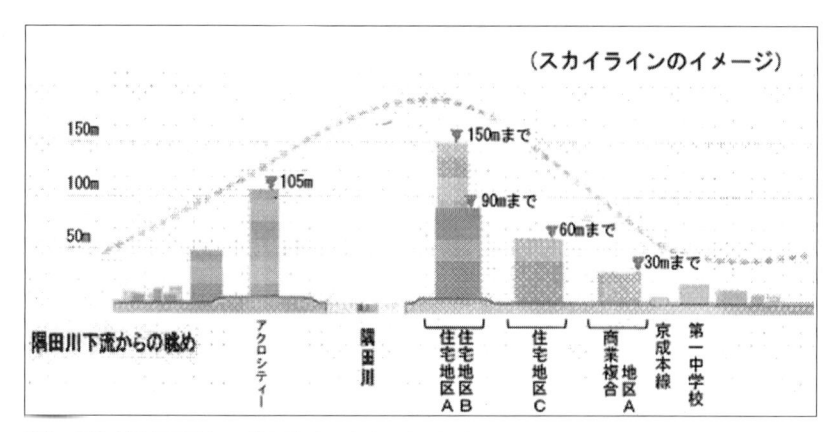

(スカイラインのイメージ)

出所：千住大橋駅周辺地区　地区計画の手引き（足立区）

　定した足立区千住大橋周辺地区では、図表3－1－5に示すように、京成本線千住大橋駅前の大規模工場跡地を含む駅周辺区域約69.3haに地区計画を指定し地区整備方針を定めたうえ、その内の大規模工場跡地部分約12.6haに容積配分型地区計画を指定して具体的な地区整備計画を定めた例である。

　この開発計画では道路等の基盤整備に併せ各街区に住宅をはじめ業務、商業等の複合機能の導入を図っている。

　隅田川沿いの景観形成や風の道への配慮、北側の住宅密集地や学校への日影の影響等を考え、北西街区に位置する業務複合地区及び工場業務地区の容積を低く抑え、隅田川沿いの住宅地区A街区に高い容積を配分し、南北軸の断面で見ると地区内の建物高さが隅田川を頂点とする山形のスカイラインを描くように計画している。

　本施策に適用する場合には、木密区域内の取得地がランダムに生じ、あらかじめ、その位置や区域を特定できないことや、広範囲を対象に容積の低い区域を設定しダウンゾーニングすることになれば、取得しない宅地にも影響を与え地権者の個別更新や共同化など土地の合理的利用を妨げ、宅地の資産価値低下にも繋がりかねないことなどから活用は困難といえよう。

❸　再開発等促進区

　再開発等促進区は、工場、埋立地、農地、住宅団地、木密地域など、まとまった低・未利用の状態にある土地の区域を対象とする。土地利用の転換を円滑に

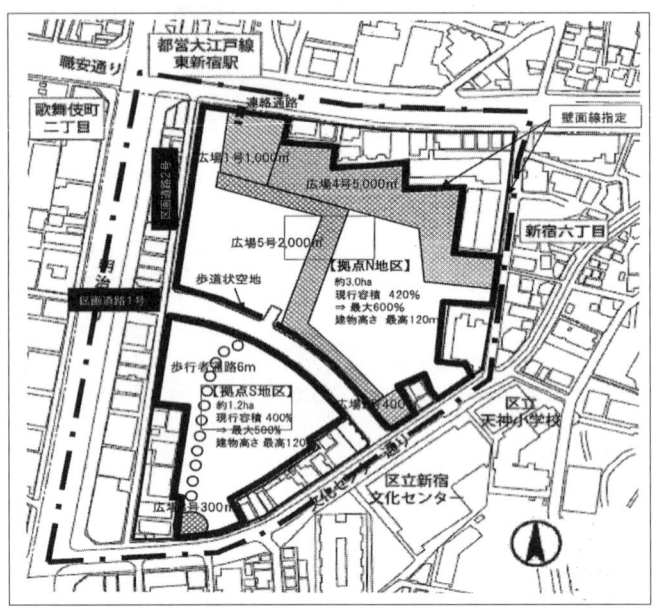

図表3-1-6　再開発等促進区の実例「新宿区新宿六丁目西北地区」

出所：上図：新宿区新宿六丁目西北地区地区計画及び再開発等促進区の区域図より作成
　　　下図：N地区のイメージパース（実施段階での変更もあり）（都市整備局）

推進するため都市基盤施設と建築物との一体的な整備に関する計画にもとづき、事業の熟度に応じて市街地のきめ細かい整備を段階的に進め、土地の高度利用と都市機能の増進を図るものである。

　容積率は、土地利用の転換にあたって整備される2号施設の道路や緑地など

市街地環境への寄与度に応じて、指定容積率に関わりなく制限が緩和される。木密地域においても、狭小敷地の統合による建築物の共同化を目指した再開発を行う場合に、本制度を適用することが可能である。

しかし、地区整備計画区域内で容積移転対象となる取得地を緑地等に整備しても、地域貢献要素である2号施設等に必ずしも認められるとは限らず、容積緩和に直接結びつかない。また、そもそも一体的な土地の区域を想定した制度であるため、飛び地の建築敷地間を前提とした容積移転とは異なる手法である。開発地では、その趣旨に沿った活用ができる制度だが、取得地と関連づけて適用するには無理がある。

再開発等促進区を活用した開発事例は数多く見られる。図表3-1-6は、平成19年8月に都市計画決定（20年12月一部変更）した新宿区新宿六丁目西北地区における再開発等促進区を定める地区計画の実例である。この地区は新宿歌舞伎町の北東約400mに位置する約4haの業務系跡地を拠点に、周辺民有地を含む区域約7haを対象に、都の「東京のしゃれた街並みづくり推進条例」に基づく「街区再編まちづくり制度」を活用し街並み再生方針を定め、同方針に基づき、区域全体の地区計画を都市計画として決定したものである。

拠点地区では中央に幅員12mの道路を新設し、北側街区のN地区に業務、商業、文化、住宅機能を、南側街区のS地区に住宅、商業機能等を導入している。街区が民有地や道路に接する部分には壁面線を指定し、新たに全体で1ha超の5つの広場と歩行者通路を配し、建物の高さを制限して景観形成とともに周辺環境との調和を図っている。

都心居住の実現や集客施設の導入、広場等による賑わい空間を創出することで地域の活性化等に寄与するなど、数々の地域貢献に配慮した計画とすることにより、N地区では指定容積率420％のところを600％に、S地区は400％のところを500％に容積割増しがなされている。

なお、パースは、N地区の北側道路から見たイメージを描いている。

❹ 特例容積率適用地区

特例容積率適用地区は、第1種低層住居専用地域、第2種低層住居専用地域、工業専用地域を除く用途地域が対象である。その区域内において、適正な配置・規模の公共施設を備え、かつ指定容積率の限度からみて未利用な建築物の容積を活用することによって、土地の有効利用を図ることを目的とした都市計画法

の「地域地区」の1つである。

建築基準法の規定により、土地所有者の申請にもとづき、特定行政庁が複数の敷地について、これら敷地に係る容積の限度の和が、基準容積率による容積の限度の和を超えない範囲内において、それぞれの敷地に適用される特別の容積率の限度を指定することにより、敷地間の容積の移転が可能となるものである。

容積配分型地区計画などでは、あらかじめ目指すべき市街地像を定め、事前に、かつ詳細に容積を配分する。これに対して、この制度は都市計画では位置

図表3-1-7　特例容積率適用地区の実例「千代田区大手町・丸の内・有楽町地区」

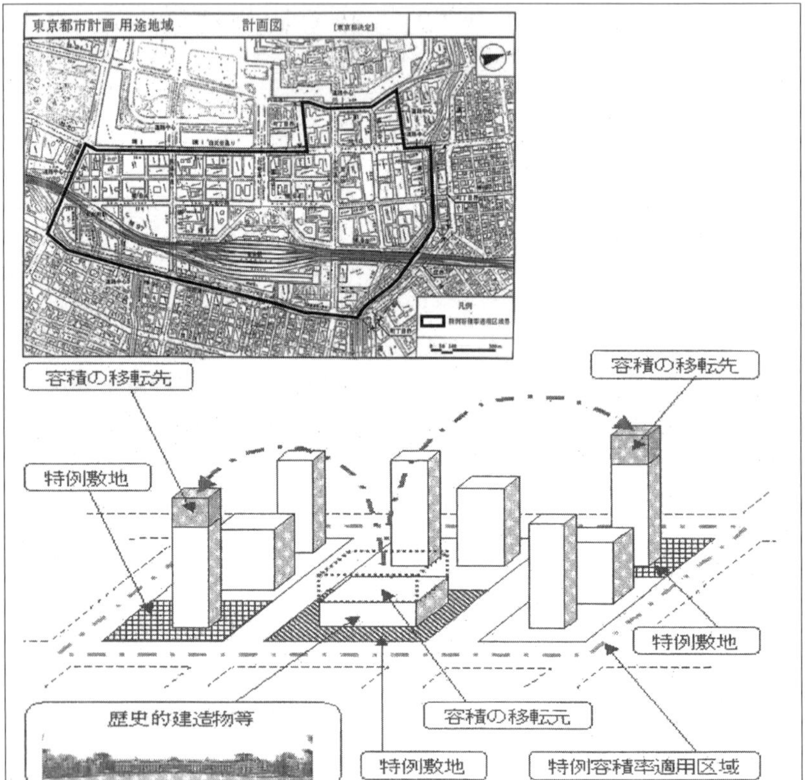

出所：上図：大手町・丸の内・有楽町地区特例容積率適用区域（都市整備局）
　　　下図：特例容積率適用地区制度イメージ（都市整備局）

と区域を定めるだけで、具体的な容積移転は特定行政庁の指定に委ねる。土地所有者の発意と合意が尊重され、容積移転を簡易かつ迅速に行えるのが特色である。

特例容積率とは容積率の緩和ではなく、用途地域による容積の範囲内での算定の特例である。もともと利用できる床面積の限度内で、特定行政庁が敷地ごとに容積率を配分して、特例容積率の限度を定める。一敷地に数回適用することも可能であるし、容積の切り売りや時間差による売買もできる。

この制度は、平成12年に都市計画法と建築基準法の改正により創設された。東京都の大手町・丸の内・有楽町地区（以下「大丸有地区」という）で適用されている。その後、法が改正され、これまで商業地域のみに適用された制度だが、広範な用途地域において適用が可能となっている。

受け手側の開発計画や事業着手時期を考慮して送り手側の土地取得を行うことができ、開発事業者を誘導して迅速に施策を実施できるなど、本施策への摘要が最も期待できる手法といえる。

図表3－1－7は、大丸有地区の区域図と容積移転制度のイメージを示している。この地区は約116.7haの区域で、平成14年6月に区域指定が行われ、容積の送り手側は東京駅舎のように保存、復元を図るべき歴史的な建造物等で、受け手側は区域内において合理的高度利用が計画される建築物としている。これら特例敷地に適用される特例容積率の最高限度は指定容積率の1.5倍以内で指定容積率に500％を加えた数値以内とされ、また最低限度は50％以上とされている。

受け手となる特例敷地は21年3月時点で、東京ビル、東京駅八重洲口開発計画、新丸ビル、丸の内2-1計画、東京中央郵便局において指定されている。

3．容積移転における制度活用スキーム

（1）容積移転の立地特性よる分類
❶ 開発事業地の5つのパターン

木密地域内の未利用容積を開発地に移転するが、開発地がどのような場所に存在するかによって、政策実現効果や制度活用の可否が異なる。ここでは想定される開発地を5つの類型に分けて考えてみる。

図表3-1-8　容積移転の類型

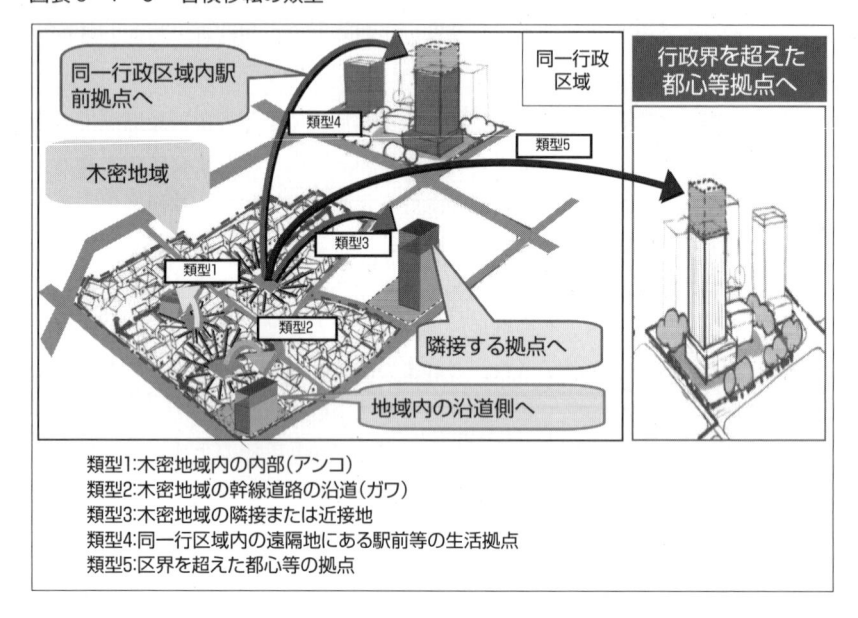

```
類型1:木密地域内の内部(アンコ)
類型2:木密地域の幹線道路の沿道(ガワ)
類型3:木密地域の隣接または近接地
類型4:同一行政区域内の遠隔地にある駅前等の生活拠点
類型5:区界を超えた都心等の拠点
```

❷ 立地特性による容積移転の効果度

① 類型1：木密地域内の内部（アンコ）

　　駐車場に利用される空地などはみられるが、一般には工場跡地など大規模な敷地が存在することは稀で、小規模な共同建替えはあるが、街区単位での大規模な共同化のケースは少ない。

　　また、指定容積率が200％程度と想定され、建物の個別更新でも、狭あい道路の影響から指定容積を十分使用できないケースが多い。仮に、一定規模の開発地を確保し、周辺道路を拡幅整備しても、日影規制や高さ制限の関係から大規模な建設計画は成立し難い。このため、他の敷地から容積移転してまで、開発が行われる余地は低いといえる。

② 類型2：木密地域の幹線道路の沿道（ガワ）

　　木密地域のガワにあたる幹線道路沿道は、内部とは表情が異なる。容積率も300％から400％程度と高く、高度利用が進んでいる。

　　沿道建築物には、道路騒音を遮断する機能や災害時の延焼遮断帯としての機能が求められ、既存中高層建築物が立ち並んでいる場合が多い。しか

も、高度利用が可能な敷地は、地域地区指定の関係で道路から奥行30m程度の沿道1列目から2列目辺りまでの建築敷地である。

このため、まとまった規模の空地が生み出され難く、北側で木密地域に接する場合には、日影規制の影響から高度利用も困難となる。容積移転の可能性があっても、小規模なものとならざるを得ない。

③ 類型3：木密地域の隣接又は近接地

木密地域と隣り合った敷地（隣接地）や、木密地域の近傍で道路によって連続性のある同一生活圏の敷地（近接地）に、工場跡地などの遊休地、学校施設や宿舎といった公共公益施設の未利用地が存在する場合である。

このような場所では、跡地を利用して区画道路などインフラを再整備し、商業・業務・住宅などの複合的な都市機能の立地を促すことができる。開発地では一定規模の開発が想定され、近傍の木密地域と連携した容積移転が最も容易に考えられるケースである。

④ 類型4：同一区内の、遠隔地にある駅前等の生活拠点

木密地域から少し離れた最寄駅周辺、交通結節点となるターミナル駅周辺などの、区内の地区中心や重要な生活拠点である。

商業地域等が指定されて容積率が比較的高く土地の高度利用が可能であり、駅に近いことから施設需要も高く潜在的な開発ポテンシャルがある。駅前の広場や道路等の整備に併せて再開発が行われる可能性のある場所でもある。

⑤ 類型5：区界を超えた都心等の拠点

類型4までは、例えば、豊島区内や墨田区内などのように、同一行政区内で容積移転が行われるケースである。しかし、送り手側が豊島区内の木密地域で、受け手側が千代田区大手町の開発地に容積移転することも理論的には考えられる。

高度利用が最も可能な立地条件にあり、事業者に対して開発の動機づけが強く働くものと考える。都心や副都心など、都市再生緊急整備地域が指定されている箇所などが想定される。このポテンシャルの高い地域と、防災上重要な都内のあらゆる木密地域との間で容積移転が自在にできれば、容積移転の効果が最も期待でき、この意味では理想的なケースといえよう。

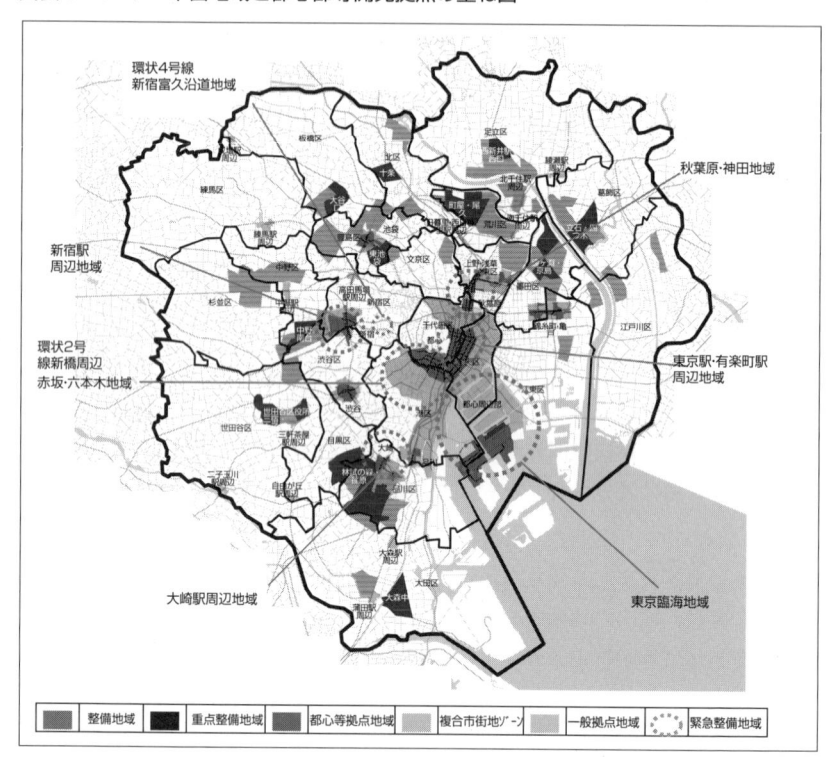

図表3-1-9　木密地域と都心部等開発拠点の重ね図

（2）特例容積率適用地区制度の適用

　現行法制度においては特例容積率適用地区制度の活用が、本施策を実現する上で最も期待できるものといえる。

　ここでは、適用する場合の制度スキームを考える（図表3-1-10参照）。

❶ 制度活用上の留意点

　特例容積率適用地区制度を活用する場合には、国の都市計画運用指針に定められている配慮すべき事項など、運用面で幾つかのポイントがあると思われる。

　留意点の1つは、容積の送り手側は、公益が存在するケースに限定することが望ましいことである。例えば、伝統的な建造物の保全、文化環境の維持創出、都市環境の向上の目的を実現するために低度利用となり、こうした理由から建築物の未利用容積の活用を促進する必要がある場合などである。

図表3-1-10　容積移転制度スキーム

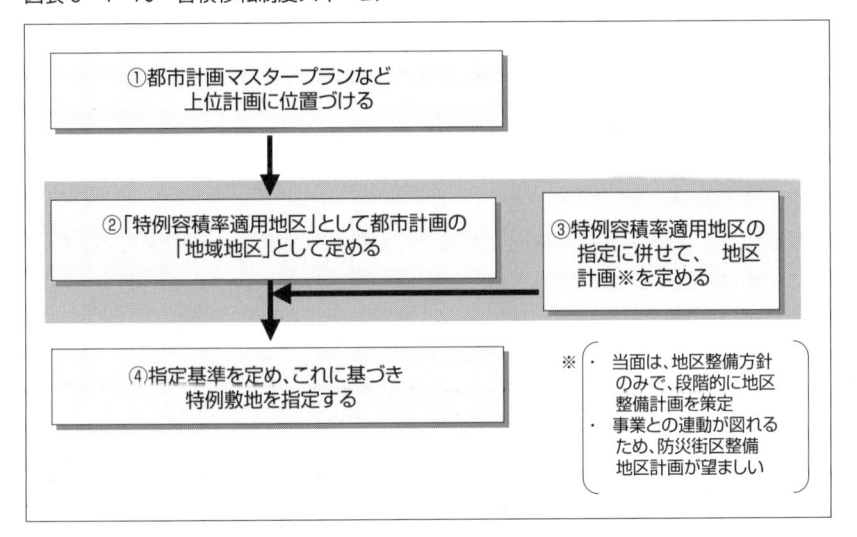

```
①都市計画マスタープランなど
  上位計画に位置づける
        ↓
②「特例容積率適用地区」として都市計画の    ③特例容積率適用地区の
  「地域地区」として定める              指定に併せて、地区
                                  計画※を定める
        ↓
④指定基準を定め、これに基づき
  特例敷地を指定する
```

※・当面は、地区整備方針のみで、段階的に地区整備計画を策定
　・事業との連動が図れるため、防災街区整備地区計画が望ましい

　次に、区域の指定にあたっては、都市計画との整合性を図るとともに、運用面での弊害を未然に防止すべき措置など、都市計画上の配慮が必要なことである。都市計画マスタープランや都市再開発方針など上位計画における位置づけを適切に考慮するとともに、地区計画等で敷地面積の最低限度を定めるなど狭小敷地における過密化の未然防止を図ることが重要となる。さらに、受け手側で指定容積を超えて高度利用する場合の、発生交通量と道路容量との整合性など、インフラへの負荷に十分配慮することである。

❷　木密地域における公益

　容積の送り手側は木密地域内の個々の狭小敷地であり、事業者が土地を取得した後には公的な緑地空間等として整備される。木密地域の譲渡地は、緑地等に生まれ変わり、将来にわたって利用可能容積が制約されることになる。

　木密地域の土地利用を制約することで、緑化空間等を生み出し、緑のクーリング効果や住環境の向上に資するばかりか、不燃空間の拡充によって防災性が向上する。木密地域における緑地量不足の実態や公共施設整備の困難性を併せて考えると、本施策の公的意義は極めて高いものと思われる。

　さらに、木密地域の移転容積を都心部等拠点開発の高度利用に活用することで、東京の都市構造上からも拠点等の都市機能の充実・育成効果も期待できる。

このように多面的な政策効果を期待できる方策といえよう。

❸ 都市計画における上位計画との整合

　特例容積率適用地区を指定する区域は、都市計画マスタープランなど上位計画との整合性を図る。送り手側の木密地域については、防災の観点から緊急かつ重点的に改善すべき地域として「防災再開発促進地区」への指定を要件とすることである。

　東京都は、平成7年の阪神淡路大震災における木密地域の延焼火災の教訓から、木密地域における災害の予防や震災時の被害拡大を防ぐため、防災上の諸施策の推進を目的として防災都市づくり推進計画を策定している。平成9年には密集法が制定されたが、これを契機に、木密地域のうち災害時に特に危険性の高い重点整備地域を中心に防災再開発促進地区を指定し、都市計画上の位置付けを明確にしている。

　このように、送り手側の木密地域は、防災都市づくり政策の面から、既に、東京都の上位計画に位置づけている場合が多い。

　一方、受け手側においても、上位計画と整合を図る必要がある。東京都が目指す将来の都市像である「東京の新しい都市づくりビジョン」では、都心部等の中核拠点や生活拠点の機能強化によって多機能集約型都市構造の実現を目指している。

　このため、容積移転の受け手側は、都市機能や土地利用の高度化を図るべき地域、都市づくりビジョンの実現に貢献する地域であることが望まれる。

　こうした地域内での開発計画を誘導するとともに、都市計画における「都市再開発の方針」での「再開発促進地区」や「再開発誘導地区」を指定し、上位計画との整合性を図っていかねばならない。

❹ 地区計画との併用

　特例容積率適用地区制度は、建築基準法の特例として運用される。円滑に、かつ秩序ある運用を期しても、その過程で様々な課題も想定される。課題への対応を図るため、都市計画的な観点からの関与も不可欠といえる。上位計画との整合性に配慮する一方、地区計画との併用を考慮すべきであろう。地区計画を併用することにより、地域の街づくりルールに沿って、秩序ある整備を進めることが可能となる。

　例えば、容積移転によって狭小敷地が更に細分化されることのないよう、地

区計画では最低敷地面積を規定する。一般の地区計画や木密地域を対象とした防災街区整備地区計画など地区計画の種類も多様であり、地区特性をふまえた手法が活用されるべきだろう。一般型の地区計画でもよいが、木密地域という地区特性を考えると、「防災街区整備地区計画」の指定が最も相応しい。

木密地域の整備は、区市を主体に国・都が助成する事業とも連動している。防災再開発促進地区や防災街区整備地区計画を指定することによって、密集法による様々な仕組み等を活用して充実した整備を進めることが可能になるのである。

ただし、容積移転によって生じた空地を緑地等としてどう配置するかなど、当初からは決められない。住民の合意形成を経て、公園や道路等の地区施設を具体の地区整備計画として定めるには長期間を要する。このため、当初は地区整備方針を定めて大まかな整備の方向性を示し、時間をかけて段階的に地区整備計画を策定して地域の将来像を明確にすることが望ましい。

❺ 地区特性を考慮した指定基準

特例容積率適用地区は、都市計画における「地域地区」として定める。土地利用の観点から一体性のある区域で、送り手側と受け手側は、この区域内での容積移転が可能となる。

具体的な運用は建築基準法に委ねられる。地区指定にあたり、特定行政庁は運用に際しての指定基準を定めることになる。大丸有地区の場合にも「大手町・丸の内・有楽町地区特例容積率適用地区及び指定基準」を策定している。地区指定後には、容積移転を行う土地所有者は、この指定基準にそって特定行政庁に申請をする。

指定基準では、指定容積率を低く適用する区域と高く適用する区域の要件、移転容積率の限度や受け手側での容積率の限度を定める。

木密地域の特殊性を考慮すると、円滑な運用や地域の効果的な改善につながるように指定基準を定めることが望まれる。例えば、敷地分割が行われて狭小敷地の更なる細分化が引き起こされないような規定や、優先的に容積移転が行われるべき土地の区域に関する記述などに配慮すべきだろう。

（3）都市計画制度等の適用と限界

❶ 法制度の適用可能性

　容積の受け手側である開発地の市街地特性を5つに分類して、各類型の容積移転の可能性について検討した。その結果、類型1は土地の高度利用を図れる可能性が低く、制度活用が期待できない。類型5に近づくほど民間活力の誘導を期待でき、容積移転のもたらす政策効果も高まることが分かった。

　一方、適用すべき法制度は、前述のように建築基準法と都市計画法で規定する特例容積率適用地区制度を基本とすることも理解した。そこで、類型2から類型5について検討を深め、制度活用の考え方を整理する。

　① 類型2のケース

　　「類型2」は、街区で囲われた木密地域の外側、いわゆる「ガワ」に相当する部分で、一定規模の開発地があるケースである。

　　ガワの部分は、広幅員道路や河川、鉄道敷きなどで形成される。一般には都市計画道路などの幹線道路で形成されていることが多いが、都市計画道路が既に完成済みで供用開始している場合と、計画決定されているが未着手の場合がある。道路は、災害時の避難路や緊急輸送路となり、これが安全に機能するよう沿道建築物には、延焼遮断帯としての機能が求められる。

　　このガワの部分が、東京都の防災都市づくり推進計画の整備地域や重点整備地域内にあり、国や都の木密事業を実施している場合には、都市計画の「防災再開発促進地区」に指定しているケースが多い。上位計画への位置づけという点では整合性が図られている。

　　このケースでは、通常どのような形で開発計画がもち上がるのだろうか。この地域は、一般的には路線から一定の幅で防火地域、商業地域等が指定されており、既存の中高層耐火建築物が沿道に立ち並び、所々に未利用空地や駐車場等に利用された建築敷地が存在しているような状況にある。

　　したがって、道路が既に完成している地域では、大規模な開発の動きはあまり見られず、老朽建築物の建替えに併せて隣地など未利用地を取り込んだ民間主体の小規模開発などが想定される。広い空地が存在する場合には、総合設計制度や再開発事業による大規模開発の可能性もあろう。

　　しかし、都市計画道路の整備に併せて沿道開発が行われるケースでは、

大規模開発につながる可能性は高い。この場合には、防災環境軸形成づくりに向けて、防災都市施設となる道路整備や、その後背地を取り込んだ一定のエリアにおいて、行政や公的団体などによる市街地再開発事業が行われるだろう。都市計画の地域地区である「特定防災街区整備地区」を新たに指定し、防災街区整備事業を展開する可能性もある。

密集法にもとづく様々なツールを活用して、道路から後背地にある宅地側からの容積移転や老朽建築物の建替え促進、従前居住者用住宅の供給を行う。土地と土地の権利変換による住宅の個別利用区の設定、区画道路の整備など、街区内で計画的かつ一体的な整備を図ることができる。同時に、特例容積率適用地区制度を活用し、木密地域のアンコ部からの容積移転によって建築物の整備を図ることができよう。ただし、幹線道路の位置が南側または北側のいずれかによって、日影規制による建築物の規模が制約されることになり、計画建築物のボリュームが異なってくる。

② 類型3のケース

木密地域の隣接又は近接地にあって、工場、倉庫、庁舎、宿舎など施設の跡地として低未利用地が存在する場合、または、地権者等による大規模な再開発の動きがある場合などである。

東京の木密地域は、都心や副都心などの近傍に存在することも多い。利便性の高い場所にあることから、遊休地が存在するのは稀とは思うが、昨今における国の宿舎・庁舎、東京都や区の庁舎、学校・病院等の施設の廃止・再編などによって、新たに開発地が生じることも考えられる。鉄道のターミナル駅などにも近く、優れて利便性が高い地域もあり、今後、更に都市機能の集積が進み、拠点性が向上する立地にある。こうしたエリアでは、低未利用地を核にして、民間を主体にした再開発が実施される可能性が極めて高い。

既に幹線道路等に面する場合以外でも、開発によって既存道路の拡幅や区画道路が新設される場合には、高度利用に適した立地条件が整備される。木密地域の「ガワ」に比べて開発ポテンシャルは高いものと思われる。

民間の開発意欲も強く働き、総合設計をはじめ、再開発等促進区、市街地再開発事業等を活用して大規模な開発が実施されるだろう。こうした場合には、特例容積率適用地区制度の容積移転によって、高度利用を図るこ

とも考えられる。

　開発地は、上位計画との整合を図るため、新たに「都市再開発の方針」で「2号又は2項地区」または「誘導地区」に位置づけ、同時に、地域地区として特例容積率適用地区を指定する。

　また、容積移転に伴って開発側のビル床が増え、ビル内から発生する人や車の増大が懸念される。このため、建築計画の段階においては、周辺道路などインフラに対する負荷の影響を評価して、将来、問題が生じないよう事前に対処しなければならない。

③ 類型4のケース

　開発地が、木密区域と同一区内にはあるが、木密区域と少し離れた主要駅前周辺にある場合で、木密地域と離れた所に位置している点が類型2や類型3とは異なる。

　都心または副都心ほど人や物流等の集中、機能の集積はないが、区の都市計画においては、生活拠点または地区中心など重要な位置づけがされている。都市機能を強化して拠点性を高め、発展の核として期待される地域である。

　容積移転を行うには、基本的には類型3と同様に考えることができる。容積移転の方法は、特例容積率適用地区制度を基本とし、送り手側と受け手側の基準容積率による容積の和の限度内で特例容積率を設定する。開発地は、新たに「都市再開発の方針」の再開発促進地区等に位置づけ、都市計画マスタープランとの整合を図る。

　問題は、都市計画の地域地区として特例容積率適用地区を定める際に、送り手側と受け手側の区域間に相当な距離があること。一体的な区域として地区指定できるかという点である。

　考え方は2つある。1つは、送り手側と受け手側のそれぞれの区域を地区指定し、ツインで相互間の容積移転を行う方法。もう1つは、送り手側と受け手側を含む全体を1つの区域として指定する方法であり、この場合には広大な区域を指定することになる。

　前者は、それぞれの目的から区域を指定し、その間で容積の取引をする場合であり、地区指定の目的は各々明確である。しかし、複数地区での容積移転を想定すると、同一区内でも、木密区域や生活拠点はそれぞれ複数

存在することから、どこからどこに容積移転するのか不明確である。複数の地区間で自在に容積移転の取引ができれば活用の幅は広がるが、各地区で容積移転評価額が異なるなど、容積移転に関するルールや仕組みは複雑になる。そもそも、特例容積率適用地区の区域は、送り手側と受け手側の双方を含む一体的な区域を指定するのであり、法制度の解釈上は成り立たない。

後者では、広域にわたる地区指定となるため、支障となる容積移転のケースが生じることも危惧され、あらかじめ調査のうえ指定基準で送り手側と受け手側となる対象地を、明確に定めておかねばならない。

地区指定にあたって、「区域内に含まれる敷地の範囲」という点で、区域のとらえ方が問題となり、その範囲が理論的にも説明できなければならない。例えば、区の都市計画マスタープランの地区別整備方針において、将来の土地利用や再開発等の面開発などの動向を踏まえて、当該区域を一体的に捉えた整備の方向性が示されている場合などが考えられよう。

特例容積率適用地区制度は、指定容積率の限度からみて未利用となっている容積の活用を促進して、土地の有効利用を図ることにあり、趣旨にそって地区指定されるのであれば、柔軟に適用されるべきものと考える。

④ 類型5のケース

開発地が東京・大手町・有楽町周辺地区、虎ノ門・六本木・臨海部周辺地区、渋谷駅周辺地区、新宿駅周辺地区など東京の都心・副都心部であり、都市再生緊急整備地域が指定されているような場所である。ここは東京を代表する業務・商業・文化・住宅など様々な機能の高度集積地で、都市で生活する人々の活動を支えている。

類型5の容積移転は、類型4と異なり、異なる行政区間で容積移転が行われる場合である。つまり、墨田区の木密地域から丸ノ内の開発地へ、豊島区の木密地域から臨海部の開発地へというケースである。様々な木密地域から様々な開発地、容積の送り手側と受け手側とが都内で自在に取引できる。

このように、地域や場所にとらわれず、容積移転が自由に行えれば、政策効果が最も期待できるだろう。開発地は、東京の都市再生や多機能集約型都市構造の点で拠点性を強化できる立地にある。土地の高度利用がそも

そも可能な地域であり、ビル床への施設需要も高いことから高容積の建設が行われる地域である。

　開発地側で必要な床面積を木密地域側からの容積移転で満たすとすれば、数多くの木密敷地からの容積移転が必然的に生じ、結果として、木密地域の緑化の促進や防災性の向上をもたらすことにもなる。

　しかし現在、これを実現可能とするような法制度が存在しない。既存の都市計画法や建築基準法の枠内では解決できない。米国のTDRのように未利用の建物容積を開発権と認定して特別に移転できるような考え方が必要となる。

　これまで、異なる敷地間での容積移転を行うには、現行の法制度のもとでは特例容積率適用地区制度を活用することが最も適した方法であるとした。しかし、この制度は一体性のある区域指定を要件としており、本施策に問題なく適用できるのは、類型2または類型3のケースである。類型5のように行政界を超えて適用するケースでは、制度上の問題以外にも、送り手側と受け手側の双方における利害の調整や、税の取扱いなど様々な課題を解決しなければならない。

　仮に、法制度の整備によって、このような容積移転が可能となれば、東京エリアだけでなく、首都圏レベルの広域な都市計画にも応用できることになろう。

❷ 容積移転の代替手法（地区外貢献の評価）

① 総合設計等による規制緩和

　　開発地が様々なケースでの容積移転を検討したが、現行法制度は、類型4や類型5の場合など、送り手側と受け手側が相互に遠隔地にある場合を想定していない。ここに法制度適用上の限界があり、本施策を実施するには、新たな制度を創設するほかない。

　　同様の政策効果を生み出すような容積移転に代わる手法はないだろうか。総合設計や再開発等促進区のように、開発に伴う地域貢献度を評価して容積率を割り増すという緩和手法はどうか。つまり、木密地域での緑地整備という行為を地域貢献とみなすのだ。緩和でなく規制する方法もある。開発に際して、木密地域の緑地整備を義務づけ、開発事業または事業者に対して、事業実施にあたっての高いハードルを設ける。具体的に緑地を整

備しなくても、緑化基金等を設置し、整備費用を負担金として繰り入れる方法もある。これらは簡便で実現性のある方法かもしれない。

　例えば、容積緩和による手法は、事業者が駅前等の開発にあたって、併せて木密地域内の緑地整備に協力する。これを地域貢献要素として評価し、開発地に割増容積を与えるのである。だが、総合設計等は、本来、開発敷地内での地域貢献要素を評価するもので、敷地外での貢献要素を評価するものではない。こうした制度の解釈のもとでは適用はできない。総合設計は、都心居住など様々な目的のもとに制度が組み立てられている。それを敷地内の建築計画において実現する。周辺の市街地環境の向上に資する公開空地などの貢献要素を、建築計画に反映した場合に、その貢献の程度によって容積緩和を行うのである。

　建築確認は建築計画を審査するもので、計画敷地外での地域貢献は、敷地内を対象とする建築計画とは無関係である。敷地外の貢献度を評価するということは、つまり評価対象が建築計画ではなく、建築主に対して貢献を求めていることになる。施策の実現には制度上の新たな枠組みが必要となる。

② 条例等による例外措置

　しかし、建築確認にも例外規定はある。例えば、東京都駐車場条例による駐車施設の付置義務である。「敷地から概ね300m以内の場所に駐車施設を設けた場合で、知事が認めたときは、当該駐車施設の附置を当該建築物又は当該建築物の敷地内における駐車施設の附置とみなす。」としている。また、港区開発事業に係る定住促進指導要綱では、「付置住宅等を開発事業区域内に建設することが困難であり、区長が止むを得ないと認めた場合には、開発事業者は、区内の他の場所に建設する住宅等（「隔地住宅等」）を付置住宅等とすることができる。」としている。

　つまり、条例等で付置とされた駐車施設や住宅等は、計画敷地で実施できない止むを得ない事情がある場合には、他の場所で代替でき、建築敷地内で整備したものとみなしている。

　本施策にあてはめると、開発事業者が木密地域で緑地を整備する場合には、開発地で緑地整備したものとみなすという解釈になる。条例等の例外措置は、本来は計画地でなすべきことを、代替地でも行えるとするもので

ある。木密地域の緑地整備を代替措置として認める規定が必要となる。

　開発地の建築行為において事業者に新たに緑地整備を義務づける場合には、法律や条例等での規定や、木密地域の緑地整備が代替可能とする政策的な位置づけが求められよう。これにより開発地の建築計画で、例えば、敷地内に建築物の1住戸当たりの緑地面積を規定して確保し、当該地で実現できない場合には、木密地域で代替可能とするような仕組みを構築することになる。

③ 木密地域の緑化促進の位置づけ

　木密地域の緑地整備が、計画地の緑地整備の代替として認められるためには、政策的な位置づけが必要であろう。

　都区においては、従来から緑化の創出や保全への取組みを行ってきた。都の「東京における自然の保護と回復に関する条例」は、一定の建築行為に対して緑化基準による緑化計画書の知事への届出を義務づけている。また、世田谷区では、「世田谷区みどりの基本条例」で、「みどりの重点地区の指定」や「みどりの保全及び創出に係る措置及び緑化基準」を定めている。

　このように、条例等によって緑化推進の重点地区や誘導地区として位置づけることによって、木密地域の緑化を促進する方法もあろう。

　木密地域は、防災性や住環境面での改善が求められているが、実は、東京都が作成した「熱環境マップ」からも熱負荷の高い地域類型とされている。

　熱環境マップとは、市街地の人口排熱や地表面被覆等の大気への影響を分析したものである。これがヒートアイランド現象の地域差の要因と考えられている。熱環境上の特徴から「業務集積地域」や「住宅密集地域」など10種類の地域に分類し、500mメッシュで地図上にプロットしている。

　住宅密集地域は、相対的に熱負荷の高い類型とされている。人口排熱の排出割合は小さいが、昼間の地表面からの熱負荷が大きい。敷地緑化などの対策が有効とされている。

　東京都は平成15年3月、熱環境マップをもとに都市再生緊急整備地域など4カ所をヒートアイランド対策推進エリアとして設定している。平成20年12月にはこのエリアとの整合性を図りつつ、「新しい都市づくりのた

めの都市開発諸制度運用方針」において、特に緑化を促進するため、「ヒートアイランド対策」緑化推進エリアと「環境軸周辺」緑化推進エリアを設定している。

木密地域は、都心や副都心などの近傍に位置しており、立地特性からもヒートアイランド対策の重要な区域である。今後、こうした緑化誘導エリアの1つに位置づけることなどにより、積極的に緑化を進めることも考えられよう。

④ 緩和策による民間活力の誘導

事業者の開発意欲を高めるには「規制」よりも、むしろ「緩和」が望ましいのは言うまでもない。しかし、建築敷地外の緑地整備を、計画地の容積割増要素として評価して民間活力の誘導を図るという方法は、理論的な組立てが難しい。

では、この考えは現実的でないとする場合に、都市再生緊急整備地域内の都市再生特別地区の開発において取り扱えないか。都市再生特別地区においては、民間の優れた建築計画の提案に対して容積のインセンティブを与えており、この貢献要素には、地域施設の導入や省資源・省エネルギーなど環境対策等があるが、ケースによっては地区外でのインフラ整備なども貢献要素として評価している例もある。

しかし、都市再生という点からは木密地域整備と共通の範疇にあり、現行制度の中では、最も柔軟な対応が期待される制度ともいえるが、地区外貢献をどのように、またどの範囲まで広げて解釈できるかは、都市再生特別地区の趣旨等から判断されるべきものであろう。

(4) 容積移転手法の活用にあたって

現行法制度のもとで容積移転を実現する方法は、特例容積率適用地区制度を基本に都市計画的な配慮を加えて運用を図ることであり、また、容積の受け手側となる開発地の特性を分類して検討した結果、ケースによっては適用の限界もあることが分かった。

特例容積率適用地区制度は平成12年に創設され15年に改正されているが、これまでの実績は1件だけである。合理的な考え方ではあるが、運用面ではやや慎重であることは否めない。この理由を制度創設時の背景から探ってみたい。

平成12年、都市計画法と建築基準法により特例容積率適用区域制度として制定された。15年の改正では名称が特例容積率適用地区に改められ、都市計画の地域地区の1つに位置づけられた。これまで商業地域のみを対象としていたが、低層系住居専用地域と工業専用地域を除く用途地域へと拡大された。

　法改正によって適用の幅が広がったが、現状では全国でも大丸有地区の1カ所のみに適用されているに過ぎない。実は、改正時には、密集市街地の整備改善手法としても期待されている。

　わが国の容積移転の仕組みとして初めて画期的な提案がなされ、その活用が期待された制度が、なぜこのように低調に留まっているのか。当時の国会での質疑を振り返ってみたい。

　平成12年の法制定時には次のような趣旨の質疑が行われている。「総合設計制度など他の制度と連動し容積率が過大に設定されることにより、土地投機や地価高騰、生活環境や景観の悪化を招く。」との質問に対して、「この制度は、都市の中で特に高度利用を目指すべきとされる商業地域のなかで、さらに基盤施設が高水準に整っており、周辺を含めて土地の高度利用が可能な市街地の環境にある区域に限り指定を可能とした。指定にあたっては、地域住民の都市計画の縦覧や意見の提出の機会が設けられており、問題は生じないものと考えている。」と答えている。

　また、「この制度の使い方を間違えると街がガタガタになってしまう可能性がある。」との質問に、参考人である学識経験者からは、「この制度は、乱用されると問題が起きる可能性がないわけではなく、まず、商業地域について試行的に、限定的に運用されることが重要と考えている。」との答えがあった。

　平成15年の改正時には、「この制度の導入により、大規模マンション等が建設され周辺との紛争が懸念されるが、どのように考えているのか。」との質問があり、「特例容積率を適用する建築物も、通常の斜線制限や日影規制などの形態規制を適用することとしており、通常の建築物と比べて、採光・通風・日照など市街地環境の影響が大きくなるとは考えていない。なお、市街地環境確保の観点から、高さ制限も今回の制度では決められることとしている。」との答えがあった。

　また、「制定から3年経過し実績が1件に過ぎないという本制度を、災害対策という名で対象区域を拡大して、継続するのはおかしいのでは。」との質問

には、「制定時は、商業地域における一層高度利用を図るべき場所の土地利用を可能にすることが目的であった。今回は、この制度を使って、むしろ防災空地を確保する、緑地を確保する、あるいは伝統的な建築物をそのまま確保したいというケースに、逆に、利用可能な容積を他の敷地で活用し、そこの確保を可能にするための制度と考えている。一定の区域を除き、ほとんどの用途地域で適用が可能な制度に衣替えするということである。」と答えている。

また、「防災活用することが可能とのことに否定はしないが、本当にそのように誘導されるのか、今後の推移をみたい。当初の高度利用という内容からは少し内容が違ってきたということが結論づけられると思う。」との意見があった。

こうした審議経過をふまえ、本法律は、「地域住民の意見の反映や良好な市街地環境の確保に配慮しつつ、適切な運用が図られるよう努めること。」との付帯決議をもって賛成多数で可決したのである。

以上は、審議過程での質疑内容の趣旨を捉え、その一部を述べたものだが、制度に対する不安や懸念が垣間見え、同時に、適用に際して幾つかの留意点が浮かび上がってくる。

この制度の特徴は、都市計画で地区指定した後は、具体的な容積移転は土地所有者等の発意と合意によって簡易に進められること、指定基準にそって建築確認が迅速に審査され運用されることにある。

しかし、指定基準が不明確または不適切な内容である結果、相隣関係等の訴訟問題に発展したり、無秩序な問題市街地が形成されることになる。このため、先ず、制度の利点が生かされ、建築行政が円滑に推進できるよう十分留意することが必要である。

次に、指定区域の範囲や指定理由、特例敷地の要件、特例容積率の限度など指定基準を定める際、容積移転の様々なケースを想定して十分検討がされなければならないこと。特に、政策目的が達成できるように特例敷地の要件を定めることである。受け手側の建築計画においては、近隣への日影の影響、周辺道路の渋滞や供給処理能力などインフラとの関係を十分考慮して、建築物の高さや容積率の限度を定めることである。

最後に、政策目的を明確にして適切な運用が図られねばならないことだ。改正時に、防災目的で活用を期待したことは注目すべき点である。当時国が考えた活用策と本施策とでは内容が若干異なるものの、本施策が木密地域の改善方

策として的外れでないことは明らかである。

　政策目的をより明確にするためには運用期限を設けるのも1つの考え方だろう。本施策の場合には、木密地域内で緑地量が目標達成された段階、これと連携した受け手側の民間開発が終了した時点で、特例容積率適用地区の指定を解除する。期限を定めることで、容積移転のスピードが上がり効果が高まるとも考えられる。

　期限後は、同時に指定される地区計画にもとづき、計画的な街並みの整備が進められていく道筋が描かれることになる。

4. 容積移転の事業化スキーム

　前項では、容積移転等の制度スキームを検討してきた。

　この結果、容積移転手法の基本に特例容積率適用地区制度を適用する。防災再開発促進地区や再開発促進地区等の指定によって都市計画上の位置づけを明確にする。地区計画の段階的な適用による整備。これら制度を重層的に適用することが必要との結論に至った。

　ここでは、容積移転を具体的に事業として実施する場合に、円滑に推進する

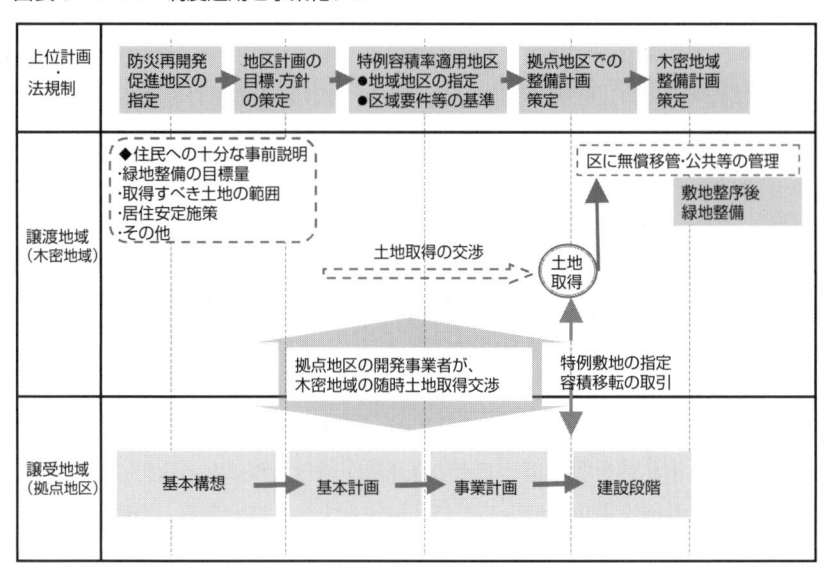

図表3-1-11　制度適用と事業化フロー

ための仕組みについて考える。都市計画等の手続きなど、事業における各段階のフローに沿って、各場面で生じる課題と解決の方向を明らかにする。そして、容積移転を可能とする条件、事業成立性についても併せて考えてみたい（図表3-1-11参照）。

（1）事業ステップにおける課題
❶ 地区計画策定段階

　地区計画の定めは、言わば容積移転を進める上での出発点といえる。地域の街づくりに容積移転効果を的確に反映するには、特例容積率適用地区の指定に先立って地区計画が定められねばならない。

　地区計画は、道路や公園などの地区施設の配置等や建築物に関する事項を、地域住民の合意を得て地域のルールとして定める。今後の街づくりを進めるうえでの基本となるものである。特例容積率適用地区は一定の目的のもとに運用する制度だが、地区計画は、将来の建築物更新の機会にも適用され、永い間、地域に定着する街づくりのルールとなるものだからである。

　地区計画には地域整備の目標や方針、具体的な地区施設等の規模や配置を地区整備計画として定めるものとされている。しかし、木密地域においては、区域範囲が広く、関係住民の数も多く権利関係も複雑化している。地域整備の方向性を明示し、住民全体の理解を得て、迅速かつ計画的に整備を進めることが非常に困難である。このため、具体的整備の内容を早期に決定するのでなく、当初は地区整備の目標や方針を定める。整備の熟度を勘案し、段階的に地域の将来像である地区整備計画を策定することが適切である。

　容積移転を進める際に初動期段階で最も重要なことは、行政から住民への十分な説明が行われることである。制度適用について住民が正確な知識を得て、不信感や不安感を生じたり地域が混乱しないように十分配慮する必要がある。

　各制度の意義・内容、制度適用の時期、今後の都市計画手続きの流れなどを明確に説明する。容積移転の手法は、地権者の土地取得に直接関係することである。いつ、誰が、どのような形で土地交渉に来るのか、その対応をどうするのか。また、どのような土地が対象となるのか、土地譲渡の価額はどう評価して決まるのか、建物の補償はあるのか、税金の扱いはどうか、居住の安定を保障してくれるのか、担保権者との関係はどう整理するのかなど、心配ごとは尽

きない。

　単に、開発者と地権者との不動産取引に委ねると、個々の取引価額にバラツキが生じ、地価高騰や地上げ行為を招く。土地取引にあたっての疑問等に答えるとともに、土地譲渡が地域にどのように効果をもたらし、地域の中でどう活かせるのか、その道筋を明らかにする必要もある。地域に与える影響は大きい。住民の疑問に答えるために地区計画を策定するのである。地区計画の整備の目標・方針に、将来の地域整備の方向性や、土地取得の目標量、概略の対象地を明らかにする。

　さらに、容積移転を実施する木密地域は、地区計画を策定する前に、防災上の整備方針である防災再開発促進地区を指定する。東京都の場合には、平成9年の密集法の制定を受けて、木密地域の事業地区のほとんどで既に地区指定が行われている状況にある。

　地区計画を策定する時期は、受け手側の開発地の事業動向と連動している。むしろ一般的には、開発の兆しが明らかな場合に、開発手法として地域貢献を絡ませた容積移転を考慮するのだろう。

　拠点等の開発が明白になっており、事業者が特例容積率適用地区の指定による制度適用を了承している場合に、これと連携して地区計画を策定することになろう。事業者は行政との間で、既に開発計画に関する事前協議を進めており、建築物のボリューム、総合設計制度等の活用や都市計画手続きなど、一連の検討が行われている状態である。つまり開発熟度からみると、都市計画に「再開発の方針」の少なくとも「誘導地区」を指定すべき時期に当たるものとなろう。

❷ 特例容積率適用地区の指定段階

　地区計画の策定後は、容積移転に関する手続き段階に入る。都市計画の地域地区として特例容積率適用地区を指定する。また、建築基準法にもとづき確認申請事務を進めるため、地区指定と容積移転の取扱基準となる特例容積率指定基準を定めて明らかにする。

　開発事業に着手するのは、目標の移転容積相当に当たる木密地域での土地取得が可能になる時期と考えれば、地区指定から数年先になるものと想定される。土地取得が本格的に行なわれるのは地区指定後となる。事業着手時に間に合うように、通常、事業者はできるだけ早い段階から地権者折衝に入ると予想される。取得面積の規模にもよるが、木密地域での土地取得の困難性を考慮すると、

地区計画決定後においては、事業着手前から先行的に土地取得が始まると考えるのが妥当だろう。

しかし、この段階では開発計画は熟成しておらず、事業の白紙撤回や事業者の倒産等によって、開発が実施されない危険性も否定できない。

先行取得という不安定な状況下でリスクをどう回避できるか、また事業者がリスクを抱えつつ、先行取得に十分な資金手当てができるかという問題もある。

その前に、移転容積に必要な土地取得を誰が実施するかである。容積移転は、指定地区内の土地所有者の申請によって、互いの発意と合意を尊重するかたちで、簡易かつ迅速に行える特色があるとされ、木密地域内の土地所有者と事業者の間で、双方の合意によって自由に容積の移転ができる。しかし、実際には、事業者が直接地権者との取得交渉にあたるとは限らない。様々な不動産関係者が地権者と合意を取り付けて、事業者に土地を持ち込むこともある。この結果、土地の取引価額にバラツキが生じ、価額が異常に引き上げられるなど、取引をめぐって地域全体が混乱する恐れもある。土地取得の折衝等は、地権者にとって信頼できる相手方であることが重要だ。また、取引価額は地権者間に不公平感を生じないことや、行政が道路・公園など事業用地を取得する際に、容積移転上の取引価額との間に著しい乖離がないことも必要だ。容積移転に伴う通常妥当な取引価額を一律に適正な評価と算定のもとに、地権者に対応することが望まれる。

個人間の自由な取引を基調にしつつも、一定の公的関与を働かせて、未然に混乱を防止する措置を講じなければならない。このため、地権者との個別折衝を含め、公的団体に用地業務を委ねることも考えられよう。地権者から安心感や信頼感が得られ易く、地域の混乱もなく、円滑な土地取引を行えるのではないか。

次に、先行取得はリスクを抱えてどのように行われるかという問題である。実際に容積移転を行うのは開発計画の建築確認申請の段階である。特例容積率の適用を受けるには、送り手側である木密地域の地権者と、受け手側の開発事業者の双方が容積移転申請をする。つまり、地権者との間で交わす土地取得契約は、容積移転申請によって初めて実効性あるものとなる。しかし、申請時において容積移転が履行されない事態もあり得る。このため、先行取得の段階では、容積移転にもとづく確認申請が確実になされることを前提とした「停止条

件付き契約」や「予約売買契約」で対応することが考えられる。

　地権者には、土地売買契約を容積移転の申請時期まで延期できず、売買代金を請求することもある。一定の土地取得資金を確保することも必要である。

　容積移転に関連する事務には、用地折衝から、測量、土地評価、契約など一連の用地事務、資金の調達や運用などがある。こうした総合的な機能を有する主体を「空地バンク」と称すれば、公的団体が設置して運営する方法もある。事業者にとっても様々なリスクを回避できる方策となるのでないか。

❸ 開発地における地区整備計画の策定段階

　特例容積率適用地区の指定後は、事業者による開発計画も、基本構想から基本計画、実施計画へと熟度が増し、その内容が固まって着工も間近になる。建築確認申請の手続きの前には、開発事業計画は地区計画や再開発等促進区などの都市計画として定める。

　この時期には、容積移転を控えて本格的な土地の先行取得が行われる。空地バンクを設置した場合には用地取得事務のピークを迎えることになる。

❹ 木密地域における地区整備計画の策定段階

　開発地での都市計画が決定された後、予約契約で先行取得した土地は、本契約を締結する。同時に、特例容積率の適用を受けるため、双方で建築基準法にもとづく申請、容積移転の土地登録を行う。容積移転対象地の容積率利用権を第三者に主張でき、この権利が重複使用されないよう登記手続きをしなければならない。これによって、誤った土地取引や売買をめぐるトラブルが未然に回避できる。建築基準法の運用だけでは、所有関係をめぐるトラブルを防ぐことはできないからである。

　送り手側と受け手側の容積移転に対応した権利関係を明らかにする方法として、一般的には地役権の設定登記が行われる。木密敷地の容積率利用権を開発者に使用させるとする「承益地」に、木密敷地の容積率利用権を開発地で使用できる権利である「要益地」を設定する。

　木密地域における取得地の利用可能容積は開発地の建築計画として使用される。一方、取得地の所有権は、事業者または空地バンクから行政に無償譲渡され、公共空地に生まれ変わる。以上で容積移転の一連の事務が概ね完了することになる。

　容積移転が行われた後には、木密地域には空地が散在した状態となる。行政

には、この空地をできればネットワークし、まとまった緑地帯や緑道等として整備することが望まれる。このため取得地は、木密事業の整備計画等とも整合して地域の住環境向上に十分寄与できるように活用方策を検討しなければならない。

生活道路の計画などを考慮して、空地をどう配置換えして緑地帯を整備するか、将来の地区施設の整備計画と重ね合わせて考慮する。建築物に関する事項なども含め、地域ルールとして配慮すべき事項を、住民の合意を得て地区計画の地区整備計画として定める。

地区整備計画にもとづき具体の整備を進めるが、空地の配置換えは一般宅地との土地交換を伴うことになる。このため土地取得段階から最小限の土地交換で済むことができるよう、あらかじめ取得場所や取得規模をコントロールすることも必要であるほか、整備にあたっては敷地整序型の区画整理手法を基本としつつも、道路事業、木密事業、防災街区整備事業など適切な事業手法の重層化を図り、所有者の理解が得られ、円滑かつ効果的に実施できるよう考慮する必要がある。

（２）容積移転における主要課題への対応

都市計画等の行政手続きの流れに従って、各場面で生じる課題と解決の方向を明らかにした。この中で、円滑に容積移転を進める上でのポイントを整理してみる。

❶ 土地の予約売買契約等

木密地域における地権者からの土地取得が必要となる時期は、開発事業者が当該土地の容積率利用権を行使する時期である。それは建築基準法の確認申請の時期にあたる。事業者は、申請時には、移転容積に相当する規模の取得地を確保しなければならない。木密地域では一般に小規模宅地であるため、多くの敷地を取得しなければならず多数の地権者折衝を伴う。用地の取得交渉に要する時間を考慮すると、申請手続きの数年前から交渉して売買意思を確約しておかねばならない。申請段階で本契約を締結して容積移転による容積利用権を行使できるよう、あらかじめ地権者の合意を得ておく必要があるのである。

つまり地権者から土地取得について合意を得るべき時期と、実際に容積移転を行う時期との間にはタイムラグが生じる。このことが取引を複雑なものにし

ている。地権者との間に売買の予約というかたちで、停止条件付き契約とするなどの方法がある。また、空地バンクを設けることにより、個人間の面倒な手続きを回避することもできるのである。

❷ 地役権の設定

　容積移転の対象となる土地は、移転後の土地使用をめぐってトラブルが発生することのないよう、未然に防止措置を講じなければならない。建築基準法による土地登録によって明示するが、不動産の権利関係まで保証するものではない。したがって、第三者が誤って重複使用とせず、自己の権利を主張できるような担保措置が必要となる。容積移転は総合的設計制度など他の手法でも行われており、地役権が権利関係を整理する最も相応しい方法として一般化している。

　木密敷地には開発者に容積率利用権を使用させるとする「承益地」を、開発地では木密敷地の容積率利用権を使用できる「要益地」として、地役権の設定をする。この結果、どの土地からどの土地に容積率利用権が移転したのか、その対応関係を明らかにすることができる。

❸ 空地バンクの設置

　空地バンクとは、地権者との土地取得交渉によって、容積移転に必要な用地をあらかじめ確保し、容積率利用権の取引などの業務を行う主体である。

　不動産に関する専門機関を介在させることによって、権利者間の煩雑な事務を回避したり、容積移転の取引を確実かつ迅速に行うことに設置の目的がある。

　権利者間の一般的な不動産取引とは区別して、容積移転による土地取引のみを対象に設置するものである。空地バンク機能を担う主体には、地域住民の信頼と安心を得て用地折衝できる者であることが求められる。また、一定の土地取得に要する資金調達が可能であり、開発者の倒産リスクにも対応でき、バンク自体の破綻リスクを回避できることが重要な条件となろう。土地取得に関連して地権者等の居住の安定施策を、行政と連携して講じることも大切である。こうした点で、空地バンクの主体としては公的主体が最も相応しい。本書において、土地が売り出された時に土地バンクとして蓄え、そこから開発業者が権利を購入する方式、この公設市場を確立することが有効としているが、空地バンクとはこのことを意味している（第1章「3. 自律連携による都市マネジメントの実現：東京モデル」を参照）。

空地バンクが、こうした機能以外にも、容積移転に付随した調査や市街地整備を行うことも考えられよう。関連した都市計画調査や行政手続き、住民説明などのコーディネート業務や、区画整理などの都市再生事業を併せて実施するのである。

　先行取得により土地をプールした後に、その土地が容積移転に使用不能となることもある。こうした事態に対処するには、行政が密集事業の一環として空地バンクから再取得可能な仕組みを用意する方法もあるが、空地バンク自体が残存する土地を処分できる能力を備えていることも望まれる。

5. 容積移転における事業成立性の検証

　特例容積率適用地区制度による容積移転の実例はこれまで大丸有地区のみであるが、特定街区や総合的設計制度、連担建築物設計制度などによるものは数多くみられる。

　これらとの相違点は2つある。未利用容積の捉え方と、活用の目的である。これまでは敷地の未利用空間の一部を活用するものだが、敷地の利用空間のすべてを対象とするものであること。歴史的価値のある建造物の保存、景観の維持や市街地環境の改善という目的の実現に対して、木密地域の緑化推進等という防災や環境都市づくりという政策目的による相違がある。

　前項までで、施策を実施する場合の制度や事業の仕組み立てを検討してきた。しかし、問題は、このことが事業として果たして成立するか否かである。

　事業として成立するかを誰が判断するのか。一般に企業であれば利益の最大化を目指し、事業採算性を論じる。本施策のような公益を目的とした場合にはこれだけでは十分ではない。つまり、制度を活用して実施する開発事業者の視点。制度の一方の主体となる木密地権者の視点。公益として生み出される事業効果を判断する行政側の視点。この施策を第三者として客観的に判断する一般都民の視点。それぞれの立場から見て、施策が評価されるものかどうかだ。

　具体的なシミュレーションによって検証するのが望ましいが、ここでは考え方について整理する。

（1）開発事業者へのインセンティブ

　開発事業者にとって制度を活用して容積移転を行うことが有利なのか。開発

事業に対しての動機づけとなるのかである。

　容積移転の一般的な評価方法を考えてみる（第3章第4節「4. 余剰容積率利用権の評価手法」を参照）。

　余剰容積率利用権は、建築物を建設する権利について場所を換えて別の土地で行使する場合の空間利用権を意味する。送り手側は土地本来の容積率まで建築できない不利益が生じ、受け手側は逆に土地本来の容積率以上の建築ができるという利益が生じる。余剰容積率利用権の評価とは、両者の不利益と利益とを調整することであり、双方の評価からアプローチする必要があるとされている。一定の手法で送り手側及び受け手側の容積率移転前の土地価格とその開差額を算出する。開差額を調整のうえ、移転前の土地価格に双方の土地に配分する開差額を加えて経済価値を算出するのである。

　一般的には、木密地域に比べて開発地側の土地価格は高いことから、容積譲受価格と譲渡価格の間には開差額が生じる。開発地の用途、指定容積率、日影の影響など立地条件によりその程度が異なる。開差額が大きいほど、送り手側と受け手側の双方にとってメリットが生じることになる。

　開発事業者は、開発に際してのリスクが回避されて、採算を得ることができれば利益額の多寡にかかわらず、開発に着手するものと想定される。容積移転に伴うリスクは公的主体による空地バンクが介在することで回避できる。バンクへの所要経費を控除しても利益が生じることになれば、事業者へのインセンティブは働くものと考えられよう。

（2）地権者へのインセンティブ

　容積移転が成立するには、木密地域における地権者にとっても土地取引に応じようとする価額等でなければならない。この動機づけとなる価額等とはどのようなものか。土地を所有し居住する者にとって、土地を手放しても転出先で生活を維持継続できるものでなければならず、道路用地の取得など公共事業における損失補償の考え方が、地権者の動機づけの基本となるのではないか。

　価額について考えてみると、余剰容積利用権の評価額は、移転前の土地価格に開差配分額を加えた余剰容積利用権の経済価値を補正したものであるが、開発地の立地にもよるが通常の木密敷地の更地価額を上回るケースも多いものと想定される。開差配分額が大きいほど、容積移転に伴う評価額も大きなものと

なる。
　しかし、容積移転を事業者と地権者による自由な取引に委ねた場合には、個々のケースで評価額にばらつきが生じる。また、容積移転以外にも、日常の地権者の自由な土地売買行為や、行政による道路や公園など事業用地の取得も行なわれている。評価額が他に比べて著しく均衡を失するものとなれば、一般的な不動産取引や事業推進に与える影響は大きい。社会通念からみても妥当な価額水準が考慮されねばならない。
　容積移転を契機に、事業者と地権者間で様々な土地取引がなされ、土地価額の高騰や地権者の追い出しが行われることにならないか。土地売買をめぐり地域の混乱、住民の生活不安が生じることはないか。昭和61年のバブルの発生から平成10年の消滅に至る期間に、地価高騰による社会的混乱が生じた歴史的な経過がある。東京都は土地取引適正化条例による「指定区域」や国土利用計画法改正による「監視区域」を指定した。これにより、ピーク時に100m^{2}の土地に対しても土地取引の監視を行い、こうした事態に対処してきた。
　過去の経験を教訓として生かさなければならない。容積移転は、公共目的を達成するための一つの手法であるが、適切に運用されなければならない。こうした観点から、行政による一定の関与が必要なものと考える。

(3) 行政の政策効果

　都心部等における民間の開発事業に際して、木密地域内に将来緑地等となる一定量の空地を確保することが、制度活用の政策目的である。空間を拡充し地域内の不燃領域率を高め防災安全性を確保する。緑化による地域の潤いやヒートアイランド対策を図ることで住環境の向上を図る。
　こうした緑地空間は、街角のポケットパークとして、これまで区市を主体に国や都の助成によって進める密集事業等で実施してきた。事業主体である区市は、土地や建物に対する損失補償を行い、緑地を整備し、その維持管理をしている。本施策は、容積移転手法を活用して、行政の直接投資によって整備してきたものを、民間活力で代替しようとするものである。
　政策効果には直接数字で表せないものもあるが、少なくとも、不燃領域率や1人当たりの緑地面積の向上、行政コストの削減はカウントできる。この効果は容積移転の規模にもよるが、木密地域では敷地規模が狭小なため、膨大な敷

地数を取得するケースもある。行政コストの削減や不燃領域率の向上に与える効果は決して少なくない（第2章第4節「3.密集市街地の再生の鍵」を参照）。

　容積移転による政策効果は、他の都市計画制度を活用した手法との比較検討も必要となろう。例えば、総合設計などにより一定の割増容積をする場合などである。容積移転手法は割増容積を与えるものでなく、性格が異なるため両者を比較することは無意味かもしれない。しかし、それぞれの制度適用に伴う事業者負担と発現する政策効果を定量的に把握分析し、相互比較の上で制度の有意性を検証することはできる。

　総合設計制度の場合には、例えば、公開空地や賑わい施設など地域貢献要素を導入する際の事業者の負担や直接投資に対してどの程度の政策効果が生じるか。一方、割増容積によって事業者はどの程度の収益増が期待できるかである。

　民間活力を誘導する手法には、行政の政策目的に沿って、民間の創意工夫を引き出し主体的な取組みを誘導するものや、本来行政が実施すべき内容を民間の力に委ねて誘導する方法などがあるが、本施策の容積移転は後者によるものである。総合設計等に比べても、政策効果の観点など行政側にとっては、遜色のない結果が得られるものと思われる。

（4）社会的な評価

　木密地域の整備は十分な時間をかけ住民主体の街づくりとして進めていくものであり、地域からの発想を基本に、改善すべき部分を修復しながら街を更新していく。個別建物の更新、コーディネートによる地権者の共同化を促進する。この際、防火地域や新防火地域を指定して耐火建築物等の規制誘導を図る。こうした考え方が木密整備の基軸とされてきた。これまで、多くの地権者や関係者の尊い努力と長年の実績に裏打ちされた知恵と経験に基づくものであり、ある意味で正論であるし、考え方を否定すべきではない。木密地域には、東京の街並から失われたもの、魅力ある部分、落ち着いた独特の住みやすさなどがあり、画一的な街づくりでこれを壊してはならないからだ。また、広い区域と多くの居住者、狭小宅地と複雑な権利関係など、整備そのものが困難な状況にあるからだ。

　しかし一方で、木密地域に特化した対症療法的な整備の考え方は、東京の土地利用という側面から、木密地域の担うべき機能や役割、他地域との関連性、

これらを踏まえた将来像をどう捉えるのか。また、大震火災の切迫する中、何十年も時間をかけて地域課題解消に向けた整備をすべきなのかという疑問に応えきれない。防火地域の指定や建物の個別更新への助成、建物の耐震改修は、直面する災害への備えとして減災効果はあっても、それだけで街の真の改善が図れるものでもない。

また、少子高齢社会や人口減少社会などの影響は、都市づくりの方向や地域の街づくりの進め方に大きなインパクトを与えている。都市のあり方から街づくりの担い手までを含めて新たな発想が必要である。時間軸や空間軸を考慮した整備手法、整備や管理の主体のあり方を含めて、取組みの方向性が見直されるべき転換期なのかもしれない。

この際に大切なことは、魅力ある密集市街地の将来像をしっかりと描き、地域に残すものと整備すべきものをはっきりさせる。そのもとで、従来の手法に加えて、少しポジティブな考え方に立ち、地域を大きく変革できる幾つかの手法を投じて適切に活用していくことが重要ではないだろうか。

容積移転手法は変革するための一種のツールであり、木密地域改善の１つの方策ではあるが、これだけで全て問題が解決できるわけではない。大切なことは、制度をどのように活用し使いこなしていくか、それを契機としてどのように連鎖的な整備に繋げていくかである。

東京に住む人々にとって、木密地域が「20世紀の負の遺産」でなく「21世紀の富の資産」となるよう取り組んでいかねばならず、そうした整備が行われることによって社会的な評価が得られるに違いない。容積移転手法はそのきっかけになるものと考えられる。

6. 東京モデルの構築

（1）新たな都市マネジメント方策

本施策を具体の事業として実施する上での制度設計について検討してきた。この全体的な枠組みを第１章で「東京モデル」と称しており、このモデルは、新たな法制定によらず既存制度を活用する点、密集市街地の実態を踏まえた円滑かつ迅速な実施に留意している点、関係者の動機づけに着目しているなどの特徴をもっており、こうした意味で現実的で実現性のあるものと言えるのではないか。

また、容積移転手法を活用して密集市街地の環境改善を中心的な課題に据えつつ、都心部等の高度利用化の動きを捉え、自立的に高度な都市構造の創造を図るという2大都市マネジメント課題と併せて、住環境整備と省エネルギー型地域構造など地球環境問題を同時に解決できるものである。大都市東京が直面する都市マネジメント方策として的確に対応できるものといえよう。
　この東京モデルの重要なポイントは、動機適合的な計画、地域間連携施策、潜在的魅力の顕在化の3つである。
　低成長時代の都市マネジメントにおいては、1つは、従来のように行政による公共財政集約的な手法に代えて、民間等の各主体の活動が自立的に進むように制度環境を整えることが重要である。
　2つ目は、1地区単独でなく、複数地区間で土地利用をマネジメントすることによって、諸機能の相互補完など外部経済性を高度に発揮し、都市全体の効率性や最適化できる地域間連携施策を進めることである。
　こうした発想は、例えば現在、国が検討している「安全・まちづくりビジョン」における社会資本整備審議会都市計画部会の委員会での論点にも類似した点が見受けられる。つまり、安全・安心まちづくりに向けて、リスクを軽減・回避させる土地利用への誘導策を強化する方向として、その論点の1つに、まちづくり面での密集市街地整備など分野ごとにハード整備で対応してきた対症療法的な取組み、公共事業に対する厳しい財政制約のもとでの対応には限界があり、長期的視点・将来像を持ちつつ、分野を横断し総合的に取り組むなどが重要ではないかとしている。
　3点目は、密集市街地の潜在的魅力は、交通利便な立地特性、歴史・文化性、開発可能な容積率などにあり、これを顕在化させることである。
　木密地域における開発ポテンシャルを都心部等にトレードし、非効率な土地利用を是正することにより、本来有する地区の魅力を取り戻そうとするものである。
　成熟社会を迎え人々の価値観が多様化する中で、密集市街地のプラスの面に目を向け、新たな都心居住タイプの1つとして出現し、環境の優れた多様な地区の1つに加わり共存できることが、東京の魅力を更に高めることになる。このことは、第2章第4節「望まれる密集市街地の将来像」に詳述しているところである。

第1節　容積移転を活用した都市部の強化─東京モデルによる試論

図表3-1-12　東京モデルの概念図

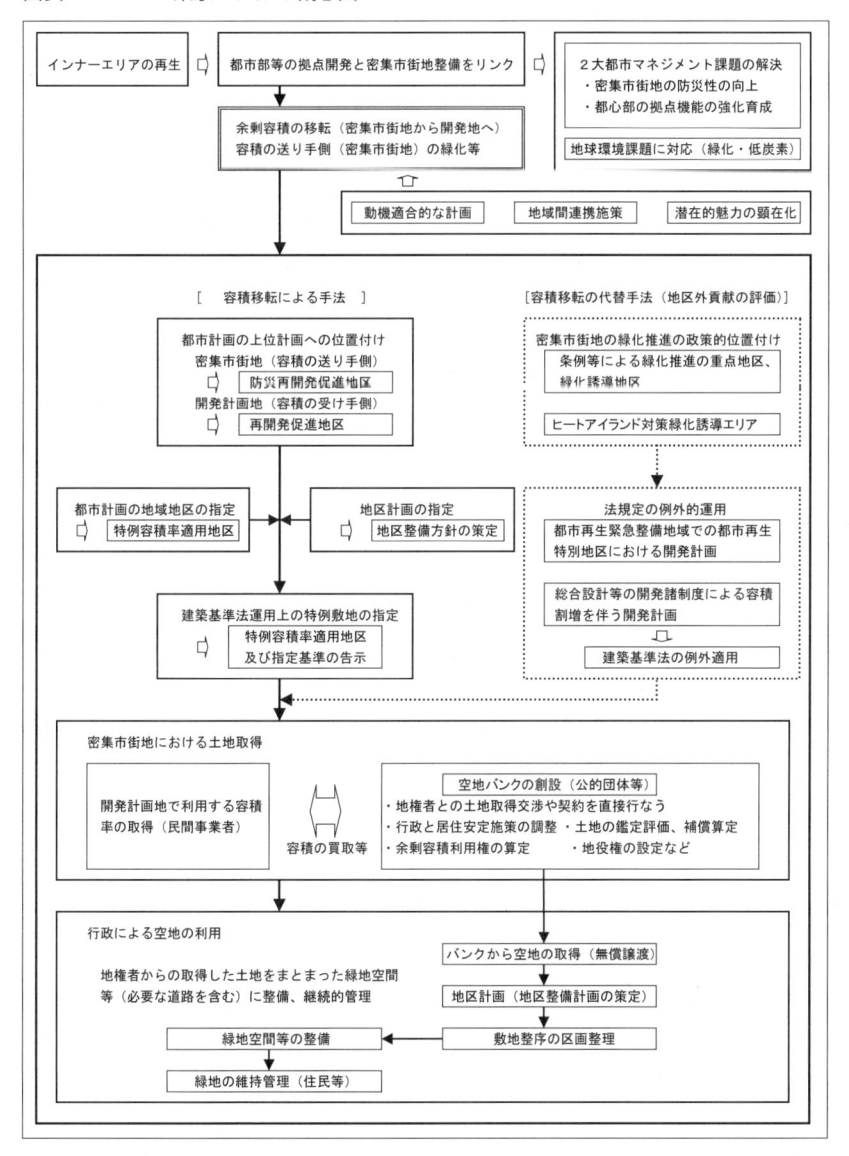

[図表：東京モデルの概念図]

- インナーエリアの再生 ⇒ 都市部等の拠点開発と密集市街地整備をリンク
- 2大都市マネジメント課題の解決
  ・密集市街地の防災性の向上
  ・都心部の拠点機能の強化育成
- 余剰容積の移転（密集市街地から開発地へ）
  容積の送り手側（密集市街地）の緑化等
- 地球環境課題に対応（緑化・低炭素）
- 動機適合的な計画　地域間連携施策　潜在的魅力の顕在化

［容積移転による手法］
- 都市計画の上位計画への位置付け
  密集市街地（容積の送り手側）⇒ 防災再開発促進地区
  開発計画地（容積の受け手側）⇒ 再開発促進地区
- 都市計画の地域地区の指定 ⇒ 特例容積率適用地区
- 地区計画の指定　地区整備方針の策定
- 建築基準法運用上の特例敷地の指定 ⇒ 特例容積率適用地区及び指定基準の告示

［容積移転の代替手法（地区外貢献の評価）］
- 密集市街地の緑化推進の政策的位置付け
  条例等による緑化推進の重点地区、緑化誘導地区
- ヒートアイランド対策緑化誘導エリア
- 法規定の例外的運用
  都市再生緊急整備地域での都市再生特別地区における開発計画
- 総合設計等の開発諸制度による容積割増を伴う開発計画 ⇒ 建築基準法の例外適用

- 密集市街地における土地取得
  - 開発計画地で利用する容積率の取得（民間事業者）
  - 容積の買取等
  - 空地バンクの創設（公的団体等）
    ・地権者との土地取得交渉や契約を直接行なう
    ・行政と居住安定施策の調整　・土地の鑑定評価、補償算定
    ・余剰容積利用権の算定　・地役権の設定など

- 行政による空地の利用
  地権者からの取得した土地をまとまった緑地空間等（必要な道路を含む）に整備、継続的管理
  - バンクから空地の取得（無償譲渡）
  - 地区計画（地区整備計画の策定）
  - 敷地整序の区画整理
  - 緑地空間等の整備
  - 緑地の維持管理（住民等）

（2）東京モデルの概念図

　最後に、これまで本書で検討してきた「東京モデル」の全体像を概念図とし

159

てお示しする（図表3－1－12参照）。

　密集市街地整備のあり方については、関与されている方それぞれの立場で、様々な意見や考えがあると思う。この東京モデルについても、密集市街地の再生に向けた1つの試論であり、この実現に向けては今後とも、容積移転にあたっての移転容積量や評価額の考え方についての検討を深めることや、様々な角度から更なる議論の積み重ねを行う必要があることを記しておきたい。

　なお、本稿は、筆者がUR都市機構在籍時において、本書研究会メンバー等による「容積移転等を活用した木密地域の緑化推進にかかる検討」をもとにまとめたものである。

＜参考文献等＞
[1] 東京の新しい都市づくりビジョン（平成13年10月　東京都）
[2] 「10年後の東京　～東京が変わる～」（平成18年12月　東京都）
[3] 次世代型住宅市街地の創生に向けて（平成19年5月　次世代型住宅市街地の研究会）
[4] 東京都気候変動対策方針（「カーボンマイナス10年プロジェクト」基本方針）（平成19年6月　東京都）
[5] 「緑の東京10年プロジェクト」（緑あふれる東京の再生を目指して）（平成20年2月　東京都）
[6] 地震に関する地域危険度測定調査（第6回）（平成20年2月　都市整備局）
[7] 第5版　都市計画運用指針（平成18年11月　国土交通省）
[8] 建築空間の容積移転とその活用（平成14年4月　日端康雄　編著　容積率研究会）
[9] 容積移転等を活用した木密地域の緑化推進にかかる検討報告書（平成20年5月　UR都心支社）
[10] 社会資本整備審議会　都市計画・歴史的風土分科会　都市計画部会　第2回安全・安心まちづくり小委員会資料（平成20年10月）
[11] 第147国会　衆議院建設委員会議事録（第8号　平成12年4月）
[12] 第159国会　衆議院国土交通委員会議事録（第23号　平成16年5月）
[13] ヒートアイランド対策ガイドライン（概要版）（平成18年3月　東京都）

第2節

密集市街地整備と容積移転

日端 康雄・慶應義塾大学

　容積移転が密集市街地整備にいかに可能か、それを制度論的視点から考察することが本稿の狙いである。特に、飛び地容積移転（以下「飛び容積移転」という）の手法の密集市街地整備における可能性について検討したい。

　平成19（2007）年の都市計画法・建築基準法改正により特例容積率適用地区制度が密集市街地整備に導入されて、密集市街地整備と飛び容積移転制度、この一見、関係なさそうにみえる市街地整備事業と土地利用都市計画制度が結びつけられた。容積移転の手法は、この十年、わが国では都市再生政策で活用されるようになった。

　密集市街地整備でこれによる飛び容積移転の手法は、制度が創設されてから時間が浅く、まだ活用例が存在していない。そこで、容積移転制度は、もともとアメリカのゾーニング制においてインセンティブ・ゾーニングの1つとして導入されたものであり、ここではその制度と経験などを参照しつつ、[1] 計画や事業の現場でどのような制度手法が求められるのかを考察してみたい。

1. 密集市街地整備と民活

（1）阪神淡路大震災

　密集市街地整備の取り組みは、過去の都市整備の歴史を振り返ると、端的に言って試行錯誤と挫折の積み重ねのようにみえる。今日に至る特徴点を以下に整理してみよう。

　①筆者が地区計画制度の創設に関わっていた1970年代でも、この制度に期待された問題解決の対象の1つは密集市街地整備であった。制度の検討過程では、関西の代表的木造密集市街地、例えば、神戸市の真野地区、豊中市の庄内地区などや、東京区部では、京島地区や太子堂、北沢地区などが取り上げられた。しかし、当初の地区計画制度は良好な住環境の保全が対象になり、建築基

準法にある建築協定の都市計画制度版程度のもので、積極的に木造密集市街地のような劣悪な環境を改善する制度にはならなかった。これらは、都市計画法の特定街区制度（昭和35年）と建築基準法の総合設計制度（昭和45年）と似たような、都市計画法と建築基準法の縦割り行政を思わせる関係のようでもあった。

②いうまでもなく木造密集市街地はわが国都市の固有の劣悪市街地である。これは欧米都市にみられたスラムとは違っている。

スラムは、公衆衛生法からはじまった欧米諸国の近代都市計画制度の最初に取り組んだ原問題であった。スラムのルーツは初期の近代工業都市の工場労働者と人口過密から生まれ、階級差別や人種差別なども加わって、様々の社会格差の問題も内在させた劣悪市街地がある。

これに対して、日本の木造密集市街地は、戦前からの古い老朽市街地もあるが、その大半は1960年代後半からの経済高度成長がもたらした劣悪市街地で、一部の地域を除けば、かならずしも深刻な社会問題が介在しているとはいえない、一般の中間層が居住する市街地である。幸か不幸か、わが国の近代化は、欧米諸国の初期の産業革命を経験することがなく、結果としてスラムのような産業都市問題を経験することは少なかった。

このことが、逆にみれば、こうした劣悪市街地を強力に改善しようとする動機づけにならなかったように考えられる。イギリスでは、1875年公衆衛生法改正とクロス法[2]成立により公衆衛生を強力な公共性の核にしたスラムクリアランス制度が成立して、それを核に再開発制度が発展した。

一方、わが国は公衆衛生よりも都市防災が都市計画の公共性の芯になった。防災の公共性は生命、財産の安全にかかわる基本的な公益ではあるが、災害の経験や予測に依存する曖昧な要素が含まれている。密集市街地は零細な土地所有と小さな木造家屋、道路や空地などの不在により、権利調整が難しく、事業を成立し難くしている。公共性のゆるい、強制力を伴わない再開発手法では時間と労力がかかり、成果も見えにくいと言われてきた。

平成7年（1995年）1月17日の阪神淡路大震災で、約6千人の木造密集地の住民が住宅の倒壊での圧死や火災でなくなるという事件はテレビやインターネットを通じて即時に日本中の家庭の茶の間や居間に流れた。それ以降、急速に、大都市の安全・安心を脅かすものとして密集市街地整備が政府の緊急課題になった。

③1990年代のバブル経済崩壊後、規制緩和や民間活力活用につながる新たな制度がたくさん導入されたが、上記の阪神淡路大震災後、密集市街地整備にもそうした手法の活用が期待されるようになった。しかし、政府や自治体の公共介入の基準は防災危険性の改善という一点だけに絞られ、地域の住民の生活やまちづくり全般を包括的に取り上げようとする意図はない。これは、かって、イギリスの1969年住居法による総合的改善地区制度（GIA）のような地域の総合的なまちづくりという取り組みができにくい制度になっていると言わざるをえない。[3] GIA が、それまで、住居改善だけを政府の公的関与としていたのを改め、総合的にまちづくりに取り組む制度にしたのと対照的である。

④また、平成12（2000）年の地方分権一括法以後、地方公共団体に国の権限が移譲され、都市計画、建築指導などの権限も地方自治体の責任になった。しかし、大都市の密集市街地は、昭和30年代の高度経済政策で国がその形成に歯止めをかけられなかった都市問題である。経済を優先して建築自由を保持した、国の都市政策の後遺症である。その後も形成が進み、20世紀の負の遺産といわれるようになった。この意味で、大都市における密集市街地整備は自治体固有の責任をこえて、国の政策の責任でもあり、この困難な問題解決には国が積極的に関わるべきと考えられるのである。

⑤平成9（1997）年に「密集市街地における防災街区整備促進法」が制定され、平成15年の改正で防災街区整備事業が登場した。昭和30年代の再開発3法の1つ、いわゆる防災街区造成法を再生したようにも見える。当時はこの制度によって、個別木造建物の共同化によって耐火化が地道に進められた。

これは昭和44年の都市再開発法に市街地改造法と吸収合併された。街区単位の大きな再開発が目指す方向とされて、きめ細かな市街地の改善を行政が支援できなくなってしまっていた。今回の密集市街地整備の制度設計でもそうした旧防災街区のきめ細かな手法が顧みられていないようだ。

⑥1990年代以降、各地の自治体は深刻な財政難に陥っており、国の財政危機と同様、財政の厳しさが公的資金の投下を困難にしている。都市再生に民間の資金や開発経験を導入することが政府の政策方向になった。特に、21世紀になって、都市再生特別措置法など、民間活力の活用と規制緩和政策が大胆にとり入れられ成果をあげてきたのである。密集市街地整備制度もこうした可能性を最大限活用することに向けられているようである。

木造密集市街地は、現在、全国に約2万5千ha存在すると言われ、特に、防災上危険な市街地が全国で約8千ha、東京、大阪に、それぞれ約2千ha存在するという。[4]

平成13（2001）年12月に都市再生本部は東京、大阪の密集市街地整備を第3次都市再生プロジェクトに決定した。平成23年までに、これらとそれ以外の全国の6千haを重点地区として整備することにより、市街地の大規模な延焼防止、最低限の安全性を確保するとした。

（2）再開発の「必要性」と「可能性」の乖離の克服

都市再開発政策の分野では、昭和40年代から再開発の「必要性」と「可能性」の乖離が問題視されてきた。とくに、昭和55（1980）年の都市再開発方針（再開発マスタープラン）の制度検討の委員会で議論されたが、それを主張したのは、川上秀光委員長（東大教授（当時））である。

再開発の必要な場は劣悪な市街地条件で抽出され、公共的必要性の論理で再開発の要整備区域になる。しかし、その実現は、事業の経営や不動産の市場性などに依存せざるを得ないのが実情である。概して、再開発の「必要性」が高いところほど、これらの「可能性」条件が小さいのである。

都市再開発方針では、1号市街地は必要性ゾーン、2号地区は再開発の「可能性」の高い地区とされたがその具体的条件は曖昧であった。[5] その中間の、1.5号地区というのも提案され指定された。公共性と市場性の乖離を財政資金だけで埋めるのは容易ではなく、そのギャップはなかなか縮まらないのが大半の要再開発区域である。1980年に再開発マスタープラン制度ができて、「必要性」の市街地は明らかになったが、「可能性」条件の拡大は必ずしも取りくまれてこなかったのである。

東京区部や大阪の内部市街地では広大な密集市街地が1.5号地区に指定されたが、整備は進んでいない。密集市街地整備は再開発の「必要性」が高いけれども、それを実現する方策が見えないまま、文字通り、再開発の「可能性」と「必要性」が乖離する典型的プロジェクトである。

木造密集市街地は零細土地所有や借地借家の複雑な権利関係などがべったり土地に張りつき、住民の協力にも限界があり、狭隘街路の拡幅や遊び場の確保もきわめて難しい。しかし、立地条件としてみると、東京の密集市街地の区域

には内部市街地にあって交通条件の至便の所も多い。そこに民活や規制緩和の弾力的な手法がいかに活用できるかどうかが課題である。

　密集市街地整備の制度設計には、事業化に成功したプロジェクトから発想することも重要である。例えば、東京都北区の神谷地区などは十分な成果をあげた密集事業であろう。そばに工場跡地面開発があるなど、そこでの開発成立条件は必ずしも一般的な条件とはいえないかもしれないが、密集市街地を一律に捉えないで、事業可能性の面から、様々なアプローチを取り込むべきであろう。「必要性」と「可能性」を引き寄せるために、規制緩和や民間活力活用の多様な取組みを評価すべきである。

（3）90年代以降の民活規制緩和の潮流

　90年代の歴史的なバブル経済崩壊以降、規制緩和の流れはあらゆる行政分野に広がった。都市計画、土地利用制度の領域では、特に、当初の地区計画制度が用途地域規制を地区単位に強化するという性格から大きく転換して、民間の事業を誘導する規制緩和型の地区計画制度が沢山登場した。土地利用制度と事業のリンクが90年代以降の都市計画制度の新しい潮流となった。

　この発端は、1980（昭和55）年の再開発地区計画制度（現在は、再開発促進区地区計画制度）創設であろう。

　これは土地利用と事業が連携した画期的制度である。地区計画によって計画への住民参加による合意形成を促し、行政主体は企業や住民と協力して、土地利用計画から民間活力の活用、開発企業を活用する条件を作り出すこともできるようになった。飛び地での容積移転も可能になった。

　密集市街地整備手法にも規制緩和型の制度手法が登場したが、きめ細かな住環境改善に決定的な決め手になる事業の試行錯誤や成功経験を通じて制度の改良を積み重ねていく必要があろう。

2．土地利用都市計画における容積移転

（1）容積移転の都市計画

　容積移転には、都市計画で定められた容積率（の全部または一部）をある敷地から他の敷地に再配置する公法上の行為と地権者の所有権の対象となっている敷地間の容積移転、つまり、市場での民々間の取引（民事的行為）の二面性

がある。前者の敷地とは、建築基準法に定められた敷地であり、建築基準法施行令第1条第1項第1号に「一の建築物又は用途上不可分の関係にある二以上の建築物のある一団の土地」と定義されている。ここでは便宜的に建築敷地と呼ぶ。

制度上は建築敷地の容積移転は存在せず、建築敷地単位での容積率の配分の変更という形がとられている。[6] つまり、公法上の容積率の敷地単位での配分の変更と民事的な取引によって容積移転が同時に成立する仕組みになっている。後述するが、これは容積移転行為のすべてを公法上の制度にしているアメリカの容積移転制度とは異なるところである。

ところで、容積とは都市計画法にもとづく容積率規制によって実体化される建築物の床である。容積率規制値は建築敷地に掛け合わせることで許容限界の建築物の延床面積に置き換わる。法令によれば、容積率規制は用途・容積地域の都市計画における指定容積率以外に前面道路幅員（12m以下）によって制限される容積率（これらを合わせて基準容積率と呼ぶ）の低い方の値になる。

容積率規制は、直接的には住環境の保全や道路などの都市基盤施設に与える負荷をコントロールするのが狙いである。用途地域制との関連では、この規制は住居系地域では住環境の保全、非住居系用途地域では土地利用の増進、高度利用、有効利用が狙いとされている（都市計画法9条）。また、現在の用途地域制では、基本用途地域に指定容積率のセットメニューが付属する形で容積地域制が運用されている。ちなみに、住居系用途地域では50〜400％、近隣商業地域、準工業地域、工業地域、工業専用地域では200〜400％、商業地域：200〜1,300％のそれぞれの範囲内で数値が規定されている。

ゾーニング制（地域制）という制度では、土地利用規制は一定の区域単位の中に均質、公平な規制をするという仕組みで、容積移転は一般的にはあり得ない。特別許可といった例外的手法の1つとされている。

ゾーニングの例外的手法としては、一般にゾーニングの変更、但し書き許可、特別許可の3つがある。また、日本の制度では、用途地域制の建築規制は建築基準法（集団規定）が担う。建築基準法の建築規制は警察制限としての法的性質を有している。つまり、これは規制による財産権への損害に対しては無補償であり、最低限の非自由裁量規制であるため、例外規定の運用は地権者の同意を課すなど、複雑になっている。

また、容積規制の許容限度範囲は土地所有者の既得権ではないので、容積移転の対象は、特別な公共利益を生み出すために地域制で例外的、あるいは特別に許可されるという解釈が通例である。それは、例えば、都心地区で不動産市場の中からは経済効率性優先のもとで消失しがちな歴史的建築物の保全や民営オープンスペースなどの開発などである。

　土地利用規制は建築敷地単位に実体化する。いうまでもなく建築敷地は所有単位ではない。建築行為を行う単位であり、建築確認、建築許可が認められる単位である。建築敷地に複数の建物があり、複数の所有者がいても問題はない。[7]

　こうした公法上の仕組みが建築基準法上の特例制度として、1990年代からのこの20年の規制緩和と民間活力活用の政策のなかで数多く実現したが、[8] それだけ、制度が複雑化しわかりにくくなっているきらいがある。

　都市計画で容積移転が必要とされはじめた背景には、都心の望ましい土地利用の実現に対するゾーニング制の限界がある。一般に、用途地域配置は都心を頂点としたピラミッド型の土地利用構成を前提としている。都心は商業地域に色塗られて、土地利用の効率性を最優先するあまり、地価負担力の大きい事務所ビルばかりの町になってしまうのが、地域分割と用途純化のもたらす結果である。つまり、都心市街地には、神社仏閣や歴史的建築物、文化施設、公益施設、民営のオープンスペースやレクリエーション施設、あるいは地価負担力の弱いホテル、住居などは淘汰され、成立しなくなってしまう。

　専用業務商業市街地の古い都心像に対して、1960年代からむしろこうした施設と事務所、商業ビルが共存する町が求められるようになった。

　また、同じ都心地域のなかにあっても未利用の容積率を残したまま新たな建築更新の必要のない地権者がいる一方で、新たに建替えの希望のある地権者が基準容積以上の容積を得たいと考える場合に、隣接連担する所有地であれば、両者の間でビジネスとして容積移転が成立可能である。こうして全体としてバランスの良い、都心の土地利用の有効・高度利用を都市計画で促進することが求められるようになった。これらが容積移転制度が生まれた背景である。

　ゾーニング制における一般的な容積移転の都市計画的条件を整理すると、第1は敷地の条件として「隣接性・物理的連続性」がある。これは、ゾーニング規制が均質で公平な利用制限が基本であるが、公共性も認められる局所的な

不均一性は例外的な対応で合理的説明がつくとするものであろう（図表3-2-1のA）。

このように、隣接敷地・隣接街区間での容積移転は、建築基準法の「敷地」の概念の範疇で市場の取引としての容積移転が成立しており、事例も多い。

第2は、道路を挟んだ隣接街区、敷地間の容積移転であり、その条件として「計画の一体性」が求められている。

「計画の一体性」とは、街区・地区レベルの一定の連続した区域について整備目標と実現方法を定めていることとされ、同一の計画主体が同時期に計画するという弾力的な解釈がされている。実務的には、行政当局が開発プロジェクトに裁量的に関与する。高層ビル建設反対を周辺住民が訴える場合もあるが、こうした行政裁量の判断内容の透明性が求められるようになっている。

道路で隔てられた街区間においても、複数特定街区制度により容積率の移転が認められるようになった（図表3-2-1のB）。そこで、容積率の移転だけでなく割増も認める特定街区においては、複数特定街区指定のための条件の1つとして、「計画の一体性」の確保が要求されている。複数特定街区制度は東京都で運用されている制度である。

これらの容積移転は隣接近傍の敷地間であるが、第3に、都市計画による新たな容積配分として、飛び容積移転が認められるようになった（図表3-2-1のC）。

飛び地の建築敷地間での容積移転は、都市計画（具体的には地区計画）で容積配分を新たに定め、建築基準法で特例敷地を認定することで可能になっている。

容積適正配分地区計画制度、再開発促進区地区計画制度は地区計画で容積率配分を定める。これに対して、特例容積率適用地区制度は平成19年の法改正で地域地区の1つに位置づけられ、区域は都市計画で定められる。そして、容積移転に関しては、建築基準法により建築規制の特例許可で処理される。また、地区計画を重ねて指定している。

この制度はまだ、東京都心の丸の内地区だけにしか適用されていないが、代表的プロジェクトとしてJR東日本鉄道の丸の内駅舎の保全のためにその敷地の未利用容積の一部が区域内に移転されている。都市基盤が高水準で整備されたゾーンを対象に、容積の譲り渡し地と受入地を特例敷地に認定することで容

積移転は市場で成立し、都市計画的には区域内の容積のゼロサムという条件で運用されている。

こういった容積移転手法が都市基盤の未整備の密集市街地でどのように使えるかは、行政の姿勢、特に、特定行政庁という建築基準法の運用当局の判断に左右されるように考えられる。

図表3-2-1　容積移転の3類型

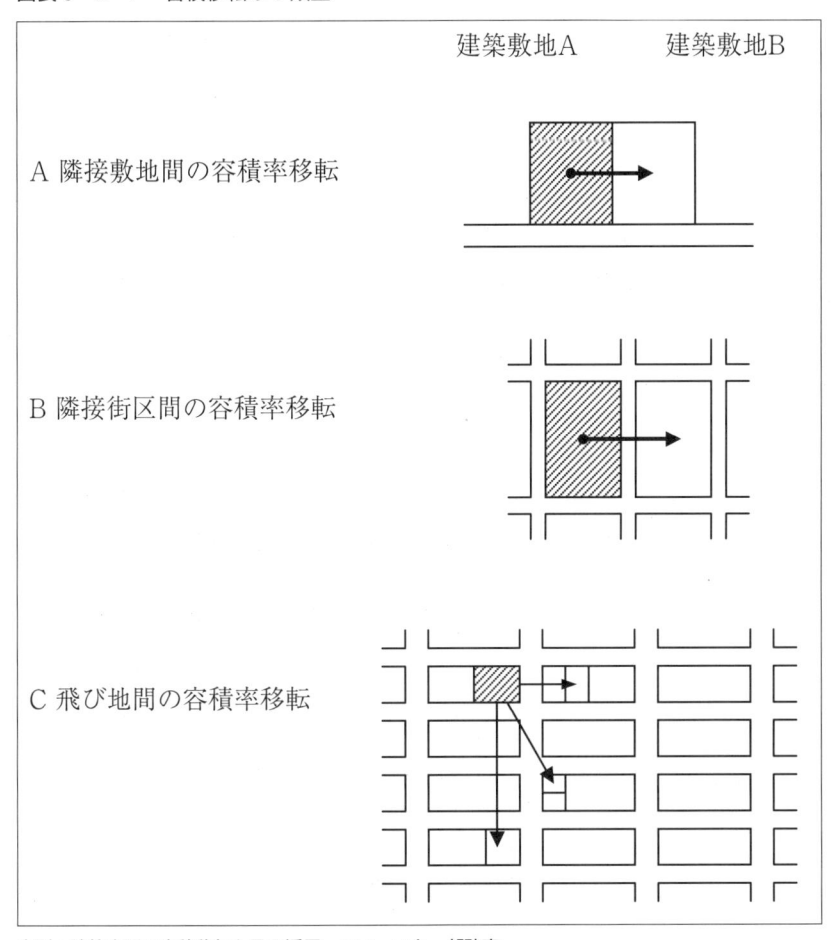

A 隣接敷地間の容積率移転	建築敷地A → 建築敷地B
B 隣接街区間の容積率移転	
C 飛び地間の容積率移転	

出所：建築空間の容積移転とその活用　PP.9-11を一部改変

(2) アメリカの容積移転制度

　容積移転はゾーニング制に関わる制度であり、わが国の制度導入への先例でもあるアメリカの制度を理解しておくと分かりよい面がある。ちなみに現在、先進国でゾーニング制を土地利用規制の基本的手段として都市計画に採用しているのは、アメリカと日本だけである。容積移転制度の根底にあるゾーニング制（地域地区制）が日米で異なることを理解することで、どちらかと言えば扱いにくいこの制度の活用の拡大や制度改正につなげ得るのではないかと考えられる。アメリカの土地利用制度についてここで簡単に触れてみたい。

　ゾーニング制とはもともと、19世紀の近代都市計画手法としてヨーロッパにはじまり、アメリカや日本に伝わった。当時の産業都市の公衆衛生問題を解決するための安全、健康上の最低基準を確保させる警察制限として発達し、先進国のほとんどがこの制度を採用したのである。

　そうしたなかで、アメリカでは1930年代に、独自にユークリッド・ゾーニングに進化した。これは安全、健康だけでなく、一般的福祉を目的に取り入れたものである。

　そして、その法的性質が大陸型の覊束性の強い警察制限から自由裁量性のあるポリス・パワーに変わったのである。

　これは健康、安全、道徳、その他の一般的福祉の向上のために各種の法律を制定し、執行する権限をいう。ゾーニング規制による私権制限は収用権にあるような「正当な補償」を要せず、行政に自由裁量権が認められている。しかし、補償なしに財産権の制限を行うためには「目的」と「手段」の合理性判断が要求される。[9]

　アメリカの各都市では、1960年から、多様化する都市計画の目的実現のために、ユークリッド・ゾーニングの例外的運用が頻繁に行われるようになった。この運用に一定の制度的枠組みを設けた、非ユークリッド・ゾーニングが自治体に登場した。容積率割り増しなどの特典を与え、公共的なサービスや空間の整備が進むように誘導する手法である。

　これはインセンティブ・ゾーニングとも呼ばれ、開発権移転（TDR）、計画的一体開発（PUD）などがある。TDRは未使用容積を開発権として認定し近傍の敷地に移転を認めた容積移転制度である。

　ところで、アメリカの都市計画で特筆すべきことは、格子状の街路網と方形

の街区が全ての都市において例外なく出来ていることである。敷地割りもそれにそって幾何学的形状になっているのが一般的である。これらは、ゾーニング制と同時に全米の都市に導入された敷地分割規制（Subdivision Control）によるものであった。これが、ゾーニング制による一般的、画一的規制が合理的に作用する土地面をつくっている。日本の状況と大きく異なるところである。

最初の容積移転制度はニューヨーク市の開発権の移転（TDR）制度（1968年）であるが、これはマンハッタンのような都心地区の歴史的建造物やオープンスペースの確保のために、ある敷地における開発可能容量（容積率または建設戸数）を制限する見返りに、その開発可能容量を利用する権利（「開発権」として認定する）を、別の敷地に移転させることを認める制度である。ゾーニング制においては「特別許可（Special Permit）」として扱われる。

アメリカでは、ゾーニング・ロット（Zoning Lot）という制度があって敷地の二重使用が起こらないようになっている。ゾーニングの規制単位である敷地（ゾーニング・ロット）の内部で、隣接する敷地を併合して容積率などの移転を行う方法には「敷地併合」（zoning lot merger）が認められている。隣接する容積の送り出し敷地（sending site）と受入れ敷地（receiving site）が登録され法的に台帳に記載されている。ここでは敷地の範囲の変更が公的に確認される手続きがあるが、TDRと異なり、ゾーニング制の特別許可ではない。

大雑把にみればゾーニング・ロットに対応するのが建築基準法の建築敷地であるが、前者は台帳管理され、後者は建築確認の一過性の処理で済まされている。そこに敷地の二重使用の問題が発生する原因がある。

TDRで一般的に開発権の移転ができるのは、当該敷地に隣接する敷地及び道路を隔てて反対側の画地や向かい側の角地であるが、商業専用地区については、歴史的建造物の敷地に連担する敷地を含め、移転先の範囲を広げている。マンハッタンの南側、イースト・リバー沿いにサウス・ストリート・シーポート地区があるが、ここでの容積移転は歴史的建造物の敷地から数街区離れた業務ビルの敷地へ飛び容積移転として行われた。

不動産取引は様式及び内容において譲渡証書（deed）によって行われるが、開発権の移転においても譲渡証書が引き渡される。第三者対抗要件ともなる登記は譲渡証書を登録することによって行われる。

1970年代頃から、アメリカの一部の都市では、郊外の住宅開発を対象に開

発を限定したり、開発の速度を管理したりするようになった。さらに、1980年代には、郊外及び都心のオフィスを対象に、成長性の高い地域について、高度制限を加えたり、容積規制を強化したり、交通量の抑制を行った。そこでの開発への旺盛な活力を利用して都市施設の整備や住宅の確保により衰退地域の開発を誘導して、均衡のとれた成長を実現しようとする自治体が登場した。

これらは、土地利用計画などによって開発の可能性自体までコントロールするもので、成長管理（growth management）と呼ばれた。

こうした状況を背景にして生まれた容積移転は、ゾーニング制の法的性質からみて、例外として扱える範囲で組み立てられたTDRの容積移転とは異なるものである。

最初の発想は民間不動産デベロッパーによるものであった。都市計画上、余っている、あるいは使われていないと理解された容積を需要がある場所へ飛ばして有効活用することでビジネスチャンスが生まれるというもので、ゾーニング規制を経済合理性の面から大胆に活用しようとする発想であった。

容積移転の目的はその後さらに拡大している。自治体によって異なるが、「歴史的建造物の保存（ニューヨーク市）、「農地の保全」（メリーランド州モンゴメリー郡）、「自然環境の保全」（フロリダ州コリエー郡）、「都市の成長管理―開発権の大幅な制限に対する救済」（ロサンゼルス市）、「住宅の確保」（シアトル市）などがある。

かけ離れた飛び容積移転を認める制度は多くはないが、シアトルの「開発移転信託（Transferable Development Credit: TDC）」の制度は、自然環境の保全を目的とした、飛び離れた自治体間の容積移転を可能とした開発権移転制度である。

ワシントン州には、自治体間の計画に整合性を求める成長管理法（Growth Management Act: GMA）があり、TDRは、自治体が成長管理法に基づく総合計画を実施する手段と位置づけられている。

容積移転を受け入れることのできる地域は、デニー・トライアングルと呼ばれるシアトル市の都心（ダウンタウン）の一角に限定されている。移転の対象となる容積を送り出す地域は、シアトル市の外側に位置するキング郡で、その総合計画で「農業生産地域」「未開発森林地域」「絶滅に瀕した生物、公開空地・小道のある、または野生生物が行き来する獣道のある未都市化地域」のいずれ

かに指定された地域とされている。容積の送り出し敷地の地権者は、郡の審査によって要件を満たしていれば、移転可能な容積率の権利（クレジット）を売却できる。

クレジット購入者は、クレジットを活用して既存の高さ規制より最大30％まで高い建物を容積受取り敷地において建てることができる。

開発権の売買は売却者と購入者の間で直接行うか、あらかじめ買い取られてプールされた開発権を希望者に売却するためにキング郡の出資によって設置された「TDC銀行」を通じて行われるという。[10]

（3）日本の容積移転制度

アメリカのゾーニング制に対して、日本のゾーニング制である地域地区制は旧来の法的性質（安全・健康の最低基準を確保する警察制限）を保持している。ただし、自由裁量的領域は関係地権者、利害関係者の合意（実態は全員同意）を求めるかたちで拡大している。地区計画制度の規制では建築基準法の規制で対応できない内容は、強制力のない「届出・勧告制」で運用される。

このような意味で、日本の地域地区制は戦前の欧米の制度をモデルにして、その後、公共性の拡大による土地所有権への制限の拡大や法的性質などの大きな変化がないまま現在に至っている制度である。

また、日本の制度はその後、ヨーロッパの制度を学んで地区計画を土地利用都市計画に導入し、地域地区制と連携させて運用するようになった。PUD（計画的一体開発）制度を除けば、この点は、アメリカのゾーニング制にみられない仕組みであろう。

日本の隣接・近接型の容積移転は、大都市では比較的よく行われている。建築基準法の一団地の総合的設計制度（1950（昭和25）年）や特定街区制度（1960（昭和35）年）などで1960年代から活用例が増えた。例えば、代表的な事例として、一団地の総合的設計制度では、浜松駅前のアクトシティや東京新宿南口のJR東日本本社ビル、特定街区の例では、霞が関ビルや、日比谷シティ、東京オペラシティなどがある。

また、飛び容積移転は再開発地区計画制度（1988（昭和63）年）（現在の再開発促進区地区計画）や特例容積率適用地区制度で活用例がある。前者では山王パークタワーのある永田町二丁目地区、後者では丸の内地区である。また、

東京都の複数特定街区制度でも飛び容積移転が可能である。

　後者の特例容積率適用地区制度では、容積の送り出し地、受入れ地について、容積率の特別な限界は地区計画によって別に定められ、建築基準法の特例敷地というかたちで認定されている。容積率規制は敷地の上にかかる公法制限であって、それが別の敷地に移転されるということではないのである。

　先述の、アメリカでの成長管理政策に関連した、1970年代のかけ離れた敷地間の飛び容積移転は、現在の日本の制度には存在しない。特例容積率適用地区制度のように、一定の指定区域内でのかけ離れた敷地間の飛び容積移転は可能であるが、指定条件が厳しく扱われている。

　アメリカの制度との比較で、日本の容積移転の特徴を以下に簡単にまとめてみる。

① 空間規制法である、わが国の都市計画法・建築基準法の土地利用規制、建築規制では容積移転が可能になってはいるが、制度上は容積移転という概念は存在しない。アメリカのTDR制度などの開発権の認定などのような包括的な形での容積移転制度はない。

　　これは建築敷地の隣接性や物理的一体性、あるいは計画の一体性に対応して地域地区制の特例として都市計画が容積を再配分するという考え方に基づいているからである。例えば、容積適正配分地区計画制度（1992年）や事業と一体となった土地利用制度である再開発促進区地区計画制度、特例容積率適用地区制度などである。

② 容積移転は、公法としての容積配分と市場での取引としての容積移転から生じるが、公法としての容積配分と市場での取引としての容積移転は全く別個のものとして扱われている。

　　これは日本の建築規制が警察制限としての法的性質を持っているためである。アメリカではポリス・パワーによる一般的福祉のために裁量的に使える規制になっている。

　　従って、わが国の制度では、アメリカのように都市計画制度として、未使用の容積率を特別な「開発権」として認定していない。

③ その「特例敷地」に対応するのがアメリカのゾーニング・ロットであるが、日本の地域地区制ではそうした土地の管理がされていないのが実情である。特例敷地には、行政の裁量的指導で地役権の設定が要請されている。

また、容積率規制は特例敷地に認定された建築敷地にかかる建築利用限界を定めるものであるが、特例敷地がゾーニング・ロットのように台帳管理されているかどうかは不明である。

　容積移転の制度比較論の視点から見て、日本とアメリカの土地利用制度の枠組みとして異なるのは、地区計画によって地域地区制の一般規制の限界を打破していることであろう。しかし、地区計画でも、ゾーニングの一般規制を完全には無視できない。日本の都市計画による土地利用規制は都市計画法の開発規制と建築基準法「集団規定」の建築規制（建築確認または許可）であるが、建築規制が建築基準法によって運営されているからである。建築基準法の一般的規制は最低基準の建築規制であり、最低基準を超える部分は建築基準法の特例制度に委ねられている。

　その結果、都市計画法の土地利用制度の地区計画で定める内容は、建築基準法の規制を超えた部分が含まれるが、その落差を関係権利者の合意（実態としては全員合意）で埋める弾力的方式がとられている。例えば、建築基準法の規制は建築条令で担保されるが、それで対応できない内容は都市計画法の届出・勧告制で運用され、強制力がない。地権者等との合意に頼る仕組みである。

　結果的に、地区計画による土地利用規制は、都市計画法と建築基準法の規制のダブル・スタンダードになっている。法的性質としても警察制限と自由裁量規制が入り組んで、行政も民間も複雑で扱いにくい仕組みになっている。もっと単純で扱いやすい仕組みにする制度設計が今後期待されよう。

3．密集市街地整備と容積移転

(1) 密集市街地整備の新たな制度

　平成6年1月17日の悲惨な阪神淡路大震災の衝撃を契機に、国民の広い層の支持を得て密集市街地整備に関わる一連の制度が創設された。これらを用いて、今後、零細な敷地に老朽木造住居群が密集する都市基盤のない区域でどのように事業が進められて、成果をあげていけるのかが注目されることになろう。

　東京区部の密集市街地において、こうした制度を用いていかに民間活力を活かした事業の実効性を高めていくかについてここでは考察してみたい。

　密集市街地整備に関する制度は、先ず、平成9年に密集市街地整備法（密集市街地における防災街区の整備の促進に関する法律）が制定され、平成15年、

平成19年の関連法改正が行われた。前者では、防災街区整備事業、容積移転制度が創設され、後者では、危険老朽住宅建て替え、避難経路協定、面的整備事業と建て替えの一体的整備が創設された。また、関連して地区計画制度なども再編された。

具体的には、①特定防災街区整備地区が地域地区に位置づけられた。

②防災街区地区計画制度が創設され、基本型、誘導容積型、用途別容積型、街並み誘導型がある。

③防災街区整備事業が市街地開発事業に位置づけられた。これは第1種市街地再開発事業と同様の仕組みであり、権利変換計画に基づいて権利変換が出来るようになり、施行者や事業の手続きも同様の仕組みが使えるようになった。

また、④特例容積率適用地区制度（都市計画法57条の2）も地域地区に位置づけられ、密集市街地整備にも適用されることになった。これは、市街地の防災機能確保等のため、火災延焼防止等の機能を有する屋敷林、市民緑地等の未利用容積を移転し、これらの防災空間を確保しつつ建築物共同化、老朽マンション建て替えに役立てる。第1種・第2種低層住居専用地域、工業専用地域を除く用途地域において地区指定され、特例敷地は関係地権者の合意に基づき指定されることとなっている。

さらに、⑤地区計画制度も再編され、地区計画（基本型、誘導容積型、容積適正配分型、高度利用型、用途別容積型、街並み誘導型、立体道路制度、市街化調整区域内、再開発促進区、開発整備促進区）、防災街区地区計画（上述）、沿道地区計画（基本型、誘導容積型、容積適正配分型、高度利用型、用途別容積型、街並み誘導型、沿道再開発等促進区）、集落地区計画の4つに大区分された。密集市街地整備は防災街区地区計画を中心に活用できるようになった（図表3-2-2参照）。

これらの一連の制度設計では、様々な計画と事業が高度に組み合わされた仕組みができたことになる。平常時の事業よりも大都市の大震災後の復興対応にも効果が期待できるのではないかと思える面もある。

また、小泉内閣からの政策である民間活力の活用も期待され、土地有効利用を誘導する各種の土地利用制度の活用、土地利用都市計画（地区計画その他）と都市計画事業の連携、一体化が組み入れられている。特に、容積移転制度が密集地整備で活用できる道が開かれ、地方自治体の積極的活用が期待される。

図表 3-2-2　地区計画の種別と規制緩和の条件

	種別	緩和事項	緩和のための必須事項	条例	許可等
地区計画	基本形	用途制限	用途制限（大臣承認）	○	不要
	誘導容積型	下限の容積率	上限・下限の容積率 地区施設等	○	特定行政庁認定
	容積適正配分型＊※	容積率	上限・下限の容積率、最低敷地面積、道路側の壁面位置制限	○	不要
	高度利用型＊※	a 容積率 b 斜線制限	上限・下限の容積率、上限建蔽率、最低敷地面積	○	b 特定行政庁許可
	用途別容積型※	容積率	上限・下限の容積率、最低敷地面積、道路側の壁面位置制限	○	不要
	街並み誘導型	道路幅容積制限 斜線制限	壁面位置制限、後退区域内制限、高さ制限、容積率上限、最低敷地面積	○	特定行政庁認定
	立体道路制度	道路内建築制限	建築敷地区域、建築限界		特定行政庁認定
	市街化調整区域内＊※	調整区域内開発制限			（開発許可）
	再開発等促進区を定める地区計画	a 用途、斜線 b 容積率、低層住専の建蔽率・絶対高	上限容積率 建蔽率緩和：60％以下の建蔽率／絶対高緩和：20m 以下の高さ制限	△	a 特定行政庁許可 b 特定行政庁認定
	開発整備促進区を定める地区計画	用途制限（大規模集客施設の立地制限）	誘導すべき用途 敷地とすべき土地の区域	△	特定行政庁認定
防災街区地区計画	基本型	用途制限	用途制限（大臣承認）	○	不要
	誘導容積制度	下限の容積率	容積率の上限・下限 地区施設	○	特定行政庁認定
	用途別容積型	容積率制限	上限・下限容積率、最低敷地面積、道路側の壁面位置制限	○	不要
	街並み誘導型	道路幅容積制限 斜線制限	壁面位置制限、後退区域内制限、高さ制限、容積率上限、最低敷地面積	○	特定行政庁認定
沿道地区計画	基本型	用途制限	用途制限（大臣承認）	○	不要
	誘導容積型	下限の容積率	上限・下限の容積率 地区施設	○	特定行政庁認定
	容積適正配分型＊	容積率	上限・下限の容積率、最低敷地面積、道路側の壁面位置制限	○	不要
	高度利用型＊	a 容積率 b 斜線制限	上限・下限の容積率、上限建蔽率、最低敷地面積	○	b 特定行政庁許可
	用途別容積型	容積率	上限・下限の容積率、最低敷地面積、道路側の壁面位置制限	○	不要
	街並み誘導型	道路幅容積制限 斜線制限	壁面位置制限、後退区域内制限、高さ制限、容積率上限、最低敷地面積	○	特定行政庁認定

沿道再開発等促進区を定める沿道地区計画	a 用途、斜線 b 容積率、低層住専の絶対高・建蔽率	上限の容積率 建蔽率の緩和：60%以下の建蔽率／絶対高の緩和必須決定事項：20m以下の高さ制限	△	a 特定行政庁許可 b 特定行政庁認定
集落地区計画		調整区域内開発制限		（開発許可）

凡例 ＊：再開発等促進区又は沿道再開発等促進区を定められない型
　　 ※：開発整備促進区を定められない型
　条例の欄：緩和事項を地区計画建築基準法条例で定める必要性
　　　　　　○：必須　　△：任意
　許可等の欄：個々の建築計画が緩和を得られるために許可等の手続き
参照：柳沢厚（メモ）「集団規定周辺のジャングル状況」2009.01.22　森記念財団

　以下、これらの新しい密集市街地整備制度について若干のコメントを加えたい。
　① 制度の密集市街地整備イメージ
　　これらの一連の制度で考慮されている整備イメージは何であろうか。
　　法改正時に示された図解のイメージに、木造密集市街地に街区が形成されていて、その複数街区の区域の中で容積移転が示されている図がある（図表3−2−3参照）。そこには方形街区の中に密集地がある。
　　いうまでもなく、密集市街地整備で重要な、公共性の高い事業は防災道路整備である。防災上の理由だけからすれば方形街区である必要がないが、より理想的な整備水準を求めれば図表3−2−3のようなイメージになるのであろう。まず防災上必要な道路を造り、空地や遊び場、小公園を整備し、建物は不燃化する。
　　特定の区域でそれが可能であったとしても、過去の経験では、密集市街地で道路拡幅や土地区画整理などによる街区形成は至難の業である。新たな制度で防災緊急性を理由にこれらを先行させるとするなら、公共施設整備の強力な推進とそれを民間事業が支える仕組みを作る必要がある。道路や広場、空地だけでなく建替え、共同化による不燃化、耐火化、境界整理などが合わせて進められる仕組みである。そうでなければ、単純な用地買収方式の道路事業に頼らざるを得ない。それはもともと困難で実現性が薄い。
　　しっかりした地区計画のもとで防災性緊急確保の公的領域で民間の市場取引が行われるように公的援助、例えば、権利調整へのインセンティブな

第 2 節　　　　　　　　　　　　　　　　　　　　　　密集市街地整備と容積移転

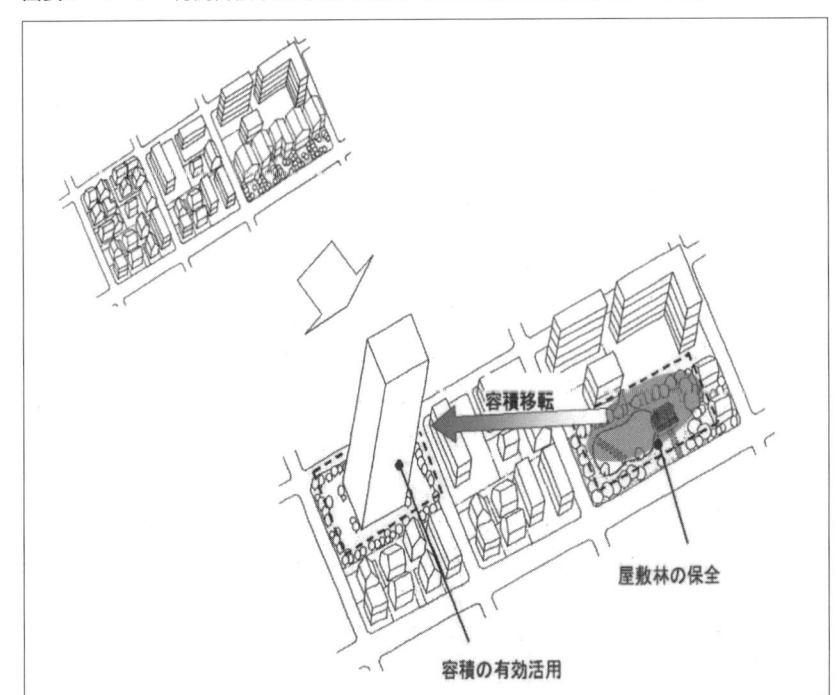

図表 3‐2‐3　特例容積率適用地区制度の木造密集市街地適用イメージ図

出所：国土交通省住宅局建築指導課・市街地建築課編「平成16年 6 月 2 日公布建築基準法改正の解説」ぎょうせい、平成16年 8 月

どが必要である。企業にとってのビジネスチャンスになる条件を確保していかないと事業としては動きにくい。

② 柔軟な市街地像

　密集市街地整備において、防災地区計画が土地利用計画として重要な役割を果たすことになる。地区計画の目標や方針に漸進的なまちづくりを可能にする目標像を掲げるべきではないか。理想的な完成市街地像ではなく、個別の改善を積み上げていくようなイメージを目標にするなどが考えられる。

　木造密集市街地は自然発生的な形成の履歴がほとんどである。そこには、ヨーロッパの都市の劣悪市街地にあるような潜在的な市街地基盤モデルは存在しない。例えば、イギリスの条例住宅地（By-law Housing）やアメリ

179

カの格子状街割のような市街地である。建築的土地利用面で既存不適格建築や違法建築も多いことが想定される状況で、全体的に理想的な市街地像を目指すのではなく、部分の最適解を積み上げていく方式が有効である。

東京区部においても密集市街地は地区の個別性が強く、多様であり、一律に対応できないので様々な手法の組合せが求められよう。

③ 権利変換手法の活用

密集市街地の防災街区整備事業に市街地開発事業の権利変換方式の手法が活用できることになった。零細土地所有、木造零細家屋、道路基盤の不在という密集市街地整備の重要な課題に対して、保留床処分型の事業経営が成立するところは極めて限られるように考えられる。防災緊急性などの優先性の高いところでは、公的資金の投下を可能にする必要がある。

また、都市再開発法の権利変換方式は公平で客観的、かつ精緻な手続きの手法ではあるが、これまでの長い経験から留意すべきは、すべてを金銭に換算して権利の変換をし、調整をする手法を企業が入ってやると、地権者などが金権体質化してしまうリスクもあり、かえって隘路がより厳しくなりかねない。密集市街地整備にはこれまで共同的、社会的な活動を通じて、コミュニティのまちづくり運動があるところも多いので、そういった可能性を塞いでしまわないことが肝要ではないかと考える。

④ 計画の実効性や評価に関する仕組み

都市再生プロジェクト（平成13年の第3次決定）に位置づけられた密集市街地は。平成20年4月時点で、全国において約7,300ha、約160カ所の地区で密集事業が取り組まれているといわれる。東京区部でも約2,000haが指定されている。

整備区域の広大な指定は、1980年の都市再開発方針の整備地区指定と共通している。広大な区域を「必要性」だけで区域指定をするだけでは事業は進まない。指定についても住民不在のままで計画決定するようなやり方で終わってしまっていると、そういった都市計画があることすら住民は知らない状態になって、人々の都市計画への不信感の高めてしまう結果になる。

都市再生プロジェクトでは、平成23（2011）年までに一応の整備を目指しているが、こうした計画の実績評価やその見直しに関する仕組みを組

み入れるべきである。その際に、密集市街地は問題の区域をすべて整備しようと考えるよりもそれらを減らし、増やさないことが政策的に重要である。防災上、緊急なところを優先するだけでなく、地元の意欲のあるところを優先するなど、多元的な評価軸を取り入れて整備を持続させる必要がある。

　密集市街地整備に必要なのは「可能性」の芽を育て、その上での必要性に基づく公的支援と可能性の結合をすべきである。ソフト面のサポートなども含めて、可能性の芽を開拓していくべきであろう。とりわけ、東京モデルとしての密集市街地整備では、民間活力の活用が鍵になる。

（2）容積移転の都市計画と事業の連携

　密集市街地での飛び容積移転は、東京の内部市街地のような開発ポテンシャルの高い区域において、民間の開発需要を密集市街地整備につなげていけるのではないか。容積移転という特殊な土地利用制度の適用が正当化されるのも、防災公共性だけでは実現困難な、この永年の都市計画の課題である密集市街地整備に役立てられるからであろう。

　先述の、法改正時に示された図解のイメージ（図表3-2-3）では、密集市街地に街区が形成されていて、その複数街区の区域の中で緑地になる敷地から開発需要のある敷地の単発のマンション敷地へ飛び容積移転が示されている。送出し地側は、容積を利用しない公共公益的な施設としての緑地、空地などを整備するというイメージであるが、当該敷地で容積の一部を移転してその売却資金を事業費に充てるという方法もありえよう。

　密集市街地での飛び容積移転の容積送り出し地と民間の開発需要のあるところへつなげるために、密集市街地の区域内でなく、外側の開発区域の容積受入れ地とのリンクが必要になる。その送出し地と受入れ地をつなぐには、土地利用都市計画側での複数地区計画の隣接や、離れたところの地区計画区域との連携ができるようにすべきではないか。

　都市再生特区で用いられた、やや超法規的な方法と特例容積率適用地区、特定防災街区特定地区、防災街区地区計画などを重ねて、緊急防災の、強い公共性の網掛けのもとで、建築基準法の特例敷地方式ではなく、アメリカの開発権認定方式を創設し、それを市場取引できるようにすることも新たな制度設計の

課題である。

　アメリカのTDRのような手法が活用できるようにするには現行制度の大幅な拡充が伴うが、例えば、シアトルの飛び容積移転制度である「開発移転信託（Transferable Development Credit: TDC）」のような制度を実現できないであろうか。これを参考にすれば、密集地の容積を出す側とそれを受ける側を別々の地区計画をかけて関連させ、受ける側と出す側の行政区域が違っても、それぞれの自治体が共同決定することで容積移転できるかもしれない。

　東京区部の密集市街地は大震災で数万人から十数万人犠牲者がでる危険性が高いと見込まれている。また、首都機能や国際金融センター、国際ビジネス拠点としての災害直後からの業務の継続も必要である。東京の密集市街地整備はその経済力を活かして緊急に整備しなければならないのである。

　大地震災害危険性の緊急性を理由に、一定の優先的整備ゾーンでは超法規ゾーンが指定できれば、様々な可能性が考えられる。例えば、開発権を自由に取引できる公設市場をつくたり、容積バンクも実現可能ではないか。非住居系と住居系の床価格の開差（容積譲り渡し地と譲受け地での容積、つまり建物床の市場価値の開きが大きいこと）や用途・容積移転の技術的な問題も開発権として扱えば解決する。また、密集市街地整備で、アメリカのゾーニング・ロット制のような建築敷地の台帳管理を実現することもできるはずである。

　　　補注
　　　1）本稿の法制度に対する解釈は、必ずしも一般的な解釈ではなく筆者個人の見解にわたるものであること、また、内容の一部は日端康雄（2002年）編著「建築空間の容積移転とその活用」での、筆者の論考の延長にあることをお断りしておきたい。
　　　2）クロッス法はイギリスで初めて、劣悪な不良住宅地をスラムと認定して、それを全面的に除却することを定めた法律。
　　　3）日端康雄（昭和59年）「市街地の改善」pp.202-204参照
　　　4）密集市街地の量はその定義によって幅があるが、必ずしも共通した基準があるわけではない。この数量については都市再生機構の資料をもとに推測したものである。
　　　5）都市再開発方針は昭和55（1980）年の都市再開発法改正により創設されたものであるが、再開発の必要性と可能性を二次元の直交座標軸上で評価して、必要性のある区域と事業などの可能性の高い区域を指定することとされた。法令との関連で、前者を1号市街地、後者を2号地区と呼ばれた。しかし、実際上、その中間ゾーンが多く、それが通称1.5号地区とよばれた。（計画図

では違った表現が使われる。）例えば、東京区部はほぼ全域が一号市街地に指定され、1.5号地区、2号地区が地区単位に指定されている。これらの区域指定は利害関係者を拘束するものではなく、行政主体の方針である。
6) 日端康雄（2002年）「建築空間の容積移転とその活用」p.7参照
   柳沢厚・山島哲夫（2005年）「まちづくりのための建築基準法集団規定の運用と解釈」参照
7) 一建築敷地に複数の建物が所有敷地単位に建てる場合には例外規定（一団地の総合的設計制度（昭和25年）、連担建築物設計制度（平成10（1998）年））がある。
8) 再開発に関わる建築基準法の主な特例制度を挙げると、一団地の総合的設計（法第86条第1項）昭和25（1950）年／特定街区（法第60条）昭和36（1961）年／高度利用地区（法第59条）昭和44（1969）年／総合設計（法第59条の2）昭和45（1970）年／用途別容積型地区計画（法第68条の5の3）平成2（1990）年／誘導容積型地区計画（法第68条の4）平成4（1992）年／容積適正配分型地区計画（法第68条の5）／街並み誘導型地区計画（法第68条の5の4）平成4（1992）年／高層住居誘導地区（法第52条法第57条の5）平成9（1997）年／連担建築物設計制度（法第86条第2項）平成10（1998）年／都市再生特別地区（法第60条の2）平成14（2002）年／高度利用型地区計画（法第68条の5の2）などがある。
9) 渡辺俊一（1993年）「アメリカの土地利用規制」参照。なお、戦後初期に、イギリスを筆頭にしてヨーロッパ諸国はゾーニング制を廃して開発権の国有化などの土地制度の改革とともにプランニング・コントロール制に転換した。ゾーニング制は撤廃されたが、プランニング・コントロール制を補完する程度に土地利用規制手法の一部として使われている場合がある。
10) 伊藤滋・小林重敬・大西隆（平成16年）「欧米のまちづくり・都市計画制度サステイナブル・シティへの途」pp.72-74（保井美樹執筆）参照

＜参考文献＞
［1］日端康雄　市街地の改善「新建築学大系19市街地整備計画」彰国社　昭和59年（1984年）所収 pp.149-230
［2］渡辺俊一　アメリカの土地利用規制、原田純忠他編「現代の都市法」東京大学出版会　平成5年（1993年）所収 pp.460-484
［3］日端康雄編著「建築空間の容積移転とその活用」清文社　平成14（2002）年
［4］柳沢厚・山島哲夫編著「まちづくりのための建築基準法集団規定の運用と解釈」学芸出版社　平成15（2005）年
［5］伊藤滋・小林重敬・大西隆監修　欧米のまちづくり・都市計画制度　サステイナブル・シティへの途　第1部第1章アメリカ（保井美樹執筆）ぎょうせい　平成16年（2006年）pp.72-74

第 3 節

地区間連携による密集市街地整備の構図

遠藤 薫・東京大学

1. 投資案件としての密集市街地整備

　密集市街地にどう向きあうか。なかなか進まない密集市街地整備に対して、これを何とかしようと、多くの労力が注がれ、様々な提案もされてきた。この中で、地元の方々の自主的で良好な建替えを促し、まちづくりに結びつけることが必要であるという趣旨の提案に多くの賛同が集まったと思う。もちろん地元の方々の自主的なまちづくりということは、非常に重要で尊いものである。これに異論はない。が、1つ気になることがある。

　密集市街地整備が進まないのは、密集市街地は民間デベロッパー・資本にとって投資先としての魅力がなく、建替えが活発ではないことに原因がある。彼らが見向きもしないので、自主的な地元の投資が必要であるということであるとしても、そうだからといって必ずしもその可能性が高まるわけではない。むしろ、民間デベロッパー・資本の活発な投資が期待できることを背景として、自ら資金を調達して開発に乗り出しても安心、あるいは有利であると判断できるときに、地元自らのまちづくりの可能性も高まるということではないのか。そして、その投資が落ち込むとき、地元自らの資金調達・投資意欲は、さらに冷え込む。

　そこで、地元の自主的な投資、建替え活動は、一方で、民間デベロッパーが活発に投資するほどの魅力があって触発される。それが期待できないところでは、地元の投資は必ずしも期待できないということとしよう。過去に景気が好調であったときですら密集市街地への投資は鈍かった。まず、民間デベロッパー・資本の活発な投資を阻んできた要因は何か、そして密集市街地整備につながる良好な投資を活発にするためにはどうすればいいかいうことに焦点を当ててみる必要がある。そこから、単に民間デベロッパー・資本だけではなく、

地元関係者も含め、動機適合的なまちづくりの構図をどのように描くことができるかという順序で考えてみることも必要である。

まず、東京の密集市街地が広がる地域の不動産市場は、決して魅力がないわけではなかった。この地域の地価が有意に低いということではなく、それどころか、基本的には都心に近いということを反映した評価がなされてきた（図表3-3-1参照）。分譲集合住宅の販売価格をみても、特に密集市街地が広がる地域で低いということではない（図表3-3-2参照）。不動産市場としての魅力は基本的には備わっている。

とすれば、やはり、密集市街地は、潜在的な魅力はあるものの、適地が少ないため、投資活動が抑えられてきたということである。当然、共同化事業などに持ち込むことにより、開発のスケールメリットを生み出して適地を開拓するということに労力が傾けられてきたが、そのための合意形成に膨大な時間がかかる。そして、仕立て上げのためのコストがいくらになるのか確実な見通しが立てられないことに投資活動が活発ではないことの大きな要因がある——ということが広く認識されていると思う。

本節では、このような認識があることから出発して、密集市街地整備のため

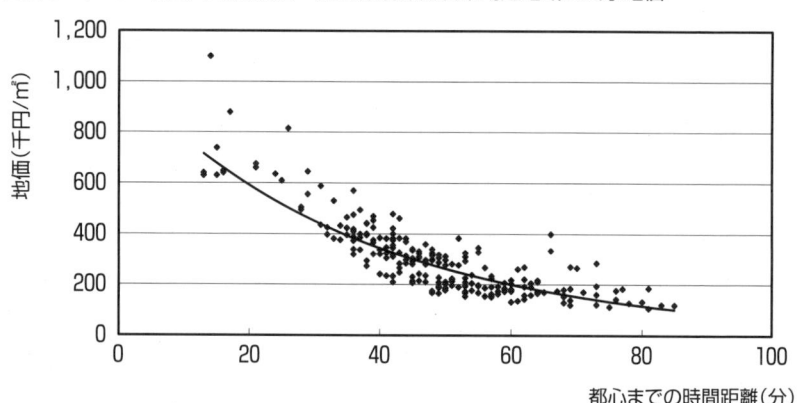

図表3-3-1　東京の地価構造　京王線沿線住居系用途地域の公示地価

・東京都内で完結している京王線を取り上げ、同線駅を最寄駅とする住居系用途地域における平成20年1月1日の公示地価の分布を示した。
・横軸の時間距離とは、公示地点から最寄駅までの徒歩時間と、最寄駅から都心（ここでは新宿駅）までの所要時間の和とした。
・この沿線で、密集市街地とみなされている地域は、時間距離で10〜20分の区間に広がっている。

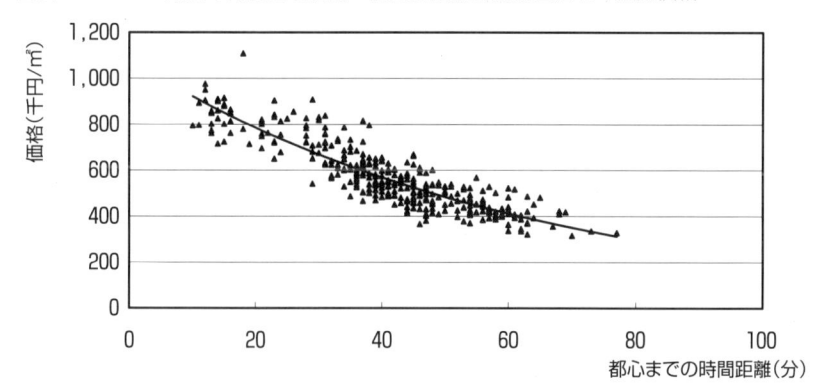

図表3-3-2　東京の分譲住宅価格　京王線沿線分譲集合住宅の販売価格

・京王線の駅を最寄駅とする平成12年度から平成20年度の間に販売された分譲集合住宅の販売価格（専有床面積1㎡当たりの価格）の分布。
・横軸の時間距離は、図表3-3-1と同じ。
・この沿線で、密集市街地とみなされている地域は、時間距離で10～20分の区間に広がっている。

に容積移転というツールの導入に工夫を凝らして、効果の高い地区間連携を図るということを、具体的に事業の仕組みを通して検討してみる。そして、民間デベロッパー・資本だけではなく、地元関係者にも動機適合的な密集市街地整備の構図を描くということを主題として考えてみる。

2．密集市街地整備のための容積移転の問題点と可能性

（1）良好な投資を促す容積移転に対する期待

　密集市街地では零細な権利が集積しており、なかなか開発が難しいとされてきた。しかし、市街地再開発事業をみると、随所で零細な権利の集積を対象としてきた。再開発は、決して密集市街地整備とは別々の地域で展開されてきたわけではない。第2章第2節で事例として紹介した荒川二丁目地区にみられるとおり、同一の地区において、整備の進み具合がまったく異なることも多い。このとき再開発は、必要に応じて街路・広場等の基盤も合わせて整備することを組み込んで区域を明快に設定する。そして、ここに労力を集中する。

　これに比べると、密集市街地では、高度利用を実現するコンパクトな区域を設定することが難しく、このことが整備が進まないことの1つの大きな要因となっている。どこに区域の境界線を引けばいいのか手掛かりがない。どこまで

整備すればまちづくりが完了するのか。ただでさえ多くの零細な権利が集積している。まちづくりへの効果を求めて区域を設定しようとすると、どこまでいってもきりがない。それは、円滑な合意形成ということから、どんどん遠ざかっていく。

そこで、区域を縮小し、小規模な事業を積み重ねるという考え方に傾く[1]が、の事業の整備効果は薄れていく。規模が小さいということは、投資案件としての魅力、個別建て替え更新に対する優位性が薄れていくことでもある。特に、木造3階戸建てミニ開発に席捲されてしまい、小規模な事業に傾くことが、むしろ現実味を失っていくことになる。

この事業区域の小規模化ということの整備効果を補うものとして、従来、いわゆる小規模連鎖型事業が提案されてきた。これは、個々の区域は小規模でも、これを連鎖・連携させていけば、まちづくり効果が得られるというもので、多くの関係者が取り組んできた。連鎖させることにより、共同建替えなどをスピーディに展開し、民間デベロッパー・資本にとっての投資案件としての魅力を生み出す。そして、さらに連鎖する良好な後続事業を誘発し、まちづくりの効果を高めていくというもくろみであった。

しかし、これらの提案、実践において、連鎖・連携ということに関して、具体的な手法に関する考え方が曖昧ではなかったか。長年にわたって取り組んだ結果、いくつかの事業が実現し、優れたまちづくりにつながった事例はあるものの、多くは意図したほどの広がりはみられず、所期の整備効果を上げられなかったのではないか。

連鎖・連携というまちづくり方策は、複数の事業の偶然の集積を期待するということではない。連鎖・連携のための具体的、意図的な仕掛けが必要である。ある発端となる先行する事業にとって、連鎖・連携させることのインセンティブがあって、初めて次につながり、地域の自律的ないくつかの事業に発展していく可能性が生まれる。その具体的・意図的仕掛けとは、そのための、そうはしない場合に比べた格別の効用を生み出すものでなければならない。そして、まちづくりに伴う費用の分担と享受する効用の間にバランスがとれている、つまり開発利益の適切な配分ということがなされていなければならない。

この開発利益の適正な配分という点で、飛び地容積移転とは、2つの離れた地区が、余剰容積利用権のやり取りにより関連づけられる。余剰容積の移転に

関して、市場メカニズムを通じた相対の交渉の中で、開発利益の適切な配分が可能になる。これは、連鎖・連携ということを直截に実現する手法ということが言える。しかも、余剰容積の移転だけでよいので、2つの地区の実際の土地利用転換が同時に起こる必要はない。当面決断がつかない当事者の意思決定にも柔軟に応じることができ、円滑な合意形成につながるのではないか。事業の区域設定に苦しむ密集市街地整備において、複数の地区を具体的に連鎖・連携させることができ、大きな整備効果を上げる有効な方策になるのではないか。そこには、当事者双方がWIN/WINの関係に立てる、動機適合的な開発利益の配分という仕組みが組み込まれているので、民間デベロッパー・資本の投資にも道を開く。そして、そのことが地元を触発し、地元自らのまちづくりの可能性も広げるということにつながっていく――と期待できる。

(2) 容積移転のインセンティブと問題点

　容積移転には、余剰容積を譲り渡す送り出し敷地（Sending site 以下「送り手」という）と、その容積を譲り受ける受入れ敷地（Receiving site 以下「受け手」という）の2種の当事者がいる。そして送り手の余剰容積の評価額と、受け手の利用可能容積の増加分の評価額には開差が生じ、前者の評価額が後者のそれより低い場合に容積移転のインセンティブが生まれる。というのは、相対の交渉から、移転容積の価格は、両者の評価額の中間的な価格として決定される。[1] 送り手にとっては、自らその余剰容積を実現するより、移転によって容積を譲り渡す方が高い価格となり、受け手にとっては、評価額よりは低い価格でその利用可能容積の増加分を獲得することができる。[2] つまり、双方、WIN/WINの関係になるからである。そして、それの開差が大きいほど、それぞれの利得の幅が大きくなるので、容積移転のインセンティブは高まる。

　その開差は、2者の開発条件の差に基づいて生まれる。例えば、人通りの多い表通りに面する敷地と、この裏側の人通りがさほどでもない裏通りに面する敷地では、裏側に余剰容積がある場合、これを無理に自ら実現するよりは、表敷地で実現してもらった方が、その容積の価格は高い。つまり、裏側の余剰容積を表側で活用してもらって、そのことに対する対価をやりとりすることにより、表裏双方がそれぞれに高い価値を見出すということになる（図表3-3-3ケース1）。

図表3-3-3　容積移転模式図

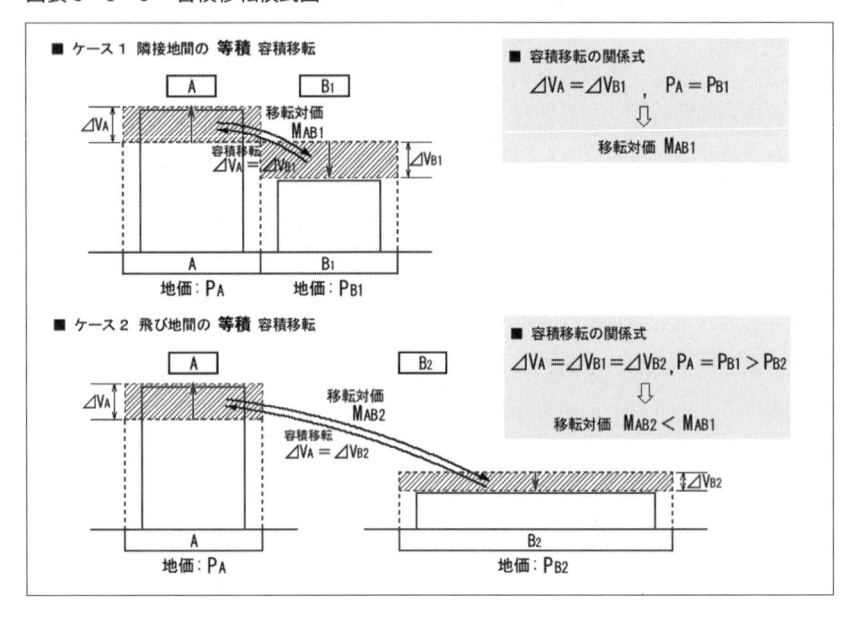

■ ケース1　隣接地間の **等積** 容積移転

■ 容積移転の関係式

$$\Delta V_A = \Delta V_{B1} \, , \, P_A = P_{B1}$$
$$\Downarrow$$
移転対価　M_{AB1}

■ ケース2　飛び地間の **等積** 容積移転

■ 容積移転の関係式

$$\Delta V_A = \Delta V_{B1} = \Delta V_{B2} , P_A = P_{B1} > P_{B2}$$
$$\Downarrow$$
移転対価　$M_{AB2} < M_{AB1}$

　不動産は、個別性が強く、隣り合った敷地ですら開発条件は異なる。これに加えてさらに、送り手、受け手双方が離れている場合はどうなるか。そして、その離隔の程度が大きくなるとどうであろうか。立地という最も開発条件を左右する要因が大きく異なることになる。それぞれ全く別の立地条件を持つほど、基本的には両者の地価水準の差が大きくなり、余剰容積、受入れ容積の評価額の開差は大きくなる（図表3-3-3ケース2）。そして、双方の容積移転のインセンティブは高まっていく。

　しかし、この容積移転のインセンティブが高まることは、同時に足かせにもなる。まず、本来自ら実現するしか活用方法のなかった送り手の余剰容積は、複数の受け手の候補者が、その移転受入れについて競争することによって価格が上がる。そして、市場のメカニズムによって需要と供給が均衡する水準に、その価格は一旦落ち着くかにみえる。しかし、受け手の候補者は、さらに開差の大きい遠隔地の膨大な余剰容積を求めて、本来使いようがなかった余剰容積にも値をつけていく。こうなると需要と供給のバランスを離れて、容積移転が成約するしないにかかわらず、そうした膨大な余剰容積の価格の期待値だけが

高まっていく。すると、地価という市場を円滑に機能させるはずのシグナルが、その役割を果たせなくなる。その結果、容積移転のインセンティブが縮小し、期待したほどの容積移転が実現することはないまま、後には市場に無用の混乱だけが残されるということになりかねない。

　容積移転のインセンティブは必要ではあるが、これだけでは容積移転が実現するわけではなく、多くのハードルがある。この点は、制度上の制約、権利としての安定性といったことについて各章で多角的に検討されているが、そもそも、市場に無用の混乱を招くようでは、社会的には受け入れられないシステムである。今、容積移転は、非常に限定的に扱われている。無制限に進めようとすると、市場の混乱を引き起こし、社会的な公平性も阻害されるという重大な問題につながるからである。従来から、容積移転に関する提言や、検討はなされてきたが、常にこの点での警戒感が拭いきれない。これを克服しないかぎり、密集市街地整備の推進に対する期待感だけでは、広く理解は得られない。

（3）容積移転を導入することの合理性

　そこで、市場のメカニズムが依って立つ容積率規制について考えてみる。そもそも容積率規制が望ましい都市の密度構造の目標を提示しているのであれば、容積移転とは、物理的一体性という厳しい要件の下で、極めて局所的、限定的にしか認められないはずのものである。しかし、その制定の経緯を顧みると、決して目標というものを提示しているわけではない。[2] ここに、容積移転の活用の基本的な意義を見出すことができる。

　従来、発生・集中交通量、供給処理施設容量という観点から、容積率規制が必要であるとされてきた。しかし、これは場所によっては、それらの容量に余裕があるのであれば、容積移転は促進できるのではないかということも問いかけている。確かに住宅の戸当たり世帯人員の減少、あるいは1人当たりの床面積が増加しているという傾向がある。もちろん、未整備の道路は多く、伝統的な発生・集中交通量、供給処理施設容量という広域的な観点からの都市の密度制御は必要であるが、場所によっては稼働率が下がっている、あるいは遊休化している公共・公益施設が目立ってきた。都市への集中、過密が問題とされていた時代から、成熟期を迎え、都市型社会となった。公共・公益施設への過負荷という問題よりも、そうした営々としてつくりあげてきたストックの持続的

な有効活用という観点から、市街地の密度を再構成しなければならないという面も現れてきた。

　そして、本書の東京モデルは、環境負荷に関する負担義務のトレードというコンセプトを基に、市街地の密度構成を再考しようとするものである。そこでは、グローバルな観点からの都心の高度利用の必要性を踏まえ、一方で地区の多様性を尊重し、多様な土地利用を認めるが、それに対する適正な負担ということも視野に入れている。そこで、ここでは、この多様性ということに着目して、密集市街地との関連で「歩留り」と、「容積の質」ということから考えてみる。

　まず、容積率規制は、目標というものではなく、個々の土地利用密度の最高限度を定めるものである。その容積枠のすべてを使い切ることを要請しているわけではなく、そこには歩留りというものが想定されている。特に密集市街地で、この典型例として真っ先に思い浮かぶのは、狭幅員道路に接道する敷地のその前面道路幅員に応じた容積率規制であるが、これのみで説明できるものではない。様々な要因で歩留りが発生し、このことをある程度見込んだ、曖昧な密度制御としての容積率規制が成り立っている。[3] 密集市街地では、戸建て住宅をはじめとして、町工場、路線商店街など、低層であることに価値を見出している土地利用が多い。そして、これらが合わさって歩留りというものに現れる。しかし、個々の地権者はこのことを必ずしも意識しているわけではなく、容積という量を極大まで追求する一部のプレーヤーを排除することができない。これによって限界的な容積の質の低下、全体の容積増に伴う効用の増え方が鈍り、場合によっては集積した容積の質の低下という問題を引き起こしてきたとみることができる。

　容積の質とは何であろうか。これは、市場での床価格ということではない。この市場価格から、その容積を床という形に実現するための建設コストを差し引いた残余、つまり、地価負担力をその容積の質ということとする。[4] いくら市場での床価格が高くとも、建設コストが高すぎれば地価負担力は低い。従って、一定の地価の土地に対して、より多くの容積を稼がなければ、その地価を負担することはできない。一方、建設コストを抑制でき、その分地価負担力が高ければ、同じ土地に対して、それほどの容積の量を詰め込む必要はない。かといって、建設コストを無理に削って、性能の劣る容積を実現しても、市場で

の床価格の方が下がるので、地価負担力、容積の質は低下する。

　通常の開発事業では、限界的な容積の質が低下するとしても、容積の量を増やすほど、全体での地価負担力は増加するので、極大まで容積の量を追求することになりがちである。このとき、容積の量を追求するにしたがい、建物が重装備化し、工期も長くなるなどの傾向にあるので、単位容積当たりの建設コストも高くなっていく。従って、容積増に伴う効用、地価負担力は、容積の量に比例して増加するわけではなく、増え方が鈍っていく（図表3－3－4、3－3－5のA）。

　ここで、密集市街地のような場合、単体の建築物だけに注目するのではなく、周辺の既に実現されている容積の集積も含めて評価することも必要になる。単体の建築物については、例えば、上方向に床を積み上げていくことで、限界的な容積の質は低下するどころか、眺望の優れた質の良い床が増えていくかにみえるが、この突出した容積が、周辺の眺望を阻害したり、圧迫感を与えたりすることも起こる。すると、その限界的な容積を積んだことにより、その容積増の効用は、周辺も含めて考えてみると、実は低下しているということになるかもしれない（図表3－3－4、3－3－5のB）。

図表3－3－4　限界容積の質

図表3－3－5　容積増に伴う効用増

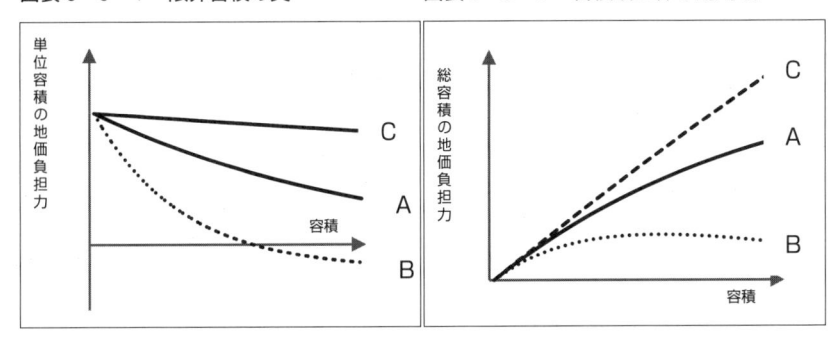

　この容積の質と量の関係を扱うについては、グロス容積率とネット容積率の違いということを改めて理解しておく必要がある。グロス容積率とは、算定の分母に、敷地のみならず公共施設用地も含めて算定する容積率で、感覚的な密度感はこのグロス容積率に依るところが大きい。一方、ネット容積率とは、算

定の分母がネットの敷地に限定されるものであり、感覚的な密度感は、これによって正確に表わされるものではないが、規制という点では、個々の建築敷地に依るしかないので、このネット容積率を扱うことになる。

図表3-3-6　西新宿超高層街の容積率

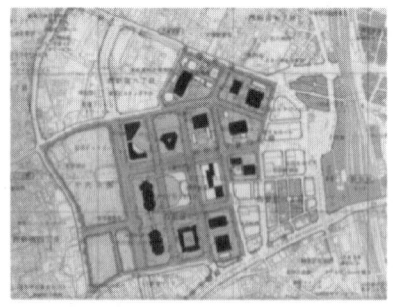

2009年撮影

・左の区域では、宅地19.9ha、公共施設24.2ha、計44.1haである。正味宅地率は45％で、ネット容積率が1000％なので、グロス容積率は450％となる。右写真の密度感は、公共施設も含めたグロス容積率450％という数値に対応している。

例えば、西新宿超高層街の容積率は1000％であるというとき、それはネット容積率を指している。しかし、道路幅員は広く、公園も整備されており、宅地率は区域の取り方によっては50％を下回る街である。従ってグロス容積率

図表3-3-7　丸の内地区の土地利用計画

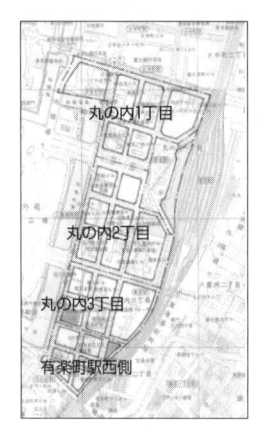

街区名		街区面積	公共施設・宅地の別		宅地率	指定容積率	
			公共施設	宅地		ネット	グロス
		㎡	㎡	㎡	％	％	％
業務街区	丸の内1丁目	33,400	9,600	23,800	71.3	1300％	926％
	丸の内2丁目	17,100	5,800	11,300	66.1	1300％	859％
	丸の内3丁目	13,700	4,300	9,400	68.6	1300％	892％
	有楽町駅西側	10,400	3,900	6,500	62.5	1300％	813％
	合計	74,600	23,600	51,000	68.4	1300％	889％
東京駅		56,900	23,600	33,300	58.5	900％	527％
総合計		131,500	47,200	84,300	64.1	1142％	732％

筆者計測

は500％とも、それ以下ともなり得るのである（図表3－3－6参照）。これをどう理解するべきか。やはり、1000％などという極めて突出した容積率に惑わされることなく、冷静にグロス容積率というもので密度の高低を判断しなければならない——ということであろうか。西新宿は、わが国で初めての超高層街である。そして、まち開きから40年が経過した。そして今なお新たな建設も続けられ、相当の容積が追加されている。

　図表3－3－7は、丸の内地区の土地利用計画である。各街区のネット容積率は1300％まで許容している。宅地率は約60％で、グロス容積率は780％となる。その上、一部の建替え済みの街区をみると宅地内の公開空地率は10％前後に抑えられており、超高層街としてのオープンスペースのとり方と密度構成に、西新宿とは相当異なる新境地が示されている。これに対して、西新宿は、仰ぎ見る超高層ビルに圧倒されることもあったが、今ではむしろオープンスペースが広すぎる、街路と建物が離れすぎており、沿道に表情が出ない、広大さが歩行者に優しくないなどの感想を持たれる向きも多いのではないか。もちろん都心・副都心の業務ビル群の密度は、マクロな都市構造という観点から計画、評価、制御されるべきもので、ここでは超高層街の密度構成について深入りしない。が、丸の内地区のような超高層街の出現を目の当たりにすると、ミクロには、西新宿のような高規格の公共施設が整っている場合、それぞれがネット容積率をさらに追求したとしても、さほど支障はないのではないかと思えてくる。つまり、その限界的な容積の質が低下することはなく、容積増の効用の増え方が鈍らないということが言えるのではないか（図表3－3－4、3－3－5のC）。

　一方、密集市街地は、道路などの基盤が脆弱で、個々のネット容積率は極端に高くないとしても、全体のグロス容積率に差があまりないということが特徴である。だからこそ密集なのである。容積率規制は、最高限度の規制であり、密集市街地では、個々の敷地がそれに向かって容積を追求すると相隣環境に無理が生じる。これを避けようとすると、複雑な形態規制によって非常に無理な形の建築物の集積となり、限界的な容積の質は低下し、容積増の効用の増え方大きく鈍っていく。さらにそうした容積の集積の結果、ストックとして蓄積されてきた全体の容積の質を低下させていくことにもなりかねない。質が低下した不動産ストックといっても、与えられた寿命を全うするまでには、一般の耐

久消費財とは違って、気が遠くなるような時間がかかる。この地球環境の時代に、長期的には資源の大きなロスが生じることにもなる。[5]

このように、密集市街地では、歩留りというものによって、かろうじて質の低い容積の集積を防いできた面はあるが、その歩留りに明快な社会的了解があるわけではない。基本的にはネット容積率規制によって許容される容積枠が既得権と捉えられ、個々の容積増に対する思い思いの行動の結果、容積増の効用の増え方が大きく鈍ることになっていく。とすれば、限界的な容積の質が低い者の容積枠を減らし、密集市街地内で、あるいはその外で比較優位にある者がその余剰容積を実現することにより、社会的にはより質の高い容積が実現されることになる。適正な開発利益の配分により動機適合的に質の高い容積を実現できる者に容積を配分し、そうでない者の容積を抑制するということは、特に密集市街地にとっては理にかなっている。

（4）等積から不等積の容積移転へ

このように、密集市街地内で、あるいは、その内外で容積移転が行われることは合理的である。その一方で、それを促進するために、送り手、受け手の間のインセンティブが大きくなり過ぎると問題を引き起こし、期待したほどの成果が上げられない。とすれば、どうすればいいか。当然、市場に混乱を招かず、当事者にとってのWIN/WINの関係、魅力を失わない範囲でインセンティブを圧縮、調整するということが必要となる。このために、計画的、物理的な一体性という要件を厳しく適用し、双方の容積の質を極力同質なものとすることで、容積移転のインセンティブが過大なものにならないようにするというのが現状のルールである。これによって容積移転を極めて限定的にしているのである。その計画的、物理的一体性という要件を超えて、もっと大胆に容積移転を活用するというのがここでの趣旨である。そのためにはどう考えたらいいのか。

余剰容積を移転するに当たり、送り手の利用可能容積の減と、受け手のそれの増が、当然のことではあるが、わが国では等積であることが前提にある。そしてそのことが両者の評価額の開差が大きくなるにしたがい、市場の混乱という重大な問題を引き起こすことになる。そこで、質の高い容積が実現可能な受け手に、現有容積枠に若干の容積を上乗せし、質の低い容積しか実現できない送り手からは、現有の容積枠から大幅な容積を削減するという考え方をとって

みるのはどうであろうか。つまり、等積という前提を外し、不等積の容積移転を考えてみるということである。

　大きくなり過ぎるインセンティブを不等積にすることにより圧縮していくとしても、それがにわかに消滅するわけではない。送り手、受け手双方にとって魅力のある範囲で調整することはできる。そして、等積にこだわらないことにより、質の高い容積を実現し、質の低い容積枠を大幅に削減する。つまり、送り手、受け手全体としては容積を相当抑え込むことになる。

　ここでしばし東京を離れて、次のような例で考えてみよう。[3]

　全国には、土壌汚染対策費がかさんで、土地を譲渡しようとすると、正味の売却益が極めて少ないという広大な埋立地などの土地が膨大にある。汚染内容によっては相当の価格になる対策費と地価水準を比較すると、中には、土地所有者が負担する対策費が更地価格を上回ってしまうということもあり得ないわけではない。すると、このような土地での余剰容積の価格は、ゼロに極めて近いか、場合によっては下回ってしまうことにもなる。こうした土地の利用転換を図ろうとすれば、土地造成、基盤整備にも膨大な時間とコストをかけなければならない。これに対して、周辺に汚染が広がるということがないような類の汚染状況であれば、放置しておくほうが土地所有者にとっても望ましいということになる。一方、この埋立地から離れて、例えば、駅至近の容積緩和によっても質の高い容積の実現が可能な再開発候補地があるとする。そしてこれらをセットで考えた場合、この再開発地区で、わずかの容積割増しから生み出される開発利益の一部を埋立地に還元することで、広大な土地利用転換を無理やり進める必要はなくなる。そして、合理的に総開発量を大幅に抑え込むことができる。その抑え込んだ土地は、人の立ち入りができない森にしておくことで、カーボンオフセットをも超えた土地利用を促すことができる（図表3-3-8参照）。

　これを容積移転という面から解釈すると、飛び地容積移転に、いわば市場のメカニズムに混乱を来さないための「為替レート」のようなものがあって、「不等積」の容積移転が成立するということになる。すると、このような容積移転は、地球に優しい都市構造の実現、密度の制御という言い方ができ、ここに、容積移転の今日的、積極的な意味を見出すことができる。低炭素社会の実現に向けて、相当に高いハードルが立ちはだかっているものの、世界同時不況を克

服するためのグリーンニューディールという観点からも、これに挑戦していかなければならない。都市構造という面でも相当の覚悟と貢献が必要である。

ここでは、計画的、物理的一体性という要件を超えて、もっと大胆に容積移転を活用するということを考えている。そのためには、まず、容積移転の仕組みとして一種の為替レートを持ち込み、等積という前提から離れて、不等積の容積移転を行うということにたどりついた。もちろん、不等積でありさえすれば、市場に無用の混乱を来さないということではなく、一語で為替レートといっても、その仕組みはそれほど簡単ではない。本章第2節でみたとおり、開発権を認定するなどの制度の確立や、送り手と受け手との区域を公定し、パートナーの選定に一定の制限を設けるような一種の公設の市場を開設することが必要である。その一方で、そのような制度基盤、ルールが社会的に広く受け入れられるためには、先導的なプロジェクトを進め、具体的な形にすることによって、東京モデルの大きな意義を明確に示すことが重要である。

そこで、次に、為替レートの運用、社会的に混乱を生じない仕組みということに焦点を当ててみよう。

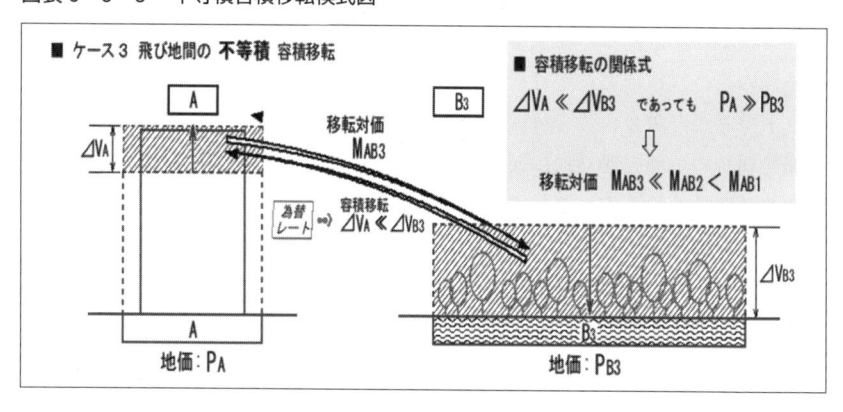

図表3-3-8　不等積容積移転模式図

3. 容積の適正な配分への道のり

（1）規制・誘導手法と相対取引の限界

不等積の容積移転。それは単に容積を量という面だけではなく、的確に質を

反映して扱うということを意味している。これより、容積移転には大きな可能性が拓ける。ここからは、この不等積の容積移転を、容積の質というものを的確に反映するという意味を込めて、適宜、「容積の適正な配分」と呼び、単なる容積移転とは区別していくこととする。なお、地区計画の一種である旧容積適正配分型地区計画では、容積を単に量という面から捉えており、決して容積の質という面には踏み込んでいない。そこでの容積適正配分という言い方とは紛らわしいが、ご容赦願います。

　さて、社会的に混乱を生じない仕組みという観点から、容積の適正な配分を実現するために、どのような手法がふさわしいのか。

　まず、移転容積の送り手、受け手の対象地を特定する、つまり、2つの離れた区域を都市計画で公定し、建築規制がこれをフォローすることは必要である。しかし、区域を公定した後、都市計画・建築規制だけでは、等積ということでなければ制御ができず、不等積ということに対応できない。それは、都市計画、建築規制は、容積の量という外形的で、明快な尺度でしか対応できないからである。質を扱うために、離隔地の容積に、いわゆる為替レートを持ち込むということは、時々刻々変化する余剰容積の価格を評価し、対応しなければならないということであるが、都市計画、建築規制は、この点で不向きである。時間的に変化しない、確定的な社会的ルールを示すことに規制の本質がある。社会的なルールが時々刻々変化するようでは、これをむしろ制度リスクと市場はとらえ、正常な取引を阻害し、社会的な公平性という点でも、大きな混乱を生じることになる。

　一方、時々刻々変化する価格に対応するのが市場であり、その中では、当事者の相対の交渉によって価格が形成されていく。ある時点、ある地点で形成された価格を参照して、別の相対の取引が成り立っていく。しかし、都市の密度構造の制御、社会的公平性の確保という観点からは、市場の相対の取引に委ねるわけにはいかない。それは、一方の当事者の受け手は、自ら移転を受ける容積の量を引き下げる動機はない。一方の送り手にも受け手が獲得する容積の量について関心はない。不等積の容積移転といっても、量の多寡を当事者間の相対の取引で調整されることはない。等積というルールから外れたとき、どのように量を規定するかについては、相対の取引では決めようがないのである。

　このように、都市計画、建築規制、これに市場での相対の取引を組み込んだ

としても、今のところ容積の適正な配分を実現することはできない。そこで、両者をつなぐ都市計画に位置づけられた格別の事業を導入し、これを通して対応するということが必要となる。そこでは都市計画をも事業を通じて当事者に対してカスタマイズする。一方、当事者も公共・公益性を踏まえ、さらに創意工夫を凝らして貢献していく。そして、事業を通じて、公共・公益性と市場メカニズムを両立させ、当事者のインセンティブも確保した上で、容積の適正な配分を実現する。都市計画に位置付けられた事業という、さらに格別のフィールドに限定しつつも、社会に対する公開性を十分に確保し、機動的にケース・バイ・ケースで対応していくということである。

そのような、容積の適正な配分を実現する格別の事業とはどのようなものであろうか。

（2）容積の適正な配分が可能な市街地再開発事業

市街地再開発事業は、1つの計画の下、通常は物理的に一体の区域という制約の中ではあるが、施設建築物の用途その他の性能等を勘案し、容積の量、つまり等積にこだわらず、容積の適正な配分を一気に実現することができる。そしてそれが、具体的な事業、権利変換というシステムに保護されて、財産権を移動させている。これに伴って、容積の適正な配分を実現させることにより、社会的な公平性が担保されている。防災街区整備事業も、基本的な仕組みは市街地再開発事業のそれを準用しているので、容積の適正な配分の実現という点では、同様の可能性を持っている。

もちろん、市街地再開発事業は、離隔地を1つの事業区域として事業が行われていないので、この点はあまり目立たなかったかもしれない。先のバブル経済崩壊後、激変した事業環境に翻弄され、この世界でも多くの関係者が辛酸を嘗めたことを受け、それまでの再開発のステレオタイプを離れて、様々な試みがなされてきた。この中で、身の丈再開発という試みがあり、関係者の間では注目を集めている。これは、容積というものについて、量という面だけでとらえず、質という面を踏まえ、容積の質と量の積で事業性を高めるという、実はごく当然の考え方に基づく事業である。そのうちの1つである芦花公園駅南口地区市街地再開発事業が平成20年度に竣工した。これは、容積の質という面を深く追求し、事業性を犠牲にすることなく、思いのほか容積の量を抑制でき

第3節　地区間連携による密集市街地整備の構図

図表3-3-9　芦花公園駅南口地区市街地再開発事業

所在地：東京都世田谷区南烏山、新宿駅までの所要時間　16分、地区面積：1.96ha、施行者：UR都市機構、平成20年5月竣工
市街地再開発事業区域に対して、実現容積率：グロス容積率　133％、ネット容積率　210％
後背地のUR都市機構団地も含めた地区面積　4.98ha　に対して、実現容積率：グロス容積率　123％、ネット容積率　155％

たという事業で、東京都区部の駅前でありながら、実現容積率が200％程度の低容積型の再開発事業である。このことの意味を考えてみよう。(図表3-3-9参照)

　芦花公園では、戸建て権利変換を導入した。都市再開発法には共同化という用語は登場しない。1個の施設建築物が、複数の敷地にまたがることなく、1つの敷地に存することが原則である。しかし、その施設建築物の所有者が1人であり、存する敷地の所有者と同一であることは排除していない。つまり、土地と建物の明快な所有関係ということが法の趣旨であり、戸建てでも構わない。[6]

　戸建て施設建築物。容積という量は稼げないが、質の高い容積を追求できる。一方、共同ビルは、質という点では戸建てに劣るが、量を稼ぐことができる（図表3-3-10参照）。そして事業性とは、質と量の積が問題となるのであって、量を抑え、質の高さを追求した方が、事業性が向上することがあり得るということなのである。そこでの容積の質とは何であったか。芦花公園では、戸建てといっても庭付きの住宅ということではなく、戸建てビルが主体となっている。居住性とか接地性ということは脇に置いて、次の3つの要因が決め手になったと考えられる。

201

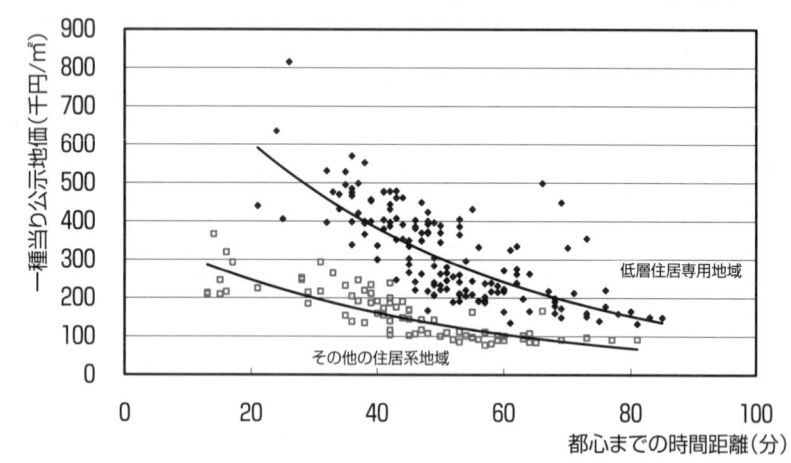

図表3-3-10　京王線沿線の住居系用途地域の容積率100％当たりの公示地価

- 図表3-3-1を作成したデータを基に作成。公示地点を低層住居専用地域とそれ以外の住居系用途地域のものに分け、それぞれの公示地価をその地点の指定容積率で除した値を容積率100％当たりの公示地価とした。
- 低層住居専用地域とそれ以外の住居系地域で、見事に分離しており、低層系、戸建て住宅が主体の地域の容積率100％当たりの評価単価は、それ以外の集合住宅が最有効使用であるとみなされる住居系地域のそれよりも相当高く、戸建て住宅の容積の質の高さを表している。

　まず、軽装備であること。特にレンタブル比が戸建ては高い。例えば、超高層住宅は莫大な容積を稼ぐことはできるが、レンタブル比が低く、正味の単位容積を実現するために要する建設コストは高い。この正味容積実現コストが抑えられれば、その容積の地価負担力は上がる。決して地価は高いほど良いということではない。単位容積当たりの地価負担力が高いという意味で質の高い容積であれば、一定の地価の土地を、より少ない量の容積を実現することで事業が成立する可能性が生まれる。

　次に、将来の更新性。将来、建替え、大規模修繕を行うとき、関係権利者数が限定されるビルの方が、それが多数にのぼる大規模な共同ビルよりも意思決定の円滑さという点で優れている。その意思決定の容易さということは、権利者の意識にも反映され、現在価値に置き換えられる。共同ビルであれば、よほどの量が取得できないと納得できない。そのこととの比較、裏返しとして、戸建てであれば、合理的に、つまり権利者の主体的、前向きな選択の結果、権利変換比率を抑制できる。当面、容積を使い切らなくても、余剰の容積は、自ら

の意思だけで活用する決定が可能で、将来に留保できる。いわば将来の更新オプションを行使できるということである。これは戸建てのほうが単位容積当たりの用地持分が大きくとも納得できる、つまり、地価負担力という点で容積の質が高いということである。

3つ目は、リスクの大きさ。単位容積当たりの地価負担力の高低が、床価格の変動という不確実性に基づく事業性のボラティリティに影響する。同じ床価格の不確実性対して、単位容積当たりの地価負担力が低い方が、事業性のボラティリティは高くなる。これがどうやら地価負担力に比例して影響するということではなく、それを越えて極めて高い感度で効く。事業者は、その不確実性に備えるために相応のプレミアムを見込まざるを得ない。従って、容積の質が低い場合、容積を稼いでも、従前資産評価が比例して上がらない。容積増の効用の増え方は鈍っていく。[4]

図表3-3-11 芦花公園駅南口地区の密度構成

	従前			従後			
	面積 m^2	構成比 %	指定容積率 %	面積 m^2	構成比 %	指定容積率 %	実現容積率 %
宅地	17,640	90.0	169	12,450	63.5	268	210
公共施設	1,960	10.9	0	7,150	36.5	0	0
合計	19,600	100	152	19,600	100	170	133

出所：都市再生機構資料による。

容積の質の違いとは、個別性が強い不動産の本質的な性質である。不動産を評価する立場からは、当然その違いには敏感に織り込んできたのであった。しかし、従来、デベロップメントの世界では、多々益々弁ずという容積に対する信仰があった。これは、多少の限界的な容積の質の低下、容積増に伴う効用の増え方がやや鈍っていくことはあるとしても、やはり量を稼ぐことが、事業性を上げることにつながると認識されてきたからである。そして、まず、量の最大化がありきで、どちらかといえば受動的に質を評価してきたのではなかったか。評価に基づいて、計画をつくり直すということに、プランナー、デベロッパーは柔軟であったであろうか。

芦花公園では、将来の更新オプション、事業性の不確実性を吸収するための

リスクプレミアムといったことまで織り込んでいくと、むしろ容積の量を抑えてでも、質を追求することによって事業性が上がるということもあり得ることを示した。先に、一旦、容積の質というものを、市場価格から、建設コストを差し引いた地価負担力としたが、このコストには、リスクプレミアムの多寡はもちろん、将来の維持・管理費用、流通価格、さらには更新の難易度などの現在価値も加えて認識されるべきものである。今後、マンション建替えをはじめとして、つくり上げてきたストックの寿命の長さ、更新の難易度ということが、当たり前のように市場で評価されることになっていく。ますます市場はこの容積の質というものに敏感になっていく。

そして、離隔地の容積移転を扱うとき、さらにその容積の質の違いということは白日の下にさらされる。第4節では、容積移転に伴う容積の質について、さらに詳しく扱っている。芦花公園駅南口地区では、こうした容積の質に関する多面的な性質を反映したことにより、量のみにとらわれない容積移転、容積の適正な配分ということに進化していく可能性を開拓したものと評価できる（図表3-3-11参照）。

しかし、飛び地容積移転、容積の適正な配分ということの可能性を広げるためには、何といっても離隔地間でのその可能性を追求することが必要である。次に、この点での可能性ということに焦点を当てて考えてみる。

（3）飛び地でのツイン事業の可能性

土地区画整理事業の長い歴史の中では、離隔地を1つの事業とした、いわゆる飛び区画整理という実績がある。

例えば、名古屋ではこうした飛び区画整理事業で、工区間飛び換地が換地照応の原則に反しないとされた訴訟事例がある。[7),8)] この事例では、換地率が約5.7％にすぎず、さらに清算金が徴収されるという、異常に高い減歩率（換地率が5.7％なので、減歩率は94.3％）をもってされた工区間飛び換地が、換地照応の原則に反するのではないかという点が争点となった。裁判の結果、山林であった従前地（千種第四工区に所在）に対して換地率約5.7％で、駅（名古屋駅）近くの工区（中村第一工区）に工区間飛び換地し、さらに清算金を徴収したことが、土地区画整理法第89条第1項に規定する換地照応の原則に反しないと判示された。[5]

第3節　地区間連携による密集市街地整備の構図

　飛び換地自体は、土地区画整理法も認めている。施行区域が離れた2つ以上の区域からなる事業で、ある区域から別の区域への飛び換地について、区域が異なることが問題となるのではなく、位置、地積、環境等の他の要素を総合的に考慮して換地照応が判断されることになるということである。[5] 判決では、飛び換地自体に当事者間で争いがないことを踏まえた上で、「…従前地付近一帯は…ほぼ山林といってよいような状況であったのに対し、本件換地付近一帯の土地は、名古屋駅近くの市内中心部にある宅地であり、…両土地の評価には大きな隔たりがあったことなどからすると、被告が本件においてなした算定方法が適正なものである以上、高い減歩率になったとしても、やむを得ないというべきであり、本件換地処分が地積の点で照応原則に違反するものとは認め難い。」としている。

　また、コンパクトシティの形成、スマートシュリンク（都市の賢い縮退）ということを「集約型都市構造の実現に向けて」と銘打ち、「都市交通施策と市街地整備施策の戦略的展開」と題して、飛び区画整理を活用すべきことが、社会資本整備審議会でも提言されている。そこでは、「多様で柔軟な市街地整備手法の提示と活用」という認識の下、「既成概念にとらわれない市街地整備手法の運用」、つまり「柔らかい土地区画整理事業」の一手法として「事業施行上、密接不可分な関係にあれば、飛び施行地区を設定」ということが掲げられている。[6]

　離隔地を1つの事業区域とすることについては、都市再開発法においてもこれを排除してはいない。都市再開発法第76条第2項に、「二以上の施設建築敷地がある場合において、各宅地の所有者に与えられる施設建築敷地は、当該第一種市街地再開発事業のうち建築敷地及び公共施設の整備に関する事業を土地区画整理法による土地区画整理事業として施行したならば、当該宅地につき換地として定められるべき土地の属すべき施設建築敷地とする。」と規定されている。「土地区画整理事業として施行したならば当該宅地につき換地と定められるべき」とは、「主として土地区画整理法第89条第1項の照応の原則を指すが、照応の原則を援用するものではなく、特別な換地などを含めた土地区画整理事業の一般原則のすべてを採用するものと考えるべきである。」と解釈されている。[7] 従って、この離隔地を1つの事業区域とする点では、土地区画整理事業の考え方を準用するという組立てになっている。

そうすると、「事業施行上、密接不可分な関係にあれば、飛び施行地区を設定」と指摘されているとおり、[6] 密接不可分の関係がある離隔地の位置づけが得られるのであれば、離隔地を1つの事業区域とする市街地再開発事業は可能である。

　市街地再開発事業、防災街区整備事業は、権利の保全、流通といった運用面も含め、不等積の容積を交換するシステムを内包している。これは規制・誘導方策と市場メカニズムに従った相対の取引をつないで、不等積の容積移転、容積の適正な配分を実現する貴重なツールとなり得る。これを踏まえて、市街地再開発事業を離隔地間でのツイン事業として展開するという市街地再開発事業の応用というルートから迫るのが、容積の適正な配分を実現することへの、今のところ近道である。

（4）種地活用と容積の適正な配分

　このように市街地再開発事業は、離隔地間でのツイン事業という可能性はあるとしても、それらが同一の事業であることの制約はある。この点で、離隔地間という可能性を保ちつつ、事業期間の異なる別事業での容積の移転、適正な配分ということを考えてみよう。種地を活用し、密集市街地整備を実現したという事例が第2章第2節で紹介されている。この中から、神谷一丁目地区（東京都北区）を取り上げて、その種地活用を、事業期間の異なる、離隔地間・別事業での容積の適正な配分という観点からとらえてみる。

　この事業は、昭和54年、住宅・都市整備公団（現UR都市機構）が、不整形で接道条件の悪い工場跡地を取得し、これを種地として活用することで、隣接する密集市街地の道路網を整備した。そして、これを手掛かりとして、様々な事業を組み合わせながら密集事業を展開し、まちづくりを完了させている。[8]

　この種地を活用せず、単独で開発した場合は、極めて不整形な大規模低未利用地に、かなり無理をしたマンション開発が実現した可能性が高い。ここで、かなり無理をしたということの意味は、単に形のいびつなマンションがそそり建ったということにとどまらず、質の低い容積が、そうであるからこそ大量に実現することになることを意味する。そして、隣接の密集市街地は、依然として密集市街地のままであったであろう。

　これに対して、神谷一丁目密集市街地整備の結果、その密度構成は、図表3

第3節　地区間連携による密集市街地整備の構図

-3-12のように、種地の先行開発街区では、従前の指定容積率が200％であったところ、300％への緩和措置を受け、これに対して250％程度の容積率の団地が建設された。いびつな形状の敷地に無理やり容積を実現するということではなく、団地にとって素直な形状の敷地を切り出して、無理のない容積を実現している。一方、種地における移転者向け代替地では、戸建て建築物を受け入れている。この区画では実現容積率は指定容積率の300％を下回って150％程度と推定されるが、戸建て系の容積の質の高さがこれを補って余りあるのではないかと考えられる。従前の密集市街地は、300％の指定容積率に対して、容積の質を維持しつつ、グロスでは200％を相当下回る土地利用が実現している。

　つまり、種地での、先行した団地建設事業、周辺市街地整備に活用するための代替地等の整備事業、及び密集市街地内の整備事業が、時間差のある別事業として展開された。代替地等の整備事業がブリッジとなって具体的に種地と周辺市街地が結びつけられているということである。そして、時間差のあるこれらの事業を、必要に応じて容積の適正な配分というツールを駆使して、具体的に関連づけ、広くまちづくり効果を波及させ、密集市街地における効果の高い市街地整備を実現したという見方ができる。[9]・[10]

図表3-3-12　神谷一丁目地区土地利用計画
▼従前の土地利用　　　　　　　　　　▼従後の土地利用

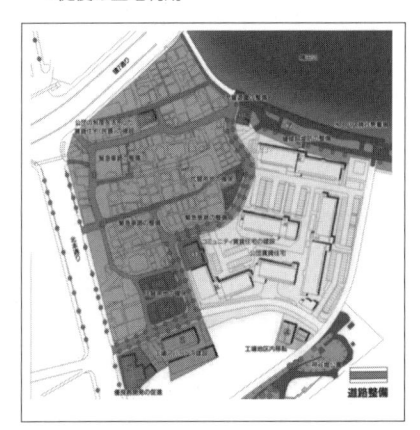

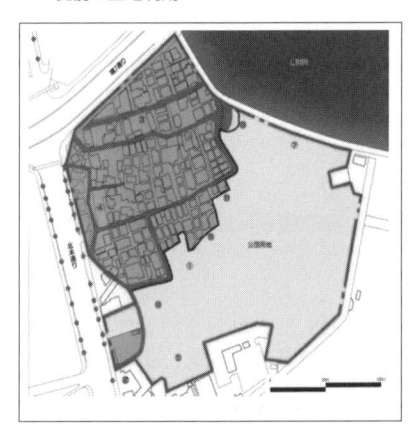

幹線道路沿道を除いて指定容積率は200％であった。従前200％指定に対して、用途地域の変更に合わせて、300％の指定容積率となった。しかし、道路等の公共施設の整備が格段に進み、グロスでは250％程度であり、この枠の中で、メリハリのある密度の土地利用がなされている。

ただし、離隔地を1つの事業区域とするツイン再開発事業と比較すると、1つの事業とするという制約からは解放されるが、別事業の時間差に対応するための機会費用、リスクを何らかの形で吸収しなければならないという課題がある。折角、移転希望者用の戸建て住宅向け代替地を確保したとしても、これを密集市街地整備に関する関連事業の機が熟すまで、その譲渡を留保するということには費用も発生し、価格の変動という市場リスクにもさらされる。確保した代替地の譲渡を速やかに行い、それらの機会費用を抑え、リスクを回避しようとしても、関連事業の機が熟していなければ、移転を意思決定しようとする地権者が、これには応じられない。神谷一丁目地区では、当時の住宅・都市整備公団（現UR都市機構）がこのようなリスクを取り、社会的に大きなリターンを獲得したのであった。この点に留意する必要はあるが、容積の適正な配分によるまちづくりという点で、種地活用型地区間連携事業というものも、もう1つの有望なルートである。

図表3-3-13　神谷一丁目地区における連鎖・連携の仕組み

写真1は、代替地に移転した地権者の2～3階建て戸建て住宅による土地利用の例。従前と同様の生活・営業環境の下で同様の資産形態の資産を再建している。写真2は、従前居住者用賃貸住宅で、これを活用して密集地区内のいくつかの建替え更新が進められた。
図3は、そのうちの1つである共同化事業。

4．容積の適正な配分による密集市街地整備の構図

（1）レシーバーについて

　ここまでは、密集市街地整備という錦の御旗の下、余剰容積の受け手の周辺環境に対する思わぬ悪影響ということについて、あまり触れないまま進めてきた。容積移転ということがなければあり得なかったような悪影響が受け手の敷地の周辺に及ぶようでは、それがいかに広く公共・公益性があるとしても、少なくとも周辺の関係者には、なかなか理解はされないであろう。

もちろん、受け手の敷地に設けられる建築物の高さなどの外形に表れる建築物の形態が、周辺市街地にも受け入れられるようなマイルドなもので、周辺環境の思わぬ悪化を招かないということであれば問題はない。が、通常、移転容積の受け入れによる容積増に伴い、そうではない場合に比べて何らかの影響が現れる。この場合、道路などの基盤が整っている、あるいは商業・業務系の土地利用が主体で、建築物の外形が高層化、大規模化しても、それが環境悪化として問題になることがない、または、周辺の地権者も容積移転により実現容積を増やす同様の機会に恵まれているというような場合であれば、周辺の関係者にも理解が得られる土壌にはなる。本章第1節での類型に即していえば、類型1、2において、このような受け手を見つけだすことはむずかしく、類型3〜5については、そのような受け手の存在は想定できるとして各章で検討している。

　極めて限定的に扱われている容積移転の現状を踏まえると、この枠を少しでも広げようとするとき、余剰容積の送り手と受け手が離れていないほど現実味が高い。が、周辺環境への影響という点で、密集市街地内で余剰容積の受け手をみつけだすことは、確かに容易ではない。とすると、類型1、2のような密集市街地完結型の容積移転の展望は暗いのであろうか。そうでもないと思う。ここでは、まず、類型1、2を補強するという趣旨で、移転容積の受け手の周辺環境への影響、そして共同化事業の推進ということを検討してみる。

　容積移転というと、受け手の建築物の高さが、周辺市街地とはかけ離れたものになるという直感が働いて、これを積極的に活用することに二の足を踏まれる向きが多いのではないか。しかし、容積率の高低と、建物高さは、必ずしも連動しているわけではない。容積率とは、延べ床面積／敷地面積である。また、延べ床面積は、簡単に言えば階数×建築面積ということである。従って、階数を増やすことは1つの選択肢ではあるが、建築面積を増加させること、敷地面積を減らすことでも容積率という数値は上がる。これは単なる数式上の可能性を言っているのではない。敷地と建物の相性が良ければ、階数が低くとも、非常に容積率が高いという街並みはある。

　　容積率＝延べ床面積／敷地面積

　　延べ床面積≒階数×建築面積（正確には、各階延べ床面積の合計）

図表3-14　パリの街並み

▲パリ5区サンジェルマン通り沿いの街並み　　▲エッフェル塔からのパリの鳥瞰（1993）
　（2009撮影）　　　　　　　　　　　　　　　　（写真提供　㈱環境設計研究所）

左の写真は、オースマン様式に則った6階建て程度の街並みで、壁を接して稠密に建ち並んでいる。この街並みは、エレベーターが普及するはるか以前にでき上がっており、当時としては、個々に動機適合的に可能な限り高層建築物を追求したものと見受けられる。各住棟は、表は通りに接し、裏側に若干のオープンスペースを確保している。脇は壁を接しており、建蔽率は80%を超えるようなものが多く、個々には400%以上の容積率となっていると推定される。このように、敷地と建物の相性がよければ、この程度の高さであっても、相当の高容積率となっている。

　例えば、ヨーロッパ都市の街並みとして多くの人々にイメージされるのは、ヒューマンスケールで統一された高さの建築物が連綿として建ち並ぶという姿であろう。が、個々の建築物の容積率は意外なほど高い。つまり、そうした街並みでは、敷地と建物の相性が良いということである（図表3-3-14参照）。相性が悪ければ、建築計画に無理が生じることに構わず、いびつな形状の建物としたり、とかく高さを追求せざるを得なくなるのであるが、これらの街並みは、建物形状を踏まえた上で敷地割を施しているように見受けられる。
　建築物は、人のからだの寸法との折合いよく、人々の日常の何気ない動作に優しいモデュールを基に、直角、垂直を基本としてレイアウトを追求するものであり、能動的に相性を合わせることには不器用な面がある。そこで、敷地側からも建物にフレンドリーな形状を提供するということを追求しないと、この相性の良さはなかなか実現されない。この敷地と建物双方から相性の良さを追求するということは、ヨーロッパ諸国の都市住宅の発達の歴史において共通の現象であった。それは、昇降機等が普及するはるか以前、上方向にボリュームを増やすことに技術的制約があった時代に都市化が進んだからである。そこでは、都市への人口集中に伴い高度利用を余儀なくされ、限界まで建物の高さを

追求しつつも、敷地と建物双方から相性の良さということを実現することに向かったということなのではないか。

　ひるがえって、東京の密集市街地は、基盤が非常に脆弱で、敷地割に規則性が乏しく零細であり、個々にはとても建物に相性の良い敷地を提供できるという状況にはない。相性の良さを追求することを脇に置いて容積率を追求すると、どうしても上方向へ建物を伸ばすということになりがちで、このことを昨今の規制緩和が可能にしているという面もある。

　それでは、その大本の基盤を全面的につくり替え、建物と相性のいい敷地割を提供することに向かうのかと言えば、これには現実味が全く乏しい。このことから、一方で、個別の建替えを少しでも良好なものにするという対照的な提案が多くなされることにもなっている。それは建物側だけで良好なものとすることであり、単に高さや容積を抑制するという動機適合的とは言えない考え方に陥りがちではなかったか。これら両極の考え方がカバーし切れていないギャップは非常に大きい。その中庸での現実的、効果的提案、何らかの必要最小限の整備資源を発掘し、これを活用して、具体的に整備を進め、その効果を波及させていくという提案が必要である。

　このとき、ここでみたように、その発掘した整備資源を事業化する場合、周辺市街地になじめる、周辺環境との軋轢の少ないものであることは、決してあり得ないことではない。ただし、密集市街地では、個々にはとても建物に相性の良い敷地を提供できないので、敷地と建物の相性の良い事業区域を追い求めると、いきおい共同化事業を展開していくことになっていく。そこで次に、整備資源としての共同化事業の実態をみた上で、その活用のあり方と、円滑な合意形成ということについて考えてみる。

（2）共同化の実態

　密集市街地整備、特に共同化事業の阻害要因として、①敷地の狭小性、②借地等が多いこと等の権利関係の複雑さ、③接道条件が劣悪であること等の基盤の脆弱さ、④所有者の高齢化による建替え意欲の弱さといったことがよく指摘される。[11] ここでは、これらをまとめて整備阻害要因と言うこととし、まず、「整備阻害要因があるので、共同化が推進されない。」という一見自明の命題を考えてみる。

この命題の対偶は、「共同化が推進されるならば、整備阻害要因がない、あるいは少ない。」ということになる。が、これはかなり怪しい。というのは、共同化が推進されるためには、個別の満足いく建替えが困難であるなどの当該地区の地権者に共通の整備阻害要因があることが必要であるからである。つまり、「共同化が推進されるならば、共通した個別建替え等の整備阻害要因がある。」という言い方が、より真に近いということになる。とすれば、はじめの命題は偽で、「共通した個別建替え等の整備阻害要因があるので、共同化等の密集市街地整備への動機が生まれる。」という方が、より実情を表している。確かに、整備阻害要因がないか、少なければ、共同化によるまでもなく、個別に建替えが進んでいくという傾向は強い。

　もちろん、整備阻害要因があるので、合意形成に膨大な時間を要し、仕立て上げのコストの大きさに見通しが立たないことなどから、民間デベロッパーの活発な投資を期待できなかった。が、数少ないとはいえ、密集市街地内で、あるいはその近接地域で共同化事業の実績がないということではない。これらの貴重な実績から、整備阻害要因の存在が共同化事業の蓋然性を高めるというこ

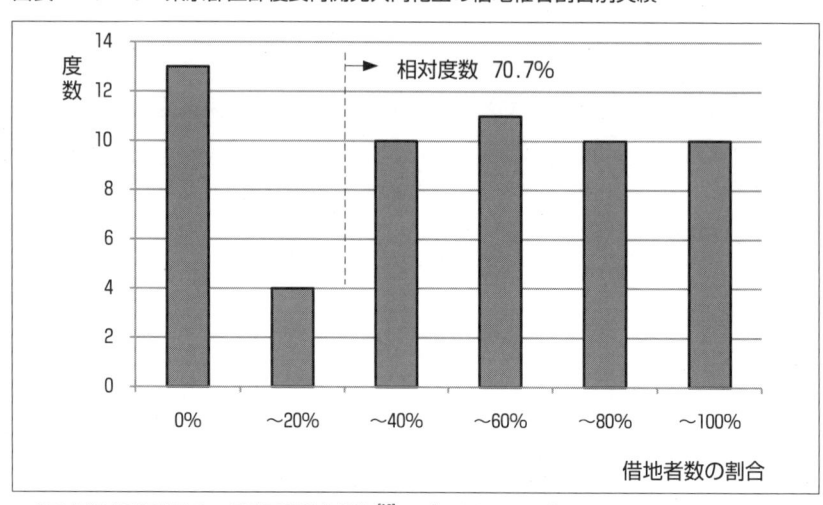

図表3-3-15　東京都区部優良再開発共同化型の借地権者割合別実績

・全国市街地再開発協会　優良再開発事例集 [12] のデータをもとに作成。
・借地権者には、使用貸借、地上権者も含む。
・借地権者割合が20%を超える物件の相対度数は、41/58で、70.7%となる。

第3節　地区間連携による密集市街地整備の構図

とを確かめてみよう。ここでは、東京都区部における優良再開発建築物整備促進事業共同化型の実績を整理した。[9]・[12] これは、時点がやや古いが、制度改正を機にそれまでの10年間の実績をまとめたという資料を基に整理したもので、ある期間の共同化事業の傾向をみる上では有効である。ただし、以下では、データの制約から整備阻害要因のうち、①敷地の狭小性、②借地関係に代表される権利関係の複雑さの2点に絞って考えてみた。

まず、従前の借地権者等の割合に応じた実績件数を度数分布にしたものが図表3-3-15である。借地権者割合の多寡を何に基づいて判断するかは、見解が分かれるところであるが、東京都区部住宅地の平均的な借地率として、12.9％という数値がある（平成15年住宅土地統計調査）。これを一応の根拠に、借地権者割合が20％を超えるような地区は非常に限定的であるとみて、この線を権利関係の輻輳ということの尺度とする。すると、実績のうち、おおむね7割の地区は権利関係が輻輳していたとみることができる。

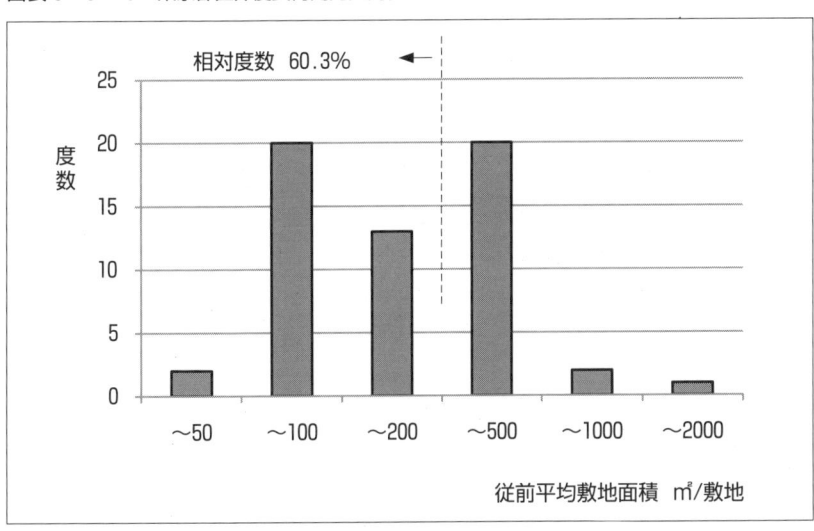

図表3-3-16　東京都区部優良再開発共同化型の従前地権者1人当たり平均敷地面積別実績

・全国市街地再開発協会　優良再開発事例集[12] のデータをもとに作成。
・従前地権者1人当たり平均敷地面積が200㎡以下の物件の相対度数は、35/58で、60.3％となる。

次に、従前地権者の零細性をみるために、1人当たりの平均敷地面積別に実

績件数を度数分布にしたものが図表3-3-16である。零細性を何に基づいて判断するかも、見解が分かれる。ここでは、優良再開発共同化型では、敷地面積200㎡以下の地権者の存在が要件とされていることを一応の根拠として、平均敷地面積が200㎡という線を一応の尺度とみる。すると、実績のうち、おおむね6割の地区では零細地権者割合が高かったとみることができる。

そして、この零細性とも関連させて権利関係の輻輳の度合をみたのが図表3-3-17である。ここでは、従前の1人当たり平均敷地面積が200㎡以下と、200㎡を超える物件に分けて、借地権者割合に応じて分布状況をみている。これによれば、従前地権者の零細性が高い場合、権利関係の輻輳の度合が激しいということが言える。特に、借地率が40％を超えるような非常に高い物件の割合が高く、これらについては、個別の敷地面積が狭小で、権利関係が輻輳していたことが、共同化の重大な動機になったと推測することができる。

図表3-3-17　東京都区部優良再開発共同化型の従前地権者1人当たり平均敷地面積別借地権者割合別実績

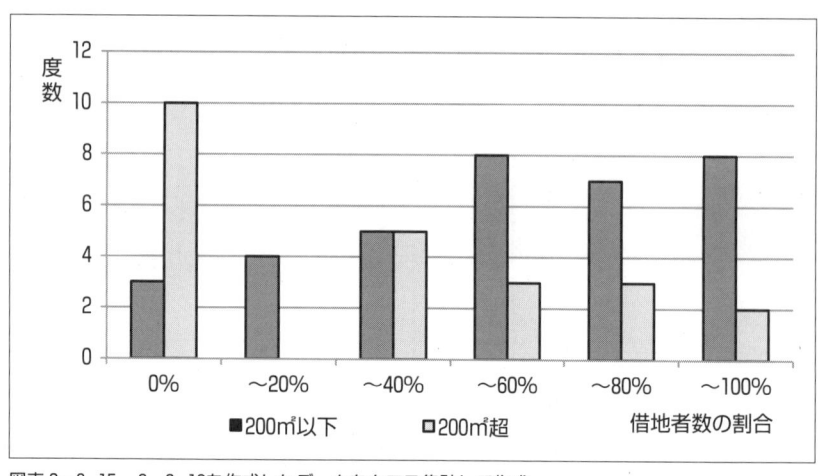

図表3-3-15、3-3-16を作成したデータをクロス集計して作成。

しかし、共同化の動機はともかく、実現のための有利な条件があったから共同化が実現したのであり、にわかに密集市街地こそ共同化が推進されるということにはならない。この点を考えるために、従後の実現容積率という尺度を持

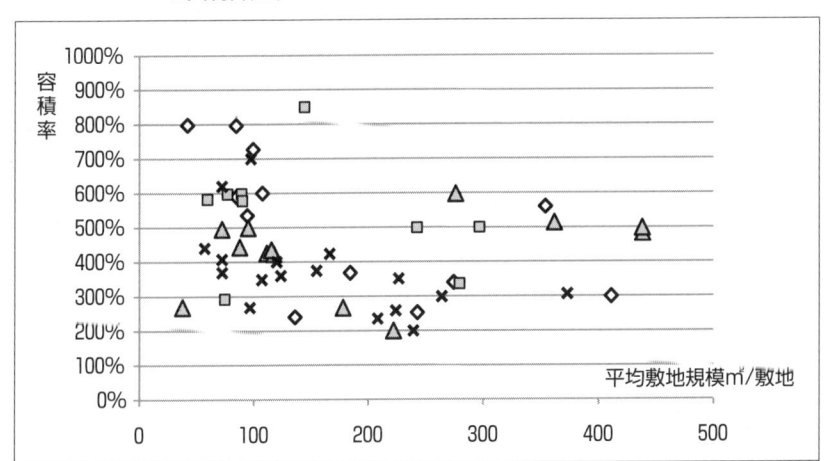

図表 3-3-18　東京都区部優良再開発共同化型の従前地権者1人当たり平均敷地面積と実現容積率

- 全国市街地再開発協会　優良再開発事例集[12]のデータをもとに作成。
- ×で表した借地権者割合が大きい周辺区住宅型の物件は、実現容積率が相対的に低い領域に分布している。
- 整備阻害要因が少ない物件は、従後の高度利用の実現、収益性の大幅な向上ということが共同化の大きな動機となったのではないかとみることもできる。

ち出して実績を整理したのが図表3-3-18である。横軸に従前の平均敷地面積、縦軸に従後の実現容積率をとって、事業の性質に応じて4つのタイプに分けて物件をプロットした。事業のタイプとは、①一般型。優良再開発は、従後の用途に応じて、住宅型と一般型に大別されるが、一般型とは事務所床を主体とするなど、密集市街地にはそぐわないとみられる物件である。次に、住宅型を3つに分けた。②住宅型のうち都心区の物件。ここで都心区とは、密集事業（住宅市街地総合整備事業密集型）を行っていない5区（千代田、中央、港、文京、江東）とした。そして③周辺区、借地割合小、④周辺区、借地割合大。周辺区とは、都心区以外の18区であり、借地割合の境界は40％とした。従って、④については、非常に権利関係が輻輳している周辺区の住宅型の物件ということになる。

図表3-3-18では、それぞれに散らばりが大きい。確定的なことを指摘するのは控えるべきであるが、少なくとも、④の周辺区で権利関係が輻輳している物件にあっては、実現容積率が低くとも、零細性、複雑性を克服して事業が

215

（3）共同化の可能性

さて、このような考察に基づいて、密集市街地にあって、権利関係が輻輳しているということを所与として、共同化がどの程度推進されるであろうかということを考えてみる。通常取りざたされる、共同化の難易度と、権利関係の輻輳度合の因果関係を逆にみることになる。これは、ある事象が生起したことを条件として、別のある事象が生起する確率で、条件付き確率と呼ばれる。ベイズの定理[10]によれば、

条件付き確率
$$p(A \mid B) = \frac{p(B \mid A) \cdot p(A)}{p(B)}$$
$$p(B) = p(B \mid A) \cdot p(A) + p(B \mid notA) \cdot p(notA)$$

ということになる。ここで、事象 A を共同化が推進されること、事象 B を権利関係が輻輳していることとみる。すると、条件付き確率 $p(A \mid B)$ は、事象 B であること、つまり権利関係が輻輳しているということを与えられたものとして、事象 A が実現する、つまり共同化が推進される確率を表すことになる。

この条件付き確率の大きさを決めるのが、まず A と B をひっくり返した条件付き確率 $p(B \mid A)$ ということになる。これは、事象 A が実現していること、つまり共同化が実現した物件のうち、事象 B であること、つまり権利関係が輻輳しているものの確率を表している。これには、まさに先ほどの分析で示した 7 割程度という比率を当てはめることができる（図表 3-3-15 参照）。

次に、$p(A)$、及び $1-p(A)$ である $p(notA)$ が影響するのであるが、これらは共同化ができる、できないという確率である。この点で、密集市街地で共同化事業に代表される整備が促進されていないという事実から、共同化実現確率である $p(A)$ は極めて小さく、共同化が実現しない確率 $p(notA)$ は限りなく 1 に近いと考えがちである。もちろん、密集市街地をすべて共同化による建替えで埋め尽くそうとする立場からすれば、これは正しい。が、この立場は、$A \cup notA$ という母集団を密集市街地全体にとっているということである。しかし、このような母集団を相手に本気で取り組もうとした関係者はいないのではないか。実際に共同化に取り組み、汗を流した人々の本音として、母集団は

もっと限定的であったということなのではないか。

つまり、実際に意向調査を行い、勉強会などによりある程度の合意形成と、事業推進の見通しを立てた上で、初動期の必要資金を投入するような物件を母集団として考えるべきある。その上で、共同化が実現した、実現しなかったという事実に基づいて、p（A）及びp（notA）を想定しなければならない。このように母集団を限定する観点からは、p（A）は意外に大きく、p（notA）が限りなく1に近いとみるのは適切ではない。

そして3つ目はp（B｜notA）。これは、共同化が実現しなかった物件で、権利関係が輻輳しているものの確率を表しているが、これも推定することは困難であり、相当の幅があるであろう。しかし、この値を必ずしも1に限りなく近い確率であると決めつける必要はない。限定された母集団に対して、共同化が

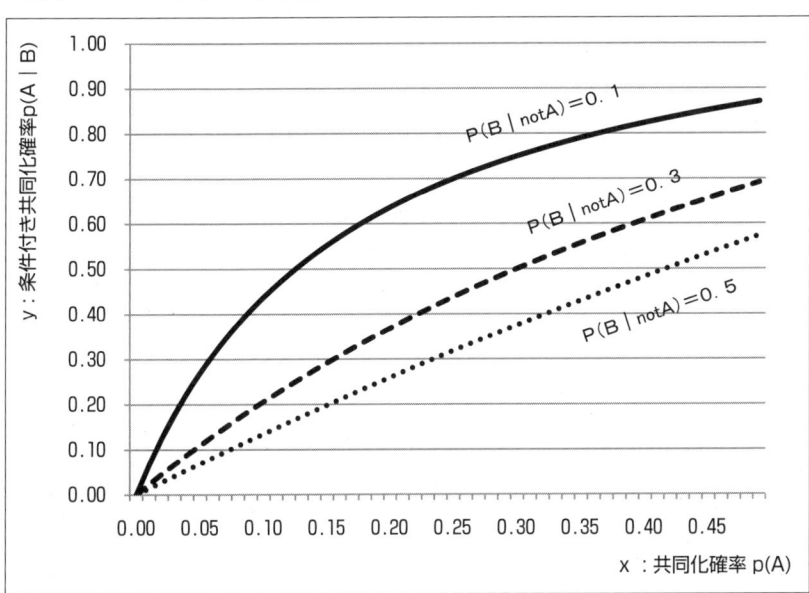

図表3-3-19　条件付き共同化確率

- 条件付き確率p（A｜B）をy、共同化確率p（A）をxとし、p（B｜A）＝a、p（B｜notA）をb、とすると、

    y = ax / {ax + b(1 − x)}

    となる。ここでは、a＝0.7（図表3-3-11参照）とし、b＝0.1、0.3、0.5の場合に分けて図示した。
- 例えば、共同化確率p（A）が0.25で、条件付き確率p（B｜not A）が0.1のとき、条件付き共同化確率p（A｜B）は0.69となる。

実現しなかった物件があるとする。その要因は、整備阻害要因が少なく、個別の建替えが部分的に進んでしまったものが多いのではなかったか。とすれば、共同化が実現しなかったのは、整備阻害要因がなかったか、少なかったということである。つまり、p（notB｜notA）こそが相当高い確率であって、p（B｜notA）は1を相当下回ることになる。

そこで、密集市街地にあって、権利関係が輻輳しているということを所与として、共同化がどの程度推進されるであろうかということを示すため図表3-3-19を作成した。推定が困難なp（A）、及びp（notA）については、p（A）を横軸にとってグラフ化し、p（A）、及びp（notA）をどの程度とみなすかによって、この条件付き確率がどのように影響されるかということをみることができるようにした。また、もう1つの推定が困難なp（B｜notA）については、いくつか値を採用して場合分けし、これに応じてグラフ化した。この値をどの程度とみなすかによって、この条件付き確率がどのように影響されるかということをみることができるようになっている。

これによれば、密集市街地のような所では、権利関係が輻輳しているということを所与として、共同化がどの程度推進されるかという確率は、共同化実現確率に対して相当高いということが言える。特に、p（B｜notA）が低くなるほど、つまり整備阻害要因が少なく、個別の建替えが容易であることを要因として共同化が進まない傾向が強いということであるとすれば、むしろ、非常に高い確率で、権利関係が輻輳しているということを所与として共同化が推進されるということが言える。

（4）共同化を核とした密集市街地整備のために

それにしても共同化のみで密集市街地を整備するということは困難である。が、ここまでの考察から、通常指摘されるような要因にひるむことなく、要所で共同化等の事業により、効果的に密集市街地の整備を進めることが必要であるということは言える。このことをもう少し掘り下げてみよう。

まず、図表3-3-19の横軸である共同化確率p（A）の高低をどうみるか。これは、共同化対象母集団をどうとらえるかということと裏腹の関係にある。母集団を広くとればとるほど、共同化確率は低く、母集団を限定するほど高くなる。つまり、いかに母集団を効果的に限定できるか、数少ない共同化事業を

密集市街地全体の整備に対して意義の高い事業とすることができるかということを問いかけているのである。単に事業推進が容易なところに限定することによって、それらが密集市街地全体の整備にとっても大きな効果があるということであることは少ない。これは、共同化の母集団を限定しつつも、密集市街地全体に対して、整備効果が高い事業へ集中するという意図的、計画的対応も求められるということである。とすれば、必ずしも事業に対する発意がなく、合意形成が容易ではない地区も対象としていくということになる公算が強い。そのような地区での合意形成を進めるためにも、まずは整備効果の高さということを厳格にとらえ、公共・公益性ということに広い理解が得られるものである必要がある。

しかし、公共・公益性ということが、円滑な合意形成を保証してくれるわけではない。そこで次に、共同化が実現しなかった物件のうち、整備阻害要因を抱えていた確率 $p(B|notA)$ によりグラフを場合分けしたのであるが、この確率の大小の解釈について考えてみる。図表3-3-19では、これが小さい方が、整備阻害要因を抱えている物件の共同化実現確率 $p(A|B)$ が高いということを示しているに過ぎない。確かに共同化が実現した物件のうち、整備阻害要因を抱えていたという比率は高いという事実から出発して、整備阻害要因があるからこそ、これを動機として共同化が推進される蓋然性が高いということを考察してきた。しかし、そのような物件が、自動的に共同化が進むということではない。やはり、整備阻害要因を抱えている物件の共同化実現確率 $p(A|B)$ をさらに高め、結果としてこの確率 $p(B|notA)$ を小さくすることが密集市街地整備の促進に効果的であるという、ごく当然のことを示しているものと受けとめるべきであろう。

ここで、これまでの考察との関係から重要なことは、整備阻害要因の少ない地権者にとっての生活・営業再建のための選択肢の充実ということである。ある共同化事業の対象区域があって、そこには整備阻害要因を抱える地権者と、そうではない地権者が混在している境界領域にあるような区域（BでもnotBでもないという意味で、B'と表す）とする。このような場合、もちろん整備阻害要因を抱える地権者への対応は重要であるが、そばかりではなく、整備阻害要因が少ない地権者への対応を充実させることが事業の成否の鍵を握る。共同化への動機が弱い、整備阻害要因を抱えていない地権者への生活・営業再建措

置への魅力的な対応が充実していない、つまり共同化に参加するしかないという選択肢を用意するだけでは、こうした地権者が意思決定できないことによって共同化が頓挫する蓋然性が高いからである。

　このとき、何としても共同化には反対であるという地権者ばかりではなく、共同化には参加しないが、その共同化には協力するという地権者も多いであろう。いずれにせよ、余剰容積を移転するだけにとどめる、あるいは前向きに転出できるという選択肢を充実させるということは、個別には整備阻害要因を抱えていない地権者の円滑な合意形成には有効である。そして、この境界領域にあるような物件の共同化実現確率 $p(A|B')$ が高まるという大きな意味がある。そうなると、この選択肢を充実させるために、当該事業のみに注目するのではなく、地区間連携を図ることが、このような意味からも効果的になる。特に、必ずしも地元発意とはいえない場合、これにより、充実した生活・営業再建に関する選択肢を用意するということが、円滑な合意形成には必要である。

　市街地再開発事業、共同化事業において、転出者も事業の実現に大きく貢献してきた。自らは、その事業に参加しないものの、事業の推進には協力するということであったのである。もちろん、止むにやまれぬ転出という、当事者には重大な選択を迫ったということではあるが、だからこそ、このような選択をいかに前向きに、円滑に進めるか、そのためにどのような措置を充実させることが重要になる。この転出という選択肢を前向きに選択でき、一方で当該地区には共同化に強い動機を持つ地権者によって事業が推進されるという構図をどのようにしたら描くことができるのか。

　この生活・営業再建の選択肢の充実という点で、本節で取り上げた芦花公園地区や、神谷一丁目地区の種地活用は重大な成果を上げている。

　芦花公園駅南口地区では、共同化に参加するということに加えて、戸建て施設建築物への権利変換という選択肢を用意したことが、事業の推進に決定的な効果をもたらしている。共同化に参加すれば、権利変換比率はもっと高かったであろうが、地権者の多くはそれを選択せず、場合によっては自ら資金調達をしてでも戸建て施設建築物を取得している。

　このような戸建て施設建築物用の土地利用区を設定して権利変換を行う仕組みは、防災街区整備事業にも受け継がれている。密集市街地整備において、権利者の生活再建のための選択肢を充実させるという趣旨から、大いに活用され

るべきである。ただし、そこでの多様な選択に対する適正負担原理ということに留意しなければならない。芦花公園駅南口地区では、その適正負担原理の下、そうでなければもっと高かったはずの権利変換比率を抑えてまでも地権者は戸建て施設建築物を選択した。安易に戸建てを地権者が望むから戸建てを設けるということではなく、一方で、共同化による魅力的な床取得、生活・営業再建という選択肢も示しながら、地権者の十分な理解の下で、前向きな選択を促すということが重要である。前向きの選択の延長線上には、これを機会に、自己資金を投入してでも満足のいく戸建て施設建築物を取得するということにも発展する。それが地元の自律性、主体性ということの1つの姿でもある。

そして、神谷一丁目地区では、生活・営業の環境が変化しない地区内に、従前と同様の生活・営業形態を継続することができる移転用代替地を確保した。当該地権者にとって望ましい時点で、移転、再建ができる、しかも、そのことを1つの選択肢として提供するのみで、他の選択の余地がないということではない仕掛けを密集市街地整備のための種地に組み込んだ。地権者の前向きな生活・営業再建のための最も望ましい選択肢を用意し、その上、それが決して押付けではないという構えが大きな成果を上げたということである。これは、事業参加意欲が低い整備阻害要因が少ない地権者に対する充実した措置を用意したというものとみることができる。

(5) 容積の適正な配分による密集市街地整備の構図

芦花公園駅南口地区は、後背のUR都市機構団地の建替えを契機とし、これとのセットで実現した再開発である。団地建替えが駅前の再開発につながるという、機構団地を一種の種地とした地区間連携を実現し、必ずしも地元発意とはいえない再開発に対する合意形成を促進したのである。そして、特定建築者制度[11]などを活用して、民間デベロッパー・資本の積極的な参入も実現し、一方で、地元地権者の追加投資の道も拓いた。

また、神谷一丁目地区は、密集市街地に隣接して大規模な種地が存在し、その施行者はUR都市機構（当時は住宅・都市整備公団）であった。種地に移転者を収容するための代替地を一部に確保し、希望者の決断がつくまでその土地利用を留保する機会費用とリスクを吸収した。これには、先行して団地建設事業を効率よく進めることができたことで、事業者側はキャッシュ・インの時期

を早め、確実な見通しを立てられるようになったことが大きく貢献している。それによって、関係地権者の意思決定を行う間、代替地の利用を当面留保できることができた。そして、そのことがむしろ密集市街地整備に関する合意形成を早めるということにつながり、大きなまちづくりの成果を上げたのである。

　しかし、そのような整備資源と施行者が揃う場合は稀で、大規模な種地が存在しない、一般の事業者による場合が問題なのであって、これらには汎用性がないということなのであろうか。現状では、このようなストックの再生に伴う有効活用、大規模低未利用地の種地としての活用ということですら容易には実現していない。このように周辺まちづくり・密集市街地整備に具体的に整備効果を波及させたということを過小評価してはならないと考えるが、それにしてもこの汎用性という点は常に課題として残る。

　この点で、これに容積の適正な配分というツールが加われば、さらに広く整備資源を発掘でき、効果的な活用につながる。本節では、まず、類型1、2を補強する意味で、建物と敷地の相性が良い、周辺環境にもフレンドリーな共同化事業などを核とした可能性について考えた。これを類型3〜5のような場合に想定した密集市街地外の受け手に加えて、これに容積の適正な配分というツールを導入すれば、次のように汎用性という課題に応えることができる。

① 共同化事業という整備資源の活用

　　まず、種地を低未利用地に限定する必要はなく、共同化事業などの何らかの土地利用転換に伴い、周辺市街地の整備に具体的に波及する仕掛けを組み込むこともできるようになる。

② 中小規模の種地活用

　　次に、そもそも種地の規模について、大規模というその規模を分ける境界線は不明確である。規模を問わず種地活用の考え方は共通している。ここに容積移転というツールが加われば、それほど大規模ではなくとも活用の可能性が広がり、整備効果も上がる。

③ 種地の立地範囲の拡大

　　そして、種地が密集市街地から離れた立地であっても活用可能となる。これは、整備資源の発掘の範囲を大きく広げることになる。

④ 整備内容の充実

　　移転容積の送り手側からみれば、建替えなどの土地利用の転換をするま

第3節　　地区間連携による密集市街地整備の構図

図表3-3-20　密集市街地整備の構図

上馬・野沢地区の種地を活用した都市計画道路整備完了時の鳥瞰。種地に移転者用の代替地を用意し、道路整備を推進した。このような規模の種地の存在は一般的ではないが、何らかの種地と骨格道路の組合せというパターンは、密集市街地整備の代表的な構図である。

これも、密集市街地内に骨格道路を整備しながら沿道の良好な建替え更新を進めるというイメージである。しかし、道路整備ばかりではなく、小中学校の耐震化・避難広場機能の拡充、公園・緑地の充実ということも密集市街地では緊急の課題であり、これらとの組合せも整備効果は高い。そしてこれに、地区内外の整備資源の活用、容積の適正な配分というツールが加われば、さまざまな可能性を開拓できる。

ここでの「構図」とは、1つの整備像を固定的に考えるということではなく、市街地のストックの潜在的な力を引き出しながら、総合的に質の高い容積の集積につなげるさまざまなパターンを組み立てていくことである。

でもなくリニューアル・耐震補強・改修などにより密集市街地整備に貢献する道筋を描くことが可能になる。これが当事者の生活・営業再建の選択肢の充実ということにもなり、円滑な合意形成という面でも大きく貢献する。そしてそのことが民間デベロッパー・資本の投資機会の拡大と、併せて地元の自律的、主体的な取組みということも促していく。

そして、この連鎖が好循環を生み出し、次の共同化事業、建替え、リニューアルにつながっていく。まさに連鎖反応に発展するのではないか。

つまり、密集市街地という母集団から、共同化等の核となる事業を効果的に限定し、あるいは規模の大小、地区内外を問わず種地を有効に活用して、地区間連携を具体的に促す整備波及効果の高い密集市街地整備の展開が可能になる。ツインの再開発による地区間連携はもとより、地区の内外を問わず種地を活用した効果的な事業、これを核とした必要最小限のいわば外科手術を見極める。そこに民間デベロッパー・資本の投資も促しながら、集中的にその実現を図り、地元の方々の自律的、主体的なまちづくり活動にバトンを渡すという密

223

集市街地整備の構図が描ける。

　再開発をはじめとして、共同化、種地活用などによる整備資源を資源として活用する事業とは、質の高い容積による高度利用を実現する一方で、そのことが容積の質が低い開発を広く抑制するという技術でもあると思う。容積の適正な配分ということによって、個々の敷地で、個々別々に建物更新を追求することによる場合に実現される容積の総和よりは、はるかに質が高い容積が実現される。また、総量としても実現される容積は、はるかに抑制されるということにもなる。このようなツールを活用して地区関連携を図っていくことが、民間デベロッパー・資本のみならず、地元当事者の動機に適合的で、環境負荷への負担義務のトレードを実行しつつ、その整備と、地球環境への配慮を両立させる東京モデルを創り上げる重要な構図になる——と私は考えている。

　　補注
　1）余剰容積の送り手とその受け手双方の、当該容積評価額の開差に基づく評価額の算出方法については、第3章第4節で詳しく扱っている。
　2）受け手の受入れ容積について、自ら実現する場合とは、少しわかりにくい。これは、自敷地の許容容積をすべて実現してしまうことに加えて、さらに当該移転受け入れ容積を実現するためには、その容積に見合った広さの隣接地の一部を購入する必要があると仮想的に考え、その敷地拡大に要する費用と考えればよい。
　3）建築基準法第52条第1項に、敷地の前面道路の幅員が12m未満の場合の、幅員に応じた容積率制限が規定されている。しかし、同じく第52条第9項で、「特定道路」に幅員6m以上の道路で接続する場合の緩和規定も設けられている。特定道路とは、幅員が15m以上の道路を指し、この特定道路から70m以内の距離にある敷地については、前面道路幅員による容積率（基準容積率）制限が緩和されるというものである。
　4）本文では、容積の質を、その容積の地価負担力とした。地価を負担できればできるほど良いということではないが、開発事業者としては、競争によって土地を確保するので、地価負担力を最大化するという意味で容積の質を高めることは日常の行動原理である。同時に、その容積の質の多少の低下には目をつむっても、地価負担力を高めるために容積という量をさらに追求するという強い動機も持っている。
　　　要するに、容積の質と量の積で決まる地価負担力をいかに高めるかということが行動原理となっている。

5）市場では、質の低い容積にも需要があり、質を犠牲にして安価な不動産を取得、賃借するというユーザーも存在する。質の高い容積の集積をよしとするということは、高額所得者向けの不動産の集積を優先することであり、社会的公平性という観点から疑問ではないかという誤解を招きやすい。しかし、国民経済というマクロな観点から、その時点の総地価が決まり、これをどのような土地、容積に配分するのかという順序で考えると、総じて容積の質を高めれば高めるほど、ユーザー全体としての効用は高まり、公共の福祉に適うことになる。国民一般が、質の低い容積に甘んじて、その割には高い負担を強いられることの方が不健全である。

現実には、物理的寿命が尽きるはるか以前に、経済的な寿命が到来して、建替えを余儀なくされるストックも多い。これらの中には、新築当時は予期できなかった周辺環境の変動に伴う質の低下によって招来される場合がある。これは資源の大きなロス、つまり、これの取得のためのなけなしの資金を叩いた当初の投資が、実はその金額に見合わない劣化資産に対するものであったということを意味する。寿命が長いはずの建築物という耐久消費財は、だからこそ質を維持しながら与えられた物理的な寿命を全うすることが必要である。

6）都市再開発法第75条第1項に「権利変換計画は、一個の施設建築物の敷地は一筆の土地となるものとして定めなければならない。」とある。

7）飛び換地に関する判例　名古屋地方裁判所昭和61年2月28日判決・判例タイムス607号

8）工区間飛び換地　土地区画整理法第95条第2項

9）ここでの考察は、参考文献［12］のデータに基づいている。優良再開発建築物整備促進事業とは、昭和59年に創設された事業制度で、住民の発意による民間主体の任意の再開発として、土地の合理的な高度利用等を企図した広義の再開発事業の一環をなすものである。

事業の型式として共同化型と一般型に大別されるが、前者は、低層木造密集市街地における狭小・不整形な敷地において、住環境の改善、良好な市街地住宅の供給、防災性の向上のために、共同ビルの建設とともに、敷地の共同化、空地の確保を行うものである。①2人以上の地権者による敷地の共同利用を行うこと、②地区内に200㎡以下の敷地または不整形な土地が一筆以上あることを事業要件としている。

10）ベイズの定理　生起確率に関する事前の情報（ここでは共同化が実現するという情報）がある時に、ある新しい情報（ここでは権利関係が輻輳しているという情報）が得られた場合には、事態の生じる確率をどのように更新したら合理的なのかを示すためのルール。

11）特定建築者制度とは、都市再開発法第99条の2に規定されている。これは施行者だけが施設建築物の建築を引き受けるのではなく、民間エネルギーの積極的な活用を図るという趣旨で創設された制度である。

＜参考文献＞

[1] ㈳日本都市計画学会 (2008)「特集：再考・密集市街地整備」 都市計画 273
[2] 都市住宅学会 (1997)「特集 容積率制度の再考と良好な市街地環境の確保策について」 都市住宅学第17号
[3] 再開発コーディネーター協会 (2008)「特集 再開発事業と地球温暖化対策」 再開発コーディネーター No.136
[4] 遠藤薫 (2008)「身の丈再開発のすすめ」 らぴど No.029 (財)日本建築センター
[5] 行政事件訴訟実務研究会編 (1999)「判例概説 土地区画整理法」 p.232 ぎょうせい
[6] 社会資本整備審議会 都市計画部会 都市交通・市街地整備小委員会 (2007)「集約型都市構造の実現に向けて 都市交通施策と市街地整備施策の戦略的展開」
[7] 国土交通省都市・地域整備局市街地整備課監修 (2004)「都市再開発法解説 逐条解説改訂6版」 p.372 大成出版社
[8] 都市再生機構 (2001)「神谷一丁目地区における密集市街地整備の歩み」
[9] 水野谷英敏、遠藤薫 (2002)「低未利用地における住宅地整備と連動した密集市街地整備推進方策について」 再開発研究No.18 ㈳再開発コーディネーター協会
[10] 遠藤薫 (2002)「都市再生を推進する事業実施上の具体的な方策に関する考察」 都市住宅学37号 都市住宅学会
[11] 東京都 (1999)「新たなまちづくりの展開 木造密集地域の整備を推進する12の有効方策」
[12] ㈳全国市街地再開発協会 (1995)「優良再開発事例集 優良再開発建築物整備促進事業10年間の実績」

第4節

用途容積移転の評価と活用

永森 清隆・㈱再開発評価

1. 容積移転の基礎概念

(1) 密集市街地整備のための容積移転の特色

　容積率は、土地所有権そのものというより、土地所有権の一部を構成する1つの要素に過ぎないものであるが、高容積率が実現可能な地価ポテンシャルの高い地域においては、土地利用を大きく左右する主たる要素となる。土地取引の実態においては、余剰容積率利用権の移転は、都市計画などの公法的な要請というより、むしろ、容積率を有効に活用したいという民間側の要請を受け、民事取引の一環として実務経験的に実施され、その実例が蓄積されてきている。

　このため、余剰容積率利用権の移転は、敷地内の複数の建築物間での移転、隣接する敷地間での移転、あるいは敷地相互間の用途（最有効使用）や地価水準が大きく異ならない街区間での移転などが多く行われており、余剰容積率利用権の移転によって大きな地域変化が起きないような、比較的分かりやすい形で実現しているものが多いと考えられる。したがって、その余剰容積率利用権の移転の手続きも建築基準法に基づくものが多く、特定街区や特定容積率適用地区などの都市計画手続きによる場合であっても、余剰容積率利用権の移転が可能な範囲が把握しやすい形で実現しているものがほとんどであると言える。

　これに対し、密集市街地の整備を目的とする余剰容積率利用権の移転は、大きな容積率を必要としない密集市街地の余剰容積率利用権を、その整備費用に充当することを目的として、高容積率を必要とする相当程度距離のある隔地に移転しようとするものであり、次のような特色と課題が生ずる。

① 隔地間の余剰容積率の移転となるため、譲渡地と譲受地のそれぞれの最適な土地利用（最有効使用）が異なる可能性が生じ、容積率の移転そのものの課題のほか、用途が変化する（用途移転）と課題が生ずる。つまり、

容積率の移転は、容積率が何パーセント移転するという問題であり、譲渡地と譲受地での容積率の価値の相違のみが課題となるものであるが、用途の移転は、その移転すべき容積率1％当たりの価値が用途によって異なるという課題である。しがたって、住宅として利用することが最適な容積率1％が、移転することによって店舗の容積率に変化する場合、その店舗1％当たりの容積価値率が課題となる。

② 譲渡地と譲受地それぞれの土地取引の動的な安全を確保するため、余剰容積率利用権の移転範囲の明確化が必要となる。したがって、余剰容積率利用権の移転の公示方法や担保方策は避けて通れない重要な課題と位置づけられる。

（2）余剰容積率利用権の基礎概念について

私法上の別個の不動産となる土地相互間において、ある土地において開発可能な容積率の一部を他の土地へ移転し利用する概念の総称が「容積率移転」の概念と言える。

一般的に、容積率の移転は、空中権（Air Right）、移転可能な開発権あるいは移転可能な余剰容積率利用権(Transferable Development Right: TDR、以下「移転可能な余剰容積率利用権」という）と言った権利概念で呼称されることが多い。

空中権（Air Right）が、土地の上部空間を水平に区画して建築的に利用する権利であり、本来、空間そのものは不動産ではないが、その範囲を三次元的に確定し、基準点を特定することによって、それ自体を地表部分とは別個独立の不動産として賃貸したり譲渡しようとするものである。それは地下鉄道のための区分地上権と同様に、立体的な土地利用を同一敷地において行うという概念である。したがって、空中権は土地所有権の構成要素の1つ（立体的・階層的区分）として把握される。

これに対し、移転可能な余剰容積率利用権（TDR）は、ある土地において実現が可能である開発権の一部または全部を現在の土地利用より高度な土地利用を実現するために別の土地に移転する権利を意味するものである。

わが国においては、特定街区、地区計画、高度利用地区や特例容積率適用地区などの都市計画手続きによる敷地又は街区間の容積率の移転、一団地の総合

的設計制度や連担建築物設計制度などによる建築基準法手続きによる1つの敷地と見做される複数建築物間の容積率の移転など、容積率の敷地または街区間の移転という概念が、諸制度の制度化及び拡充に伴い、徐々に定着しているところである。

これらの背景には、容積率の移転に関する制度とその運用の整備が図られてきたという側面と、高容積率を必要とする建築物計画と不必要な建築物計画との間の調整を行った上で、都市における土地利用の有効な手段として、容積率の移転(空中権の利用)への期待及び経済的な需要が高まってきたという側面があり、容積移転が実務的に実施される背景は、その両側面から、容積率の移転に対する期待と有効需要が高まってきたことに対応するものと思料される。

特に、歴史的建造物の保存、神社仏閣等の高い容積率を必要としない敷地と隣接敷地の有効利用など、複数建築物が一の敷地内にあるものと見なされる一団地の総合的設計制度や連担建築物設計制度は、1つの敷地と見なされる敷地内の各建築物間において容積率も一体的に適用されることから、特にその事例が多くなってきている。

(3) 密集市街地における容積移転と余剰容積率利用権との概念上の相違

❶ 土地価格の評価の考え方

土地評価は、そもそも土地を物的に評価するというものではなく、評価対象となる土地の最も合理的な土地利用計画(最有効使用)を前提に価値投影されるものである。したがって、評価対象となる土地がどのような土地利用となるかによって土地価格は決定される。これは、不動産の特色である用途や土地利用の競合性から、同一の不動産にいろいろな用途を前提とする土地利用が競合し、それぞれの用途を前提に需要者が競合及び競争する結果、最適な用途や最適な土地利用を前提とする需要者の提示する土地価格が最も高い土地価格を提示でき、その者が土地を競争の結果、取得可能となることに対応するものである。

以上から、特に都心部における高層事務所等のビル用地は、公示価格や路線価等の公的評価も価格評価上の資料として位置づけられるものの、具体の最有効使用を前提に土地評価または土地取引が実施されるものである。土地評価とは、具体の取引実態を分析し、その内容を価格投影する一連の作業であるため、

取引実態及び需給動向を反映し、個別具体に価値形成されると考えられ、その内容を取引事例比較法及び収益還元法という評価手法により算定することとなる。

❷ 都心部における高層事務所等のビル用地の取引実態

都心部における高層事務所等のビル用地の取引実態は、当該土地の最有効使用を前提に価値形成されるものであり、その主軸となるものは収益性となる。したがって、土地の大小によるビルグレードへの影響（Ａクラスビル用地なる規模を有するか、あるいは中小規模のビル用地となる規模か）や容積率または道路斜線等によりビル形態への影響は、比較的直接的かつ大きな価格形成要因として土地価格を左右する。しかし、容積率が異ならない前面道路の幅員の大小は、ビル計画に対する隣棟間隔等に影響するのみであり、比較的低廉な価値格差を伴って土地価格の形成に影響するという性質を具有する。

また、都心部における高層事務所等のビル用地は、完成土地（すぐに建築計画の策定が可能であり投資リスクが把握しやすい土地）はより高く価値形成され、今後の事業展開による調整や開発負担が不分明な土地は、事業リスク（期間リスクとその期間に対応するマーケット変動リスク等）を反映し、低廉に形成されるという性質をもつ。

このような観点から密集市街地を考えた場合、後者の事業リスクに関しては、従前各土地ともに同様の要因であり、価値格差に反映するというより、価格の大小に一律に作用する要因となる。これに対し、前者の価格形成要因は、すべての画地に関し容積率が大きく異ならず、かつ、すべてが大規模なビル用地であるため、収益性の基本となるビル計画は各土地毎に大きく異ならないという価格形成上の特色をもち、これらの内容が地域的な特性として価値反映されると考えるべきである。したがって、具体の土地評価にあたっては、この地域的な特性を具体に反映させるため、当該各土地に最有効使用を前提とする建築プランを策定し、その収益性を基本として評価する必要が認められる。

このような観点から土地取引または土地評価が実施されるという傾向が生ずることから、現実の土地取引においても、最有効使用を前提とする建築計画とそれに基づく収益性を反映し実施されており、その内容が具体の取引事例にも具現化する結果、取引事例そのものが最有効使用や収益性を直接的に反映した

内容となっている。ただし、収益還元法は直接的に収益性を反映するのに対し、取引事例比較法は取引実態を事例に反映するのに時間を要するに過ぎず、都心部の一等地においては、この取引事例も既に収益性を基軸としている実態が生じている。したがって、容積率を十分に消化可能な土地の具体の取引事例は、それが背後の区道沿いの土地であっても高額な取引が可能となる。しかし、密集市街地の場合、道路が狭く容積率の活用が法令上も困難であるため、戸建て住宅用地として低利用される場合が多い。この戸建て住宅用地の容積率を都心部における高層事務所等のビル用地に移転することとなるため、単に容積率の移転に止まらず、用途の変換が生ずることとなる。

さらに、密集市街地から高層事務所等のビル用地への容積移転は、容積率の価値、つまり、１％当たりの容積率の土地価格を飛躍的向上させるという機能が生まれることになる。このため、元々100円しかしない土地価格が、容積移転によって1,000円になるという機能が生じ、適正な土地価格の形成上の課題となる可能性がある。

2．用途移転と容積移転の基礎概念について

（1）最有効使用の原則と土地価格の形成について

不動産には、その属する地域の地域的特性と当該不動産のもつ個別的要因とに基づき、その使用が最適となるような「最有効使用」がある。そして、それは、付置義務駐車場・付置義務住宅といった用途を限定するような法的制約（行政的要因）が加えられていなければ、経済合理性の観点から、最も経済性に優れる（その不動産の価値が最も高くなるような）用途を前提に決定されることが通常である。

不動産は、人文的特性として「用途の多様性」を有するため、同一の不動産に種々の用途が競合し得る結果、不動産の価格は、用途により異なることとなるが、不動産には、その使用が最適となる「最有効使用」が形成されるため、不動産の価格は、「最有効使用」を前提とする場合に最も経済的な価値を発揮し高くなることとなる。したがって、本項においては、この「最有効使用」の概念を明らかにし、調査対象地の最有効使用を、如何なる用途を前提とすべきかを決定する必要がある。

最有効使用とは、客観的にみて良識と通常の使用能力をもつ人による合理的

かつ合法的な最高最善の使用方法である。換言すれば、最有効使用の状態とは、社会一般が通常採用するであろうと認められる使用方法で、かつ、特別の使用方法は考慮しないという考え方に立ち、地域的な特性の下における最も通常妥当と思われる使用状態を意味するとともに、土地利用計画との適合のもとに通常もっとも一般的と認められる使用状態を意味するものである。したがって、最有効使用の状態とは、下記の3つの要件を満たす状態であるといえる。

① 土地利用計画との適合（合法性）
② 不動産の構成要素の内部均衡（均衡の原則）
③ 近隣地域の環境に適合する外部均衡（適合の原則）

また、最有効使用の判定にあたっては、次の5つの留意事項がある。

1) 良識と通常の使用能力を持つ人が採用するであろうと考えられる使用方法であること。
2) 使用収益が将来相当の期間にわたって持続し得る使用方法であること。
3) 効用を十分に発揮し得る時点が予測し得ない将来でないこと。
4) 個々の不動産の最有効使用は、一般に近隣地域の地域の特性の制約下にあるので、個別分析にあたっては、特に近隣地域に存する不動産の標準的使用との相互関係を明らかにし判定することが必要であるが、対象不動産の位置、規模、環境等によっては、標準的使用の用途と異なる用途の可能性が考えられるので、こうした場合には、それぞれの用途に対応した個別的要因の分析を行った上で最有効使用を判定すること。
5) 価格形成要因は常に変動の過程にあることを踏まえ、特に価格形成要因に影響を与える地域要因の変動が客観的に予測される場合には、当該変動に伴い対象不動産の使用方法が変化する可能性があることを勘案して最有効使用を判定すること。

このような最有効使用の原則が成立する根拠として、以下に述べるような経済法則が指摘されている。

① 不動産は、一般財と異なり、人文的特性として「用途の多様性」を有するため、同一の不動産について種々の利用方法を前提とした需要が競合する。
② この場合、需要者が示す価格は、前提となる使用方法によって異なるため需要者間に「競争の原則」が働く結果、最も高い価格を提示したものが

その不動産を取得する。
③ 不動産に対し最も高い価格を提示できるのは、その不動産を利用することによる利潤が最大、効用が最高度に発揮される最有効使用を前提とした場合である。

しかし、最有効使用は、これらの経済合理性（最大効用）が要求されると共に、前述の合法性（土地利用計画との適合性）が要求されることとなり、法令または都市計画等により制限が加えられた用途（人文的特性としての用途の可変性をもちあわせない）については、その使用方法を前提として不動産（床）の価格が形成されると考えることが妥当である。

次に、不動産の構成要素の内部均衡（均衡の原則）及び近隣地域の環境に適合する外部均衡（適合の原則）の観点からの最有効使用の捕捉であるが、不動産は単独の用途のみで必ずしも十全に機能し得ない場合が認められる。例えば、事務室が最有効使用となる場合においても、事務所の機能が十全に発揮されるためには、当該事務所を補完する用途となる店舗や倉庫等が不可欠となり、これらの各用途が有機的に一体化し、それぞれの機能を十全に発揮してはじめて、最有効使用となる事務室の効用が最高度に発揮されることとなるものである。これが、不動産の構成要素の内部均衡（均衡の原則）となる。また、これらの各用途の計画配置比率は、ある単独の建物が独立して機能するというものではなく、周辺地域に存する類似の建物と整合が図られ、地域的な統一がとれた場合に、その機能が最高度に発揮されるものである。これが、近隣地域の環境に適合する外部均衡（適合の原則）となる。

さらに、土地利用計画との適合（合法性）や不動産の構成要素の内部均衡（均衡の原則）及び近隣地域の環境に適合する外部均衡（適合の原則）に基づき必要とされる用途は、本来、そのような制約がなければ、経済法則のみにより利潤が最大、効用が最高度に発揮される最有効使用を制約するものであるから、経済法則の観点から、必要最小限の範囲に制約されるべきものと言える。

（2）最有効使用の原則が単純に適用できない一体的な街づくりにおける街全体としての土地の有効利用

都心部における容積率に関しては、その使用使途が特定されている場合がある。例えば、附置住宅の場合、住宅以外への容積の利用はできない。このほか、

育成用途として地域貢献用途(ホテル・商業施設・カンファレンス・美術館など)や都市再生特別地区として容積インセンティブに対応し与えられる特区用途(国際貢献用途など)が用途の硬直性が認められる用途となる。

そして、最有効使用は、不動産鑑定評価理論に基づけば、各土地または各敷地において、それぞれ個別に判断され、それぞれの土地または敷地の土地価格の形成要因として把握されることとなる。

しかし、街として全体を考えた場合、個々の土地または敷地がそれぞれ独立して機能するというより、それぞれの土地または敷地毎に異なる用途を前提に土地利用が定まり、その各土地または各敷地の土地利用が有機的に一体となり、街全体として合理的に機能するということが考えられる。現実に、地区計画や特例容積率適用地区における各土地または各敷地間の相互利用は、このような街全体としての機能の一体性を前提に実施されている。

したがって、最有効使用の判断を実施するにあたっては、特に余剰容積利用権の移転を前提とする最有効使用の判断にあたっては、1つの土地の独立的な機能を前提とする最有効使用のみに固執することなく、街全体としての機能を考慮し、その将来像への予測を含め、最有効使用を認定することが不可欠となると理解される。

(3) 育成用途等の法令上の拘束がある用途の土地価格形成上の特質

ある用途が育成用途であった場合、その容積率の活用は当該用途に限定されることとなり、その変更には都市計画等の変更が必要となる。しかし、このある用途が育成用途でなかった場合、その用途を活用するためには、最有効使用となる用途と同様の容積率の活用が必要となるため、ある用途が最有効使用になければ、経済合理性に基づき他の最有効使用の用途に容積が活用されるため、このある用途の建築物計画上の実現性はほとんどなくなる。どうしても、このある用途での建築物計画を実現したければ、経済合理性を無視して最有効使用の用途に係る容積率を活用しなければならない。

最有効使用の用途が事務所である地域において、ある用途をホテルとして、仮にホテルが建築物計画になかった場合、権利者が取得可能となる権利床は、当該地区の最有効使用となる従後用途である事務所として建築物計画が実施される場合である。その事務所主体案に比し、容積率の価値(効用比率)が劣る

ホテル主体案の場合、ホテルは多く床面積を取得可能となるが、他の権利者の取得する権利床（事務所）の取得面積が逓減すれば、明らかにホテルを計画することによる不利益を被る結果となるため、他の権利者は容易に容認できない計画案となる。

　この基本的な考え方の例外となり得るケースが、建築物計画において、ホテルが育成用途として都市計画上、用途の使途が限定される場合である。この場合、ホテルの最有効使用は都市計画によって容積の使途がホテルという用途に限定され、その内容は都市計画という行政的要因によって担保されることとなるため、従後容積である用途は可変性を失い硬直化する結果、はじめてホテルを前提とする容積率の活用が可能と考える。

　一方、他の権利者の使用する容積の使途は、育成用途に関しホテルが貢献することにより収益性の劣る育成用途を設けることなく、最も収益性に優れる事務所に容積を充当可能となるメリットが享受できるため、育成用途が適正に評価されている以上、権利均衡の原則に反することはなく、異論がでないという結果になる。

　さらに、従後床価格（権利床価格）は、都市計画という行政的要因のみによって価格形成されるものではなく、他の要因である社会的・経済的要因による育成用途の適正配分が必要となる。事務所が収益を最大とする最有効使用であっても事務所のみが単独に機能とするものではないため、事務所の補完用途である店舗（サービスヤードとしての店舗）の存在があって初めて事務所の十全の機能を発揮すると考えることが最有効使用となる社会的・経済的要因と考えるべきである。

　したがって、従後容積率中の育成用途を、最低限必要となる店舗とホテルに配分し、店舗はサービスヤードとしての店舗評価を、ホテルはホテルとしての評価を行い、ホテルに現実に必要な容積率のうち、育成用途を超える容積率部分に関しては、最有効使用の用途である事務所容積を権利者の都合によってホテルに利用するという考え方から、事務所として評価することが最も一般的であり合理的であると考える。

3. 容積移転の担保方策について

（1）一般的な余剰容積率利用権の担保方策（余剰容積率利用権の譲渡地が第三者へ処分された場合の担保方策）

　複数の建築物間で容積の移転を伴う場合、これらの各建築物の容積を担保するための方策には、都市計画法上または建築基準法上によるもののほか、私法上の担保策が併用されるのが、通例である。

　容積移転を都市計画法に基づく制度により行う場合、都市計画は広域的なまちづくりの視点からなされるため、街区単位で決定されることが多い。したがって、一街区一建築物の場合には、容積の移転はその都市計画で担保されるが、一街区内に複数の建築物がある場合は、この複数の建築物相互の調整は、建築基準法に基づく制度により行われることとなる。

　容積移転を建築基準法に基づく制度により行う場合は、個々の建築計画そのものによることとなる。一建築物の場合または用途不可分の場合は、建築物としてまたは利用状況として容積の移転が担保される。一団地の総合的設計制度または連担建築物設計制度の場合は、建築計画が特定行政庁により認定され、公告・縦覧に付されることにより担保されることとなる。しかしながら、仮に既に認定を受けた区域内に余剰容積がある場合で、その複数建築物の1つを建て替えようとする場合には、その余剰容積の帰属が問題となる。特定行政庁の認定は、あくまでも建築規制の点から審査されるものであり、この容積の帰属問題については審査されず、市街地環境上、支障がなければ認定されることとなる。したがって、この場合は、私法上の担保措置があわせて必要となろう。なお、建築基準法上の担保方策は、建築計画が変更された場合、再度、認定等を取得し直す必要が生ずることによるものである。また、私法上可能な方策は、私人間の合意を基礎的な前提とするものであり、この合意如何により、内容の修正は可能であり、設定・変更等の内容を含め、基本的に私人間の合意に委ねられることとなる。

　以上、これらの各方策は、それぞれの役割・機能を異にするものであるから、選択適用されるべき性質のものというより、むしろ、それぞれの役割に応じた併用がなされることにより、その機能を十全に発揮し得るものと理解すべきである。特に、建替えや増築等の事後的処理への対応の担保のためには、建築基

準法等の担保方策と私法上の担保方策の併用により、初めて将来に向けての担保が可能となる。

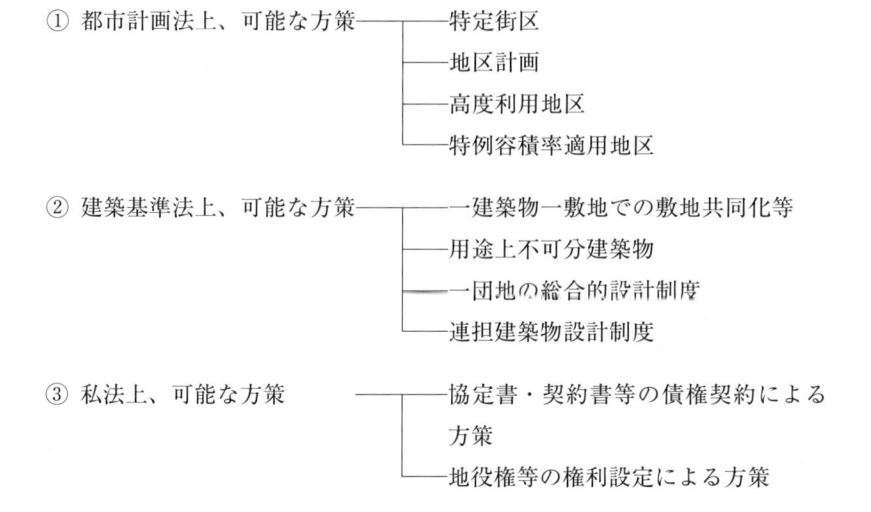

① 都市計画法上、可能な方策
- 特定街区
- 地区計画
- 高度利用地区
- 特例容積率適用地区

② 建築基準法上、可能な方策
- 一建築物一敷地での敷地共同化等
- 用途上不可分建築物
- 一団地の総合的設計制度
- 連担建築物設計制度

③ 私法上、可能な方策
- 協定書・契約書等の債権契約による方策
- 地役権等の権利設定による方策

以上のとおり、同一の都市計画等により定められた容積率の再現性を担保する方策には、一般的に次のようなものがあり、これらの組合せにより担保方策を策定することが一般的である。

1) 土地所有者間の約定に基づく場合（債権契約により担保する方法）
2) 行政法規上の制約に基づく場合その１（地区計画、高度利用地区、特定街区又は特例容積率適用地区等の都市計画により担保する方法）
3) 行政法規上の制約に基づく場合その２（建築基準法第86条第１項による一団地の総合的設計制度または同第２項による連担建築物設計制度の活用により建築確認申請上の建替え等を実質的に担保する方法）
4) 区分地上権、地役権の私法上の権利を設定の上、それを登記し第三者対抗力を具備することによって継承力を担保する方法

（２）私法上の権利設定による担保方策とその実務

通常の場合、容積率移転の当事者は、容積率移転に伴い、移転の内容とその対価等の経済条件を約定するため、容積率移転の売買契約や協定書等の債権契

約を締結するものである。これらの約定がなく、容積率を移転する例はないと言って過言ではない。ただし、この債権契約のほか、その契約内容に則して地役権等の権利を設定し、これを登記するか否かは、容積率移転の当事者が当該不動産（土地）を今後どのように保有し、あるいは活用していくかによって異なってくるものである。しかし、不動産は容積率の移転の如何を問わず、常に第三者への処分等による流動性が図られる可能性が否定できないことから、地役権等の権利を設定し、第三者への対抗力を具備することは肝要であるとともに、そのような第三者対抗力をもつ移転可能な余剰容積率利用権は、それのない移転可能な余剰容積率利用権に比し、資産価値が高く市場流通性にも優れるものと考えるべきである。

債権契約のみによる担保方策の場合と債権契約に地役権等の権利設定及び登記を加えた担保方策との相違点並びにその特徴をまとめると次表のようになる。

❶ 区分地上権（民法269条の2）

地下または空間の上下の範囲を定め、工作物を所有するための地上権であって、土地の立体利用を目的とするものである。

したがって、区分地上権は、地上権の一種であり、土地のある層のみを客体とするという点で、全層を客体とする一般地上権と異なるにすぎないから、その差異は量的なものにとどまり、質的差異を生じない。区分地上権に固有する主な特色は次のとおりである。

① 一般地上権や貸借権が設定されている土地についても、その権利及びこれを目的とする権利（例えば、地上権の抵当権、不動産質権上の転質権など）を有する者すべての承諾があれば、この地上権を設定することができる。

② 土地の使用収益権者は、区分地上権の行使を妨げることができない（民法269条の2第2項）。

③ 区分地上権の設定行為で、その行使のために、例えば地上に一定の重量以上の工作物を設置しないように、土地の使用に制限を加えることができる（民法269条の2第1項後段）。

④ 逆に土地所有者の所有する工作物維持のために、区分地上権者の利用を制限することもできる。（鈴木禄弥・注釈民法(7) p.434）

❷ 地役権（民法280条）

民法の定める4種の用益物権（地上権・地役権・永小作権・入会権）の一種であって、特定の土地（要役地）の便益のために、他人の土地（承役地）を利用する権利である。地役権設定による土地（承役地）の負担は、設定契約の内容によって定められる範囲に限られ、承役地の所有者もなお直接占有することができ、その用益機能を果たすことができる。また、地役権の内容（土地使用目的）には、制限がなく、相隣関係中の強硬法規に反しないかぎり、基本的には、どのようなものでも差し支えない。

このように、地役権も、他人の土地の利用するという観点からは、賃借権や地上権と変りはないが、地役権は単に他人の土地の利用というものではなく、実質的には自他2つの土地の利用を調節する機能を有する点にその特徴を有する。また、地役権を設定してもその承役地を、地役権者のみならずその土地所有者（または地役権者以外の用益権者）も地役権を侵害しない範囲において使用しうる点から、土地の共同使用権であると言える。

❸ 地上権と地役権の登記上の課題

地上権と地役権は、その法律的な特質から次のような問題点がある。したがって、これらの諸問題につき法的側面から検討を加えた上で、それぞれの適用可能性について検討する。

図表3-4-1

本質		権利の種類	問　題　点
立体的利用の権利	物件	区分地上権 （民法269条の2）	① 土地の上下の範囲の決め方 ② 一筆の土地の一部に区分地上権を設定できるか ③ 建物所有を目的とする場合、借地借家法の適用があるか
		地役権 （民法280条）	① 土地の上下の範囲の決め方 ② 地役権自体の登記は可能であるが、対価及び存続期間が登記事項とされていない ③ 一筆の土地の一部に地役権が設定できるか

① 土地の上下の範囲の決め方（区分地上権、賃借権、使用借権）

一般に、土地の「上下ノ範囲」は、平行する2つの水平面で区画されているのが普通である。

【例】

ア）「東京湾平均海面の上（または下）××メートルから上（または下）△△メートルの間」

イ)「土地の東南隅の地点を含む水平面を基準として下××メートルから下△△メートルの間」
② 一筆の土地の一部に区分地上権、地役権が設定できるか。

土地の所有権は、地面並びに人の支配及び利用の可能な範囲でその上下を含むところの立体的存在物である（民法207条）。

土地は無制限に連続しているが便宜上、人為的に区分することにより権利の対象となる。よって、一個の土地とは、一般的には登記簿上一筆とされた範囲をいう。

【一筆の土地の一部に物権変動を認めた判例】

○一筆の土地と云ども、これを区分して、その土地の一部を売買の目的とすることはできる。そして右「土地の一部」が売買の当事者間において具体的に特定しているかぎり、分筆手続完了前においても、買主は右売買に因りその土地の一部につき所有権を取得することができる。ただし、土地の区画は人為的なものであるから、一個の土地を事実上区分しても尚独立の経済的価値をもち得る。（最高裁判決　昭和40年2月23日）

○占有の継続を要件とし、登記を取得時効の要件としていない現行法の建前から占有されている土地の部分が客観的に特定されている限り、それら占有部分の土地についても、限定的に時効による土地所有権の取得が認められる。（大審院判決　大正13年10月7日）

a) 区分地上権

普通地上権を一筆の土地の一部に設定することは、可能だと解されているから、区分地上権の設定も可能だといわざるをえない。（鈴木禄弥・注釈民法 p.432）

その区分地上権を第三者に対抗するには設定登記を必要とし、その為には分筆登記が不可欠の前提となるため、第三者に対する関係では、分筆登記以前に区分地上権の設定・取得は問題となり得ない。

b) 地役権

要役地は当然一筆または数筆の土地であることを要する。
一筆の土地の一部のために地役権を設定することはできない。
承役地は一筆の土地の一部であっても差し支えない。

以上のとおり、区分地上権・地役権のいずれも一筆の土地の一部にその設定が可能となる。しかし、地上権については、分筆登記後でなければその権利の設定登記はできない。

c）地役権の登記について

地役権は、承役地の乙区事項欄に登記され、同時に要役地の乙区事項欄にも表示される（不動産登記法12条・80条）。したがって、地役権者の住所・氏名は記載を要せず、また、地役権の対価及び存続期間が登記事項となっていないことから、これらの定めがある場合においても、これらを第三者に対抗することができない。

図表３－４－？

	必要的記載事項	任意的記載事項
承役地	要役地の表示 地役権の設定目的・範囲 （113条）	民法第281条第１項但書の定め （地役権の付従性のため関係なし） 民法第285条第１項但書の定め （用水地役権のため関係なし） 民法第286条の定め （工作物設置のため関係なし） （113条）
要役地	承役地の表示 その土地が地役権の目的たる旨 地役権設定の目的・範囲 （114条）	――――――――

	区分地上権	地　役　権
権利自体の登記	○登記可能 （民法177条・不動産登記法３条） →地主に登記義務あり 【登記事項】 　①　地上権の設定目的 　②　地上権の設定範囲 　③　地代とその支払期 　④　存続期間 　⑤　地上権者の住所・氏名等 　　　（不動産登記法80条）	○登記可能 （民法177条・不動産登記法３条） →地主に登記義務あり 【登記事項】 　①　要役・承役地表示 　②　地役権の設定目的 　③　地役権の設定範囲　等 　　　（不動産登記法80条）

❹ 地役権の権利設定上の特色及び登記上の課題

移転可能な余剰容積率利用権を担保するために設定される権利として最も一般的で、かつ、事例が多くなっている権利が地役権である。地役権は、特定の

土地の便益を図るために、他人の土地を利用する権利であり（民法280条）、2つの土地相互間の利用を目的とするものであるから、移転可能な余剰容積率利用権の設定に最も合致した権利と言えることは、前述のとおりである。

　地役権は用益物権の一種であり、便益を受ける特定の土地を要益地（移転可能な余剰容積率利用権の設定の場合は譲受地）といい、便益を供し利用される土地を承益地（移転可能な余剰容積率利用権の場合は譲渡地）という。移転可能な余剰容積率利用権の譲受地（要益地）は、余剰容積率が移転されると利用価値が増進し、これとは反対に、移転可能な余剰容積率利用権の譲渡地（承益地）の利用は制限を受けることとなり、地役権が設定された場合の要益地と承益地の関係がそのまま実現していることとなる。また、地役権に関しては、便益の種類に制限がない。

　以下に、地役権の法律的な特色に則し、移転可能な余剰容積率利用権のための地役権設定上の課題と登記上の課題等に関し整理する。

① 地役権の設定は土地所有者間の関係に限定されるか否か

　　地役権は土地所有者相互間のみに限定されて設定されるべき性質のものか、あるいは地上権者や賃借権者のような土地利用権者も地役権の主体となり得るかという課題である。

　　この問題に関し、学説や判例の多くは、土地利用権者も地役権の主体となることを認めており、移転可能な余剰容積率利用権を受ける側（譲受地側）が土地所有者でなくとも、当該譲受地の地上権者や賃借権者のような土地利用権者であっても、地役権の設定は可能であり（最高裁判例　昭和36年2月22日、注釈民法 p.483）、その登記も可能と解される（昭和36年9月15日　民事甲第2324号民事局長回答）。

② 地役権の設定及び登記

　　地役権は要益地のために存在するものであるから、要益地から分離して単独に譲渡しあるいは他の権利の目的とすることはできない（民法281条2項・地役権の随伴性）。ただし、地役権は、承益地の一部についても設定することができるため、承益地を分筆することなく（図面で特定すれば良い）登記が可能である。しかし、要益地の一部について地役権を設定することはできないから、要益地の一部のみに地役権を設定する場合においては、要益地を分筆することが必要となる。

③ 地役権の地代と存続期間

　地役権は有償によって設定されることが多いが、地代等の経済的な対価を登記することができない。また、地役権の存続期間に関しても、有期限とすることは当然に可能と解されるが、存続期間を登記することができない。したがって、移転可能な余剰容積率利用権の対価や継続的な地代等を定める場合に関しては、地役権の登記内容のほか、債権契約等によって当事者間で定めるより他に方法がない。

④ 地役権の登記方法

　地役権の設定登記は、地役権者（要益地の所有権の登記名義人あるいは地上権者・賃借権者の登記名義人）を登記権利者とし、地役権の設定者（承益地の所有権の名義人）を登記義務者とし、両者の共同申請によってなされるのが原則となる。

　登記の方法は、承益地の登記記録に地役権の設定の登記がされ、要益地の登記には、承益地に登記した旨が登記官の職権によって登記される（不動産登記法80条4項及び登記規則159条・同160条）。

⑤ 地役権の登記例

　具体の地役権の登記例を以下に掲げる。

　登記例(1)　要役地乙区欄

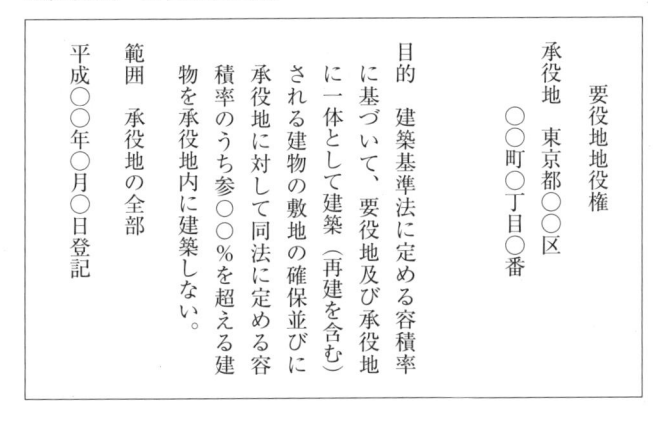

```
要役地地役権
承役地　東京都○○区
　　　　○○町○丁目○番
目的　建築基準法に定める容積率に基づいて、要役地及び承役地に一体として建築（再建を含む）される建物の敷地の確保並びに承役地に対して同法に定める容積率のうち参○○％を超える建物を承役地内に建築しない。
範囲　承役地の全部
平成○○年○月○日登記
```

承役地乙区欄

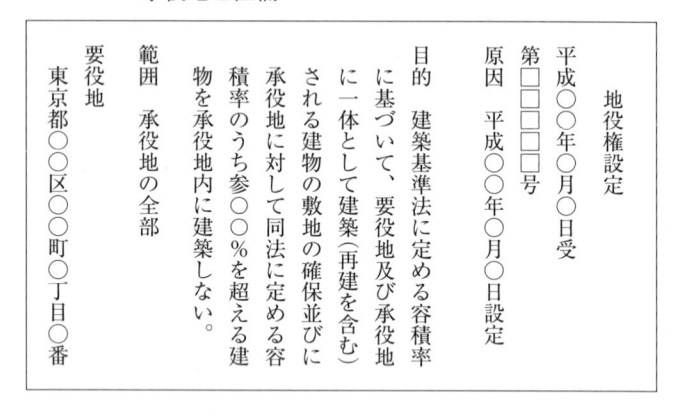

```
                                  地役権設定
 範囲  要役地            目的                     原因          第
       東京都○○区○○○町○丁目○番  承役地の全部  建築基準法に定める容積率に基づいて、要役地及び承役地に一体として建築(再建を含む)される建物の敷地の確保並びに承役地に対して同法に定める容積率のうち参○○%を超える建物を承役地内に建築しない。  平成○○年○月○日設定  □□□□□号  平成○○年○月○日受
```

登記例(2)　要役地乙区欄

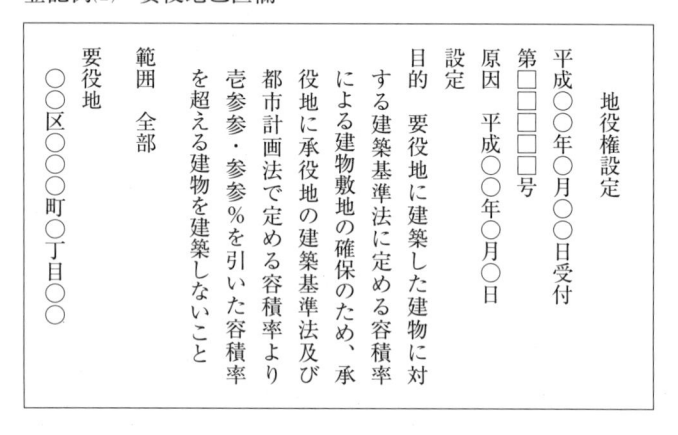

```
                                  地役権設定
 範囲  要役地            目的                     原因          第
       ○○区○○○町○丁目○○  全部  要役地に建築した建物に対する建築基準法に定める容積率による建物敷地の確保のため、承役地に承役地の建築基準法及び都市計画法で定める容積率より壱参・参参%を引いた容積率を超える建物を建築しないこと  平成○○年○月○日設定  □□□□□号  平成○○年○月○日受付
```

4．余剰容積率利用権の評価方法

（1）余剰容積率利用権の評価手法

　宅地に対する所有権や借地権のような利用権は、容積率などの一定の土地利用規制の制約の基で、開発あるいは建築に供することを主たる内容として、その価値が形成されるものであり、具体には、評価の対象となる土地に「最有効使用」となる建物を建設して利用する場合を前提とした土地価格を評価するものである。これに対し、余剰の容積の利用権は、この開発をする権利あるいは建築をする権利を、場所を変えて別の土地で行使する場合の空間利用権を意味

し、A地の容積率のうち、余剰な容積率をB地においてB地本来の容積率と一体で利用する場合における「A地から移転を受けた容積率を利用する権利または開発する権利」として位置づけられる。これらの権利に基づき、余剰の容積の利用権が設定又は譲渡された場合、通常、有償で権利設定・譲渡が行なわれるものであるから、当該権利の評価の必要性が生ずるものである。かかる権利の評価手法については、必ずしも確立された手法が存するものではないが、特殊な場合を除き、後掲のフロー図により評価を行っているのが通常である。

図表3-4-3

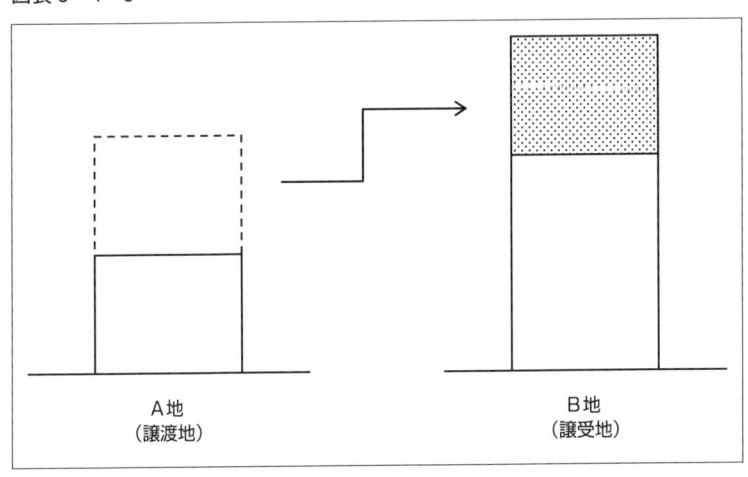

容積を移転することは、譲渡地の立場から見ると、その土地が持つ本来の容積率まで建築ができないという不利益が生じることであり、譲受地の立場から見ると、その土地が持つ本来の容積率以上の建築ができるという利益が生じるということである。余剰の容積の利用権の評価とは、この不利益と利益とを調整することであり、不利益を生じる程度と利益を得る程度の双方から接近する必要がある。

余剰の容積の利用権の評価において考えられる手法は、次の3手法であるが、余剰の容積の利用権の取引は、極めて個別性が強く、その内容が個々具体に決定されている場合が多いことから、①の取引事例比較法の適用は困難であるのが通常である。したがって、一般的には、②の地価配分率による手法によ

り求めた価格及び③の収益還元法により求めた収益価格を相互に比較検討し評価するのが通例である。
① 取引事例比較法
　　現実の余剰の容積の利用権の取引価格から試算する方法で、Ｘプロジェクトの移転可能な余剰容積率利用権の取引価格から対象プロジェクトの移転可能な余剰容積率利用権の価格を直接比較することにより求める方法である。実務経験的に言えば、移転可能な余剰容積率利用権の価格は、地域的な特性等の個別性や契約内容による個別性が極めて強く、他の取引事例による価格との比較は困難である。
② 地価配分率による手法により求めた価格
　　具体の建築物の建築を想定して、その各フロアーの持つ効用に応じて土地価格を立体的に配分し、その効用の増加あるいは減少の度合から価格アプローチする方法で、階層別効用比率を基にした地価配分率により、移転可能な余剰容積率利用権の移転前後の土地価格を立体的に配分し求める考え方であり、最も多く採用されている方法である。
③ 収益還元法
　　具体の建築物の建築を想定し、その収益性から価格アプローチする方法。
このようにして査定された価格に、法制度上の制約による補正率を乗じ、最終的な余剰の容積の利用権の価格を評価する。この場合における法制度上の制約による補正率とは、当該権利が他人の容積率の利用権の一部を、自己の土地上に移転して利用する権利であるということから直接土地に及ばない不安定な権利であり、金融上の担保力が劣り、建物と一体となって担保に組み込まれているに過ぎないなどの制約を反映する補正を意味するものである。したがって、この補正率は、
　(a) 契約上の債権的権利のみか、または地役権等の物権的措置がとられているか
　(b) 存続期間の長短
　(c) 毎年の使用料の有無
などの個別的な要因（契約内容等）により決定すべきものとなる。
　移転可能な余剰容積率利用権の一般的な評価方法は、後に示す評価フローのとおりであり、前記の②地価配分率による手法と③収益還元法のそれぞれによ

り、容積率移転前の譲渡地及び譲受地の土地価格並びに容積率移転前の譲渡地及び譲受地の土地価格を求め、両手法による容積移転前後の譲渡地及び譲受地の土地価格（試算価格）の開差額を調整の上、補正前の移転可能な余剰容積率利用権の価格を査定し、さらに法令上の制約等により移転可能な余剰容積率利用権の市場流通性の補正を実施し、最終的な評価額を決定するという手順で実施される。

（2）余剰容積率利用権の評価の手順

余剰容積率利用権の評価は、画地A（譲渡地）の余剰容積を画地B（譲受地）の所有者が買い受ける場合の評価であり、以下の手順により査定する。

容積移転を活用した密集市街地整備—事業論・各論　第3章

【評価フロー】

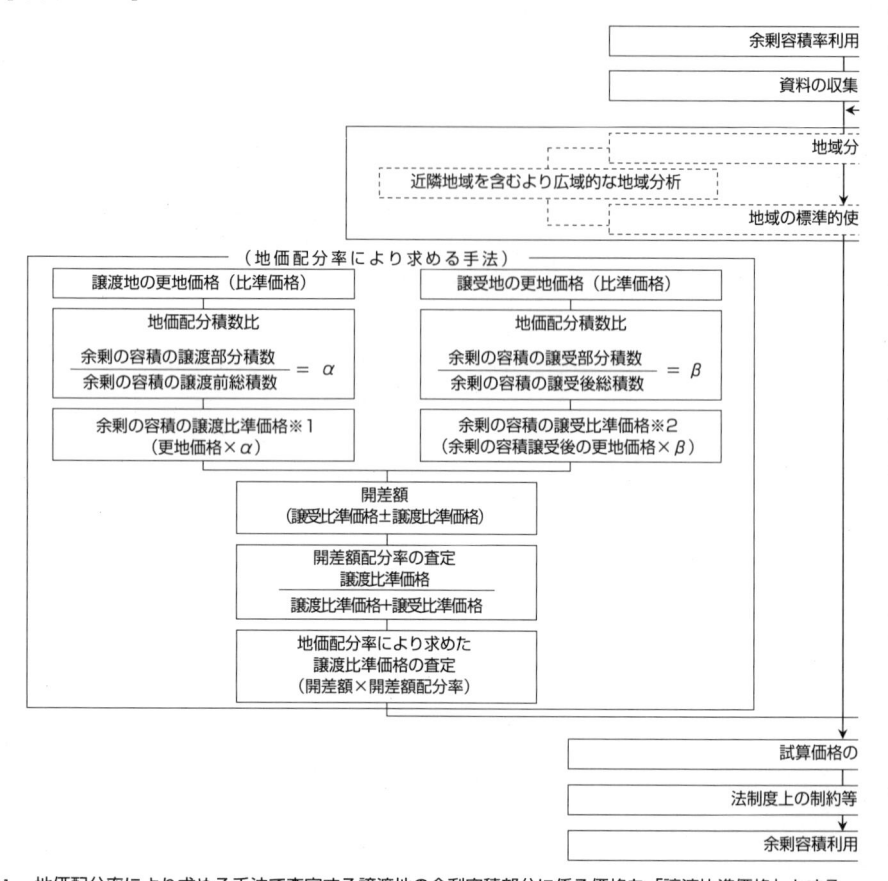

```
                                                          ┌─────────────────┐
                                                          │  余剰容積率利用  │
                                                          ├─────────────────┤
                                                          │    資料の収集    │
                                                          ├─────────────────┤
                                      ┌──────────────────┐│     地域分      │
                                      │近隣地域を含むより│├─────────────────┤
                                      │広域的な地域分析  ││  地域の標準的使  │
                                      └──────────────────┘│                 │
┌──────────(地価配分率により求める手法)──────────┐
│ ┌──────────────────┐      ┌──────────────────┐ │
│ │譲渡地の更地価格   │      │譲受地の更地価格   │ │
│ │(比準価格)         │      │(比準価格)         │ │
│ ├──────────────────┤      ├──────────────────┤ │
│ │  地価配分積数比   │      │  地価配分積数比   │ │
│ │ 余剰の容積の      │      │ 余剰の容積の      │ │
│ │ 譲渡部分積数  = α │      │ 譲受部分積数  = β │ │
│ │ 余剰の容積の      │      │ 余剰の容積の      │ │
│ │ 譲渡前総積数      │      │ 譲受後総積数      │ │
│ ├──────────────────┤      ├──────────────────┤ │
│ │余剰の容積の譲渡比 │      │余剰の容積の譲受比 │ │
│ │準価格※1          │      │準価格※2          │ │
│ │(更地価格×α)      │      │(余剰の容積譲受後の│ │
│ │                   │      │更地価格×β)       │ │
│ └────────┬──────────┘      └────────┬─────────┘ │
│          │     ┌──────────────────┐ │           │
│          └────▶│     開差額        │◀┘           │
│                │(譲受比準価格      │              │
│                │ ±譲渡比準価格)    │              │
│                ├──────────────────┤              │
│                │ 開差額配分率の査定│              │
│                │   譲渡比準価格   │              │
│                │ ─────────────── │              │
│                │ 譲渡比準価格+    │              │
│                │ 譲受比準価格     │              │
│                ├──────────────────┤              │
│                │地価配分率により  │              │
│                │求めた譲渡比準価格 │              │
│                │の査定            │              │
│                │(開差額×開差額    │              │
│                │配分率)           │              │
│                └──────────────────┘              │
└──────────────────────────────────────────────────┘
                                                          ┌─────────────────┐
                                                          │    試算価格の    │
                                                          ├─────────────────┤
                                                          │  法制度上の制約等│
                                                          ├─────────────────┤
                                                          │   余剰容積利用   │
                                                          └─────────────────┘
```

※1　地価配分率により求める手法で査定する譲渡地の余剰容積部分に係る価格を「譲渡比準価格」とする。
※2　地価配分率により求める手法で査定する譲受地の余剰容積部分に係る価格を「譲受比準価格」とする。

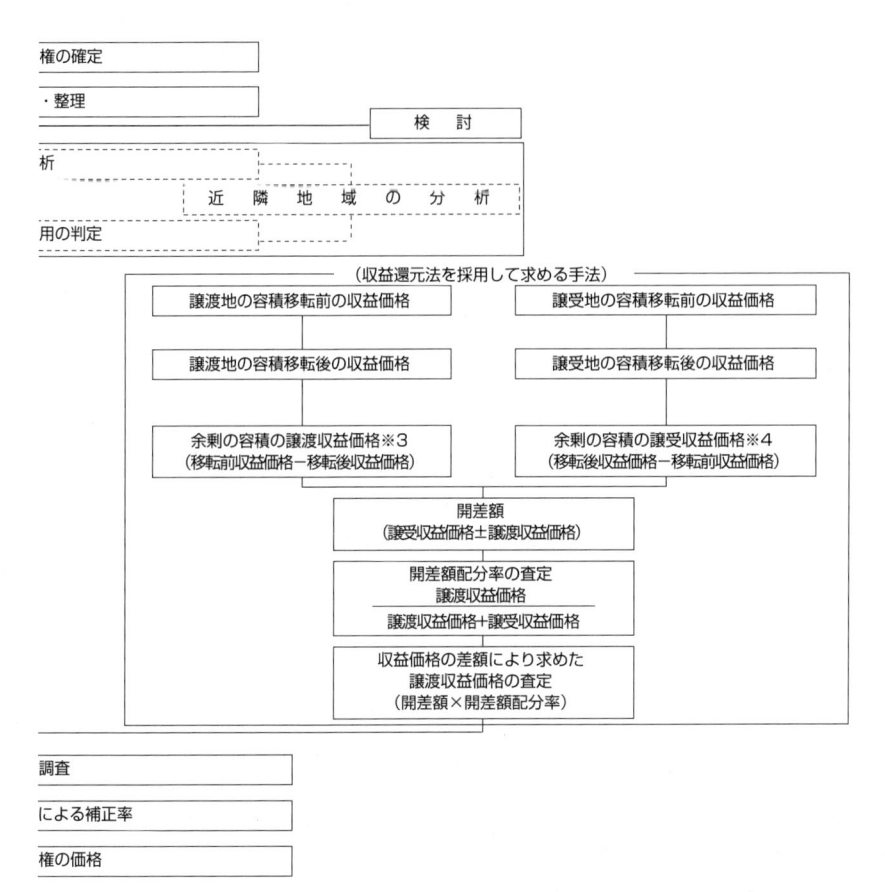

第4節　　　　　　　　　　　　　　　　　　　　　　　　用途容積移転の評価と活用

権の確定

・整理

検　討

析

近　隣　地　域　の　分　析

用の判定

（収益還元法を採用して求める手法）

譲渡地の容積移転前の収益価格　　　　譲受地の容積移転前の収益価格

譲渡地の容積移転後の収益価格　　　　譲受地の容積移転後の収益価格

余剰の容積の譲渡収益価格※3　　　　　余剰の容積の譲受収益価格※4
（移転前収益価格－移転後収益価格）　（移転後収益価格－移転前収益価格）

開差額
（譲受収益価格±譲渡収益価格）

開差額配分率の査定
譲渡収益価格
――――――――――――
譲渡収益価格＋譲受収益価格

収益価格の差額により求めた
譲渡収益価格の査定
（開差額×開差額配分率）

調査

による補正率

権の価格

※3　収益還元法を採用して求める手法で査定する譲渡地の余剰容積部分に係る価格を「譲渡収益価格」とする。
※4　収益還元法を採用して求める手法で査定する譲受地の余剰容積部分に係る価格を「譲受収益価格」とする

（3）余剰容積利用権の評価例

　土地所有権を当該土地所有者に残し、これによって既存建物を利用し、残りの容積を譲受地に移転する。また、この方法による場合、隣接地に移転した容積を担保するために、地役権（要役地＝譲受地Ｂ、承役地＝対象地Ａ）を設定することとする。

【評価例に係る土地の概要】

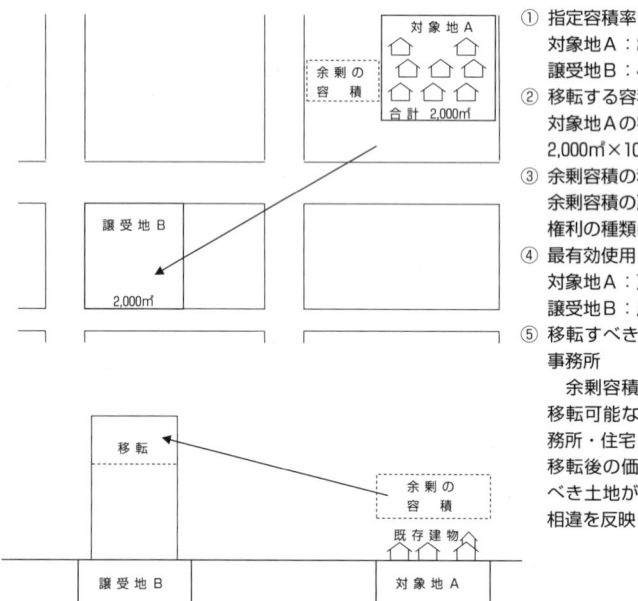

① 指定容積率
　対象地Ａ：200％
　譲受地Ｂ：400％
② 移転する容積
　対象地Ａの容積のうち100％
　2,000㎡×100％＝2,000㎡
③ 余剰容積の利用権
　余剰容積の所有期間60年
　権利の種類は既登記の地役権
④ 最有効使用
　対象地Ａ：戸建住宅用地
　譲受地Ｂ：店舗付高層事務所地
⑤ 移転すべき容積の最有効用途：
　事務所
　　余剰容積の利用権の価値は、移転可能な余剰容積の種類（事務所・住宅・その他）によって、移転後の価値が異なり、移転すべき土地が異なれば土地価格の相違を反映したことになる。

	土地面積	容積率	建築可能延床面積	移転する容積率	移転する延床面積	容積移転後延床面積
対象地Ａ	2,000㎡	200％	4,000㎡	100％	2,000㎡	2,000㎡
譲受地Ｂ	2,000㎡	400％	8,000㎡	―		10,000㎡

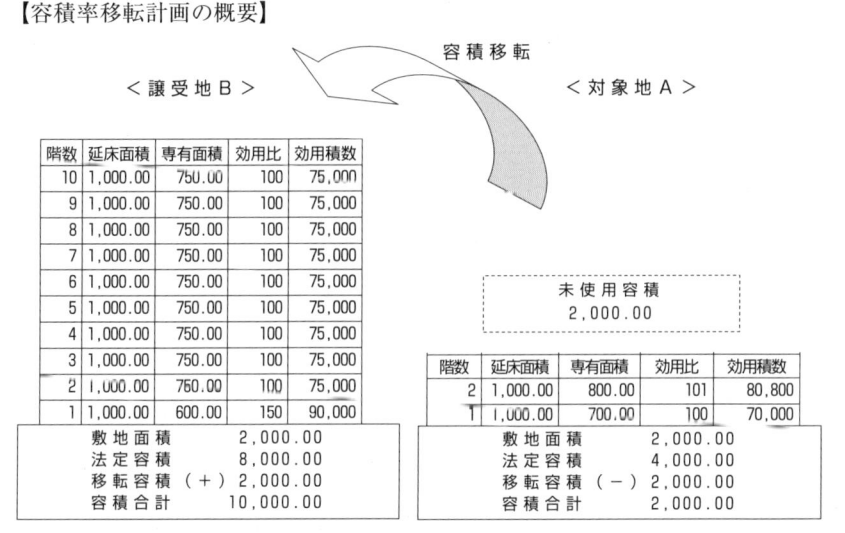

第4節　用途容積移転の評価と活用

【容積率移転計画の概要】

＜譲受地Ｂ＞　　　　容積移転　　　＜対象地Ａ＞

階数	延床面積	専有面積	効用比	効用積数
10	1,000.00	750.00	100	75,000
9	1,000.00	750.00	100	75,000
8	1,000.00	750.00	100	75,000
7	1,000.00	750.00	100	75,000
6	1,000.00	750.00	100	75,000
5	1,000.00	750.00	100	75,000
4	1,000.00	750.00	100	75,000
3	1,000.00	750.00	100	75,000
2	1,000.00	750.00	100	75,000
1	1,000.00	600.00	150	90,000

```
敷 地 面 積     2,000.00
法 定 容 積     8,000.00
移 転 容 積 (＋) 2,000.00
容 積 合 計   10,000.00
```

未 使 用 容 積
2,000.00

階数	延床面積	専有面積	効用比	効用積数
2	1,000.00	800.00	101	80,800
1	1,000.00	700.00	100	70,000

```
敷 地 面 積     2,000.00
法 定 容 積     4,000.00
移 転 容 積 (－) 2,000.00
容 積 合 計    2,000.00
```

❶ 容積移転前の更地価格の評価

① 近隣地域の標準的使用における標準価格の査定

　　公示価格を規準とした価格、取引事例比較法を採用して求めた価格、世評価格その他の土地価格資料を比較検討して、各近隣地域の標準価格を次のとおり査定した。

近隣区分	標準価格	諸価格群
A	40万円/㎡	○ 公示価格を規準とした価格 　　　38万1千円/㎡……別表①参照 ○ 取引事例比較法を採用して求めた価格 　　　38万7千円/㎡〜41万4千円/㎡……別表②参照
B	100万円/㎡	○ 公示価格を規準とした価格 　　　96万4千円/㎡……別表③参照 ○ 取引事例比較法を採用して求めた価格 　　　98万4千円/㎡〜103万5千円/㎡……別表④参照

② 各調査対象不動産の土地価格の査定

　　標準価格の価格形成要因と比較して、調査対象各不動産は、次の価格修正を必要とする個別的要因があるので、下表のとおり、所要の格差修正を施し、これに評価数量を乗じて端数を整理の上、以下のとおり土地価額を査定した。

	①標準価格(円/㎡)	②個別的要因と増減価率査定 A 画地条件以外の個別的要因	②個別的要因と増減価率査定 B 画地条件に係る個別的要因	③=(100+A)×(100+B) 個性率(%)	④=①×③ 個性価格(円/㎡)	⑤ 評価数量(㎡)	⑥=④×⑤ 土地価額(円)
対象地A	400,000	—		100	400,000	2,000.00	800,000,000
隣接地B	1,000,000	—	・三方路＋7	107	1,070,000	2,000.00	2,140,000,000

❷ 余剰容積利用権の評価（地価配分率による手法により求めた価格）

① 譲渡地（対象地A）の立場から考察した譲渡価格

（対象地Aの更地価格）（容積譲渡部分の地価配分積数比）（容積譲渡価格）

$$800{,}000{,}000円（※1）\times \frac{164{,}800（※2）}{315{,}600（※3）} = 418{,}000{,}000円$$

（※1）前記❶の対象地Aの価格

（※2）下表の譲渡容積の効用積数の合計

（※3）下表の更地価格に対応する効用積数の合計

階層	用途	全体床面積 容積対象床面積	全体床面積 ①専有面積(㎡)	全体床面積 ②効用比 用途別	全体床面積 ②効用比 階層別	全体床面積 ②効用比 総合	全体床面積 ③=①×② 効用積数	譲渡床面積 容積対象床面積	譲渡床面積 ④専有面積(㎡)	譲渡床面積 ⑤=④×② 効用積数
4	住宅	1,000.00	800.00	100.0	104.0	104.0	83,200	1,000.00	800.00	83,200
3	住宅	1,000.00	800.00	100.0	102.0	102.0	81,600	1,000.00	800.00	81,600
2	住宅	1,000.00	800.00	100.0	101.0	101.0	80,800			
1	住宅	1,000.00	700.00	100.0	100.0	100.0	70,000			
合計		4,000.00	3,100.00				315,600	2,000.00	1,600.00	164,800

② 譲受地（隣接地B）の立場から考察した譲受価格

（隣接地Bの容積移転後更地価格）（容積譲渡部分の地価配分積数比）（容積譲受価格）

$$2{,}568{,}000{,}000円（※1）\times \frac{150{,}000（※2）}{765{,}000（※3）} = 504{,}000{,}000円$$

（※1）容積移転後の隣接地Bの更地価格

　　　　（隣接地Bの更地価格）（容積譲受による補正）（容積移転後の更地価格）

　　　　　2,140,000,000円　×　　120％　　≒　2,568,000,000円

（※2）下表の譲渡容積の効用積数の合計

（※3）下表の更地価格に対応する効用積数の合計

第4節　用途容積移転の評価と活用

階層	用途	全体床面積						譲受床面積		
^	^	容積対象床面積	① 専有面積(㎡)	②効用比			③=①×②効用積数	容積対象床面積	④ 専有面積(㎡)	⑤=④×②効用積数
^	^	^	^	用途別	階層別	総合	^	^	^	^
10	事務所	1,000.00	750.00	100.0	100.0	100.0	75,000	1,000.00	750.00	75,000
9	事務所	1,000.00	750.00	100.0	100.0	100.0	75,000	1,000.00	750.00	75,000
8	事務所	1,000.00	750.00	100.0	100.0	100.0	75,000			
7	事務所	1,000.00	750.00	100.0	100.0	100.0	75,000			
6	事務所	1,000.00	750.00	100.0	100.0	100.0	75,000			
5	事務所	1,000.00	750.00	100.0	100.0	100.0	75,000			
4	事務所	1,000.00	750.00	100.0	100.0	100.0	75,000			
3	事務所	1,000.00	750.00	100.0	100.0	100.0	75,000			
2	事務所	1,000.00	750.00	100.0	100.0	100.0	75,000			
1	店舗	1,000.00	600.00	150.0	100.0	150.0	90,000			
合計		10,000.00	7,350.00				765,000	2,000.00	1,500.00	150,000

③　譲渡価格と譲受価格の開差額及び開差額の配分

　　余剰容積譲受価格から譲渡価格を控除し、以下のとおり開差額を査定。

　　開差額＝譲受価格504,000,000円－譲渡価格418,000,000円＝86,000,000円

　　開差額の配分率は、余剰容積譲受価格と余剰容積譲渡価格の合計に対する比率で査定。

$$開差配分率 = \frac{譲渡価格}{譲渡価格＋譲受価格} = \frac{418,000,000円}{418,000,000円＋504,000,000円} = 0.453$$

　　開差額の配分額は、開差額に配分率を乗じ査定。

　　開差配分額＝開差額　86,000,000円×開差配分率0.453＝39,000,000円

④　余剰容積利用権の経済価値

　　余剰容積の譲渡価格に開差配分額を減算し査定。

　　（余剰容積の譲渡価格）　（開差配分額）　（余剰容積利用権の経済価値）

　　　418,000,000円　＋39,000,000円　＝　457,000,000円

❸　余剰容積利用権の評価（収益還元法を採用して求めた価格）

①　譲渡地（対象地A）の立場から考察した譲渡価格

　a)　余剰容積移転前の収益価格

　　　余剰容積移転前の容積率200％に対する最有効使用を前提とする収益価格を別表③により、以下のとおり査定した。

253

余剰容積移転前の収益価格
7億4,300万円（37万2千円/㎡）……別表⑤参照

　b）余剰容積移転後の収益価格

　　　余剰容積移転後の容積率100％に対する最有効使用を前提とする収益価格を別表④により、以下のとおり査定した。

余剰容積移転後の収益価格
3億2,600万円（16万3千円/㎡）……別表⑥参照

　c）余剰容積譲渡価格

① 余剰容積移転前の収益価格	② 余剰容積移転後の収益価格	③＝①－② 余剰容積譲渡価格
7億4,300万円	3億2,600万円	4億1,700万円

③　譲受地（隣接地B）の立場から考察した譲受価格

　a）余剰容積移転後の収益価格

　　　余剰容積移転後の容積率500％に対する最有効使用を前提とする収益価格を別表⑤により、以下のとおり査定した。

余剰容積移転後の収益価格
24億9,600万円（125万円/㎡）……別表⑦参照

　b）余剰容積移転前の収益価格

　　　余剰容積移転前の容積率400％に対する最有効使用を前提とする収益価格を別表⑥により、以下のとおり査定した。

余剰容積移転前の収益価格
20億円（100万円/㎡）……別表⑧参照

　c）余剰容積譲受価格

① 余剰容積移転後の収益価格	② 余剰容積移転前の収益価格	③＝①－② 余剰容積譲受価格
24億9,600万円	20億円	4億9,600万円

③　譲渡価格と譲受価格の開差額及び開差額の配分

　　　余剰容積譲受価格から譲渡価格を控除し、以下のとおり開差額を査定した。
　　　開差額＝譲受価格496,000,000円－譲渡価格417,000,000円＝79,000,000円
　　　開差額の配分率は、余剰容積譲受価格と余剰容積譲渡価格の合計に対する比率で査定。

$$開差配分率 = \frac{譲渡価格}{譲渡価格 + 譲受価格} = \frac{417,000,000円}{417,000,000円 + 496,000,000円} = 0.457$$

開差額の配分額は、開差額に配分率を乗じ査定。

開差配分額 = 開差額　79,000,000円 × 開差配分率0.457 = 36,000,000円

④　余剰容積利用権の経済価値

余剰容積の譲渡価格に開差配分額を減算し査定。

(余剰容積の譲渡価格)　　(開差配分額)　　(余剰容積利用権の経済価値)
417,000,000円　　 + 36,000,000円　 =　　453,000,000円

❹　余剰容積利用権の試算価格の調整

以上により、

地価配分率による価格　457,000,000円

収益還元法による価格　453,000,000円

が求められたので、余剰容積利用権の補正前価格を以下により査定した。

(地価配分率による価格)(収益還元法による価格)　(余剰容積利用権の補正前価格)
457,000,000円×50% + 453,000,000円×50%　=　　455,000,000円

❺　余剰容積利用権の評価額の決定

　余剰容積利用権は、法制度としては社会的に認知されておらず、この意味において不安定な権利であるため、「余剰容積率利用権の法制度上の制約」を考慮した補正率を上記価格に乗じて評価額を決定する。

　余剰容積利用権は、以下のような制約や特色を有するため、完全所有権と比較して法的に劣る権利であり、期間との関連で借地権に比較しても劣る権利といえ、以下の関係が成り立つので、近隣地域の標準的な借地権割合70%を基準として、補正率を65%と査定した。

完全所有権 (100%) ＞ 借地権 (70%) ＞ 余剰容積率利用権 (70−α%)

a) 他人の容積率の利用権の一部を、自己の土地上に移転して利用する権利であるということから直接土地に及ばない不安定な権利であるが、一方、地役権という物権により担保が可能であり、当事者間のみで有効な債権権利とは異なる。

b) 第三者に公示する方法としては、地役権の登記により対抗要件を具備できる。

c）地役権は金融上の担保力が劣り、建物と一体となって結果として担保に組み込まれる。

以上から、余剰容積利用権の評価額を次のとおり決定した。

（補正前の余剰容積利用権の価格）　（補正率）　（余剰容積利用権の評価額）
　　　455,000,000円　　　×　65％　＝　296,000,000円

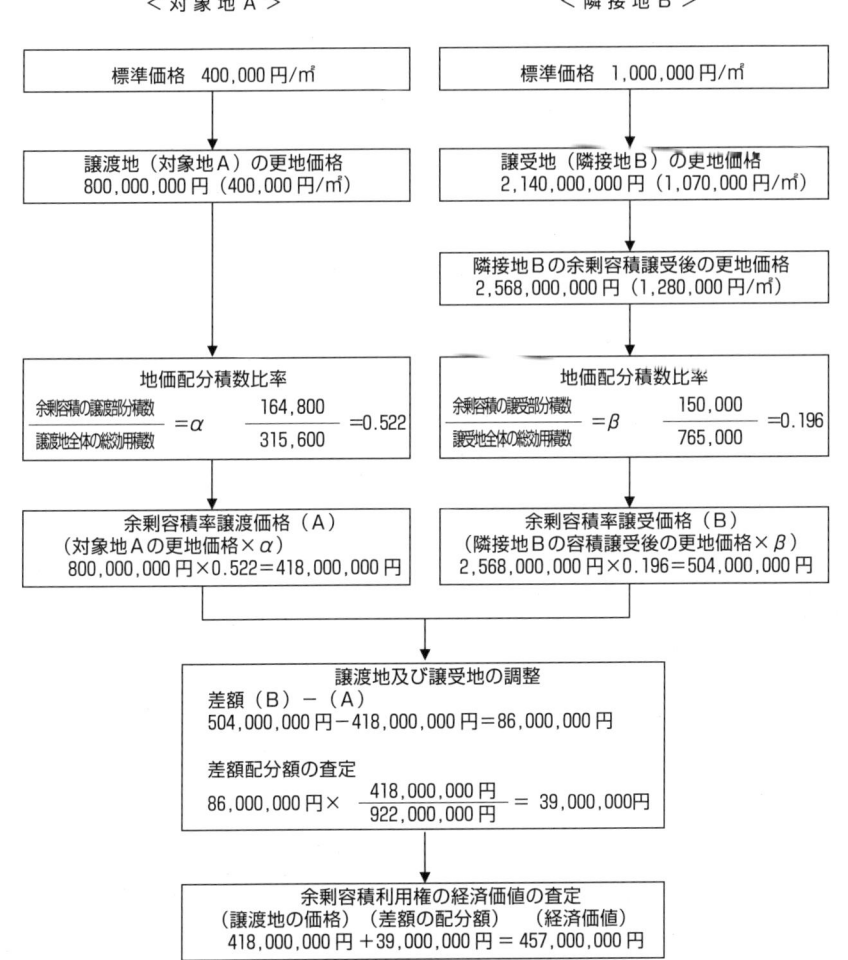

第4節　用途容積移転の評価と活用

【余剰容積率利用権の評価額（地価配分率による手法）査定のフローチャート】

<対象地A>　　　　　　　　　　　　　　<隣接地B>

```
標準価格 400,000円/㎡                標準価格 1,000,000円/㎡
        │                                    │
        ▼                                    ▼
譲渡地（対象地A）の更地価格          譲受地（隣接地B）の更地価格
800,000,000円（400,000円/㎡）        2,140,000,000円（1,070,000円/㎡）
                                             │
                                             ▼
                                     隣接地Bの余剰容積譲受後の更地価格
                                     2,568,000,000円（1,280,000円/㎡）
```

地価配分積数比率

$$\frac{余剰容積の譲渡部分積数}{譲渡地全体の総効用積数} = \alpha \quad \frac{164,800}{315,600} = 0.522$$

$$\frac{余剰容積の譲受部分積数}{譲受地全体の総効用積数} = \beta \quad \frac{150,000}{765,000} = 0.196$$

余剰容積率譲渡価格（A）
（対象地Aの更地価格×α）
800,000,000円×0.522＝418,000,000円

余剰容積率譲受価格（B）
（隣接地Bの容積譲受後の更地価格×β）
2,568,000,000円×0.196＝504,000,000円

譲渡地及び譲受地の調整
差額（B）－（A）
504,000,000円－418,000,000円＝86,000,000円

差額配分額の査定

$$86,000,000円 \times \frac{418,000,000円}{922,000,000円} = 39,000,000円$$

余剰容積利用権の経済価値の査定
（譲渡地の価格）（差額の配分額）　（経済価値）
418,000,000円＋39,000,000円＝457,000,000円

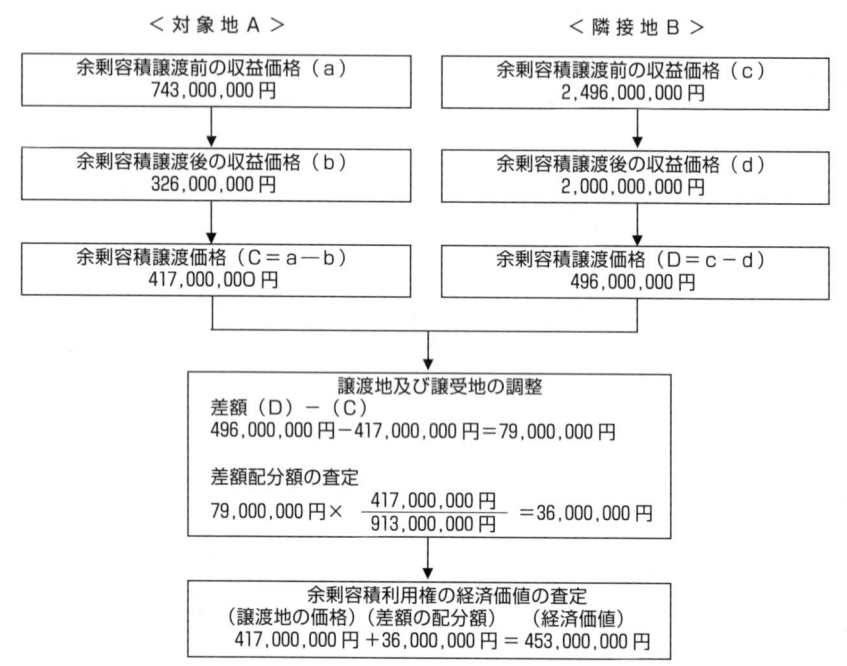

【余剰容積率利用権の評価額（収益還元法による手法）査定のフローチャート】

<対象地A>

余剰容積譲渡前の収益価格（a）
743,000,000円

↓

余剰容積譲渡後の収益価格（b）
326,000,000円

↓

余剰容積譲渡価格（C＝a－b）
417,000,000円

<隣接地B>

余剰容積譲渡前の収益価格（c）
2,496,000,000円

↓

余剰容積譲渡後の収益価格（d）
2,000,000,000円

↓

余剰容積譲渡価格（D＝c－d）
496,000,000円

譲渡地及び譲受地の調整
差額（D）－（C）
496,000,000円－417,000,000円＝79,000,000円

差額配分額の査定
$79,000,000 円 \times \dfrac{417,000,000 円}{913,000,000 円} = 36,000,000 円$

↓

余剰容積利用権の経済価値の査定
（譲渡地の価格）（差額の配分額）　（経済価値）
417,000,000円＋36,000,000円＝453,000,000円

【余剰容積率利用権の評価額決定のフローチャート】

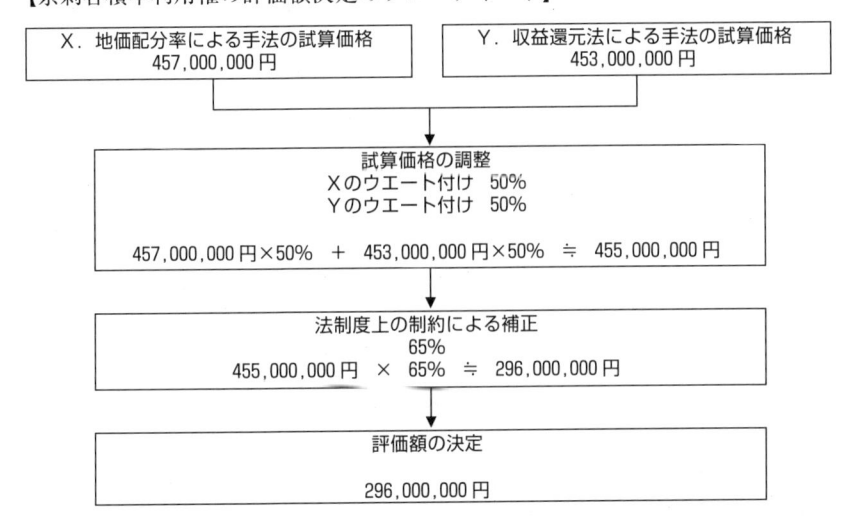

```
┌─────────────────────────────┐  ┌─────────────────────────────┐
│ X．地価配分率による手法の試算価格 │  │ Y．収益還元法による手法の試算価格 │
│         457,000,000 円       │  │         453,000,000 円       │
└──────────────┬──────────────┘  └──────────────┬──────────────┘
               └────────────────┬───────────────┘
                                ▼
┌─────────────────────────────────────────────────────────────┐
│                      試算価格の調整                          │
│                   Xのウエート付け　50％                      │
│                   Yのウエート付け　50％                      │
│                                                             │
│    457,000,000 円×50％　＋　453,000,000 円×50％　≒　455,000,000 円 │
└──────────────────────────────┬──────────────────────────────┘
                               ▼
┌─────────────────────────────────────────────────────────────┐
│                  法制度上の制約による補正                    │
│                           65％                              │
│          455,000,000 円　×　65％　≒　296,000,000 円         │
└──────────────────────────────┬──────────────────────────────┘
                               ▼
┌─────────────────────────────────────────────────────────────┐
│                        評価額の決定                          │
│                      296,000,000 円                         │
└─────────────────────────────────────────────────────────────┘
```

第3章　容積移転を活用した密集市街地整備—事業論・各論

別表① 公示価格を規準とした価格（近隣地域A）

		標準画地	○○5	
所 在		○○区○○二丁目3番	○○区○○二丁目○番	
公示価格		370,000円/㎡	—	100
事情補正		—	—	100
基準日		—	平成20年1月1日	100
時点修正 (A)		—	—	100
標準化補正	a. 街路条件 b. 側方加算 c. 接面方位 d. 面　積 e. 形　状 f. その他		道路幅員等 中間画地 東 850㎡ 長方形地 特別なものはない	100 100 100 −1 −1 −2 −2
標準化補正率 (B)				
地域要因格差	a. 街路条件	東側幅員約6m舗装区道	東側幅員約4m舗装区道	
	b. 交通・接近条件	JR○○線「○○」駅 東方約480m	JR○○線「○○」駅 南西方約640m	
	c. 環境条件	地勢：概ね平坦 供給処理施設：上水道・都市ガス・公共下水道 危険嫌悪施設等：ない 利用状況：マンションのほか一般住宅が混在する住宅地域 標準的使用：中層共同住宅地	地勢：平坦 供給処理施設：上水道・都市ガス・公共下水道 危険嫌悪施設等：ない 利用状況：マンションのほか一般住宅が混在する住宅地域	
	d. 行政的条件	第二種中高層住居専用地域 指定建ぺい率60% 指定容積率200%	第二種中高層住居専用地域 指定建ぺい率60% 指定容積率200%	
	e. 画地条件	1,000㎡ 長方形地 中間画地	580㎡ 長方形地 中間画地	
地域要因格差率 (C)		—	—	100 97
推定標準価格 (A)×(B)×(C)			381,000円/㎡	

260

第4節　用途容積移転の評価と活用

		取引事例1		取引事例2		取引事例3	
所在		○○区○○二丁目××番		○○区○○二丁目△△番		○○区○○三丁目□□番	
取引事例価格		356,852円/㎡		485,986円/㎡		402,354円/㎡	
事情補正		—	100	—	100	—	100
取引時点		平成19年9月	103	平成20年3月	100	平成20年6月	100
時点修正	(A)	368,000円/㎡	100	486,000円/㎡	100	402,000円/㎡	100
標準化補正	a. 街路条件	道路幅員等 中間画地	100	道路幅員等 角地 東/西 1,500㎡ 長方形地 特別なものはない	100	道路幅員等 二方路地 北東/南西 700㎡ 不整形地 特別なものはない	100
	b. 側方加算	南					2
	c. 接面方位	900㎡					
	d. 面積	長方形地					-3
	e. 形状	路線長方形地					
	f. その他	特別なものはない					
標準化補正率	(B)		100		100		100
			100		103		99
地域要因格差	a. 街路条件	南側幅員約6m舗装区道		西側幅員約8m舗装区道	1	東側幅員約4m舗装区道	-1
					1		-1
	b. 交通・接近条件	地下鉄○○線［□□］駅 西方約450m	-5	JR○○線［○○］駅 北東方約240m	2	JR○○線［○○］駅 南西方約710m	-3
			-5		2		-3
	c. 環境条件	地勢：概ね平坦 供給処理施設：上水道・都市ガス 公共嫌悪施設等：ない 危険嫌悪施設等：ない 利用状況：一般住宅、共同住宅等が混在する住宅地域		地勢：平坦 供給処理施設：上水道・都市ガス 公共嫌悪施設等：ない 危険嫌悪施設等：ない 利用状況：中高層のマンションが建ち並ぶ閑静な住宅地域	5	地勢：平坦 供給処理施設：上水道・都市ガス 公共嫌悪施設等：ない 危険嫌悪施設等：ない 利用状況：中規模住宅のほかマンションもある住宅地域	5
					5		5
	d. 行政的条件	第二種中高層住居専用地域 指定建ぺい率60% 指定容積率200%		第一種中高層住居専用地域 指定建ぺい率60% 指定容積率300%	5	第一種住居地域 指定建ぺい率60% 指定容積率300%	5
					5		5
	e. 画地条件	800㎡ 長方形地 中間画地		1,000㎡ 長方形地 中間画地	100	600㎡ 長方形地 中間画地	100
地域要因格差率 (C)			100		114		101
			95				
推定標準価格 (A)×(B)×(C)		387,000円/㎡		414,000円/㎡		402,000円/㎡	

時点修正変動率：H19.1.1～：年率＋10%　H20.1.1～：年率±0%
標準化補正率：各要因を相乗して査定
地域要因格差率：各要因別内に加減して、各要因間は相乗積して査定

第3章　容積移転を活用した密集市街地整備―事業論・各論

別表③　公示価格を規準とした価格（近隣地域B）

		標準画地		
所　在		○○区○○一丁目1番	○○区○○二丁目○番	○○5-1
公示価格		―	1,070,000円/㎡	―
事情補正		―	100	―
基準日		―	平成20年1月1日	―
時点修正	(A)	―	100	―
標準化補正	a. 街路条件 b. 側方加算 c. 接面方位 d. 面　積 e. 形　状 f. その他		道路幅員等 中間画地 東 850㎡ 長方形地 特別なものはない	
標準化補正率	(B)		100 1,070,000円/㎡	100
地域要因格差	a. 街路条件	南西側幅員約20m舗装都道		東側幅員約20m舗装都道
	b. 交通・接近条件	JR○○線「○○」駅 南西方約240m		JR○○線「○○」駅 南西方約170m
	c. 環境条件	地勢：概ね平坦 供給処理施設：上水道・都市ガス・公共下水道 危険嫌悪施設等：ない 利用状況：幹線道路沿いに高層の店舗・事務所ビルが連担する高度商業地域 標準的使用：店舗付高層事務所地		地勢：平坦 供給処理施設：上水道・都市ガス・公共下水道 危険嫌悪施設等：ない 利用状況：幹線道路沿いに高層の店舗・事務所ビルが連担する高度商業地域
	d. 行政的条件	商業地域 指定建ぺい率80% （耐火建築物の場合、制限はない） 指定容積率400%		商業地域 指定建ぺい率80% （耐火建築物の場合、制限はない） 指定容積率500%
				10
				10
	e. 画地条件	1,000㎡ 長方形地 中間画地		900㎡ 長方形地 中間画地
地域要因格差率	(C)	―		100 111
推定標準価格 (A)×(B)×(C)				964,000円/㎡

262

第4節　用途容積移転の評価と活用

		取引事例1		取引事例2		取引事例3	
所 在		○○区○○○一丁目××番		○○区○○○二丁目△△番		○○区○○○一丁目□□番	
取引事例価格		907,436円/㎡		1,030,320円/㎡		1,225,324円/㎡	
事情補正		—	100	—	100	—	100
取引時点		平成19年8月	104	平成20年1月	100	平成20年6月	100
時点修正 (A)		944,000円/㎡	100	1,030,000円/㎡	100	1,225,000円/㎡	100
標準化補正	a. 街路条件 b. 側方加算 c. 接面方位 d. 面積 e. 形状 f. その他	道路幅員等 角地 西 950㎡ 不整形地 特別なものはない	3 -5	道路幅員等 四方路地 1,200㎡ 長方形地 特別なものはない	7 	道路幅員等 三方路地 北東/西/南西 700㎡ やや不整形地 特別なものはない	5 -3
標準化補正 (B)			98		107		102
地域要因格差	a. 街路条件	西側幅員約17m舗装区道		南側幅員約15m舗装区道	-1	北東側幅員約25m舗装都道	-1
	b. 交通・接近条件	地下鉄○○線「□□」駅 北西方約990m		JR○○線「○○」駅 西方約350m	-5 2 -3	JR○○線「○○」駅 西方約220m	-1 -1
	c. 環境条件	地勢：概ね平坦 供給処理施設：上水道・都市ガス 公共下水道 危険嫌悪施設等：ない 利用状況：高層事務所ビ ルが連担する高度商業地域		地勢：平坦 供給処理施設：上水道・都市ガス 公共下水道 危険嫌悪施設等：ない 利用状況：高層事務所ビルが連担 する高度商業地域		地勢：平坦 供給処理施設：上水道・都市ガス 公共下水道 危険嫌悪施設等：ない 利用状況：幹線道路沿いに高層の 店舗・事務所ビルが連担する高度 商業地域	10
	d. 行政的条件	商業地域 指定建ぺい率80% (耐火建築物の場合、制限はない) 指定容積率400%		商業地域 指定建ぺい率80% (耐火建築物の場合、制限はない) 指定容積率400%	10 10	商業地域 指定建ぺい率80% (耐火建築物の場合、制限はない) 指定容積率500%	10 10
	e. 画地条件	800㎡ 長方形地 中間画地	100	800㎡ 長方形地 中間画地	100	600㎡ 長方形地 中間画地	100
地域要因格差率 (C)			97		93		122
推定標準価格 (A)×(B)×(C)		993,000円/㎡		1,035,000円/㎡ 984,000円/㎡		1,225,000円/㎡	

時点修正変動率　H19.1.1～：年率＋10%
　　　　　　　　 H20.1.1～：年率±0%
標準化補正率：各要因を相乗積して査定
地域要因格差率：各要因内は加減算し、各要因間は相乗積して査定

別表⑤ 収益還元法を採用して求めた価格（容積移転前の対象地A）

同一需給圏内の類似地域に所在する賃貸事例を参考にして、調査対象地において地上4階建共同住宅の建築を想定し、これらから求めた未収入期間を考慮した価格時点の土地に帰属する純収益を還元して、下記により、収益価格を査定した。
規模＝ 2,000.00 ㎡

	① 純 収 益			② 還元利回り（注3）	③ 建物及びその敷地の収益価格の現価			④ 価格時点における建物等の投資額の現価（注5）（円）	⑤ 収益還元法を採用して求めた土地価格 ③－④
	a 総収益（注1）（円）	b 総費用（注2）（円）	c＝a－b 純収益（円）		d＝c÷② 完成後の収益価格（円）	e 完成時から価格時点までの複利現価率（注4）	f＝d×e 価格時点における収益価格の現価（円）		743,000,000 372,000 円/㎡
	135,258,996	37,458,810	97,800,186	5.5%	1,778,185,200	0.93023	1,654,121,219	911,381,680	

① 総 収 益

階層	用途	床面積 (㎡)	① 有効面積 (㎡)	② 月額支払賃料 (円/㎡)	③ 年額支払賃料 ①×②×12 (円)	④ 敷金等 (円/㎡)	⑤ 敷金等の運用益 ①×④×(*1) (円)	⑥ 礼金等 (円/㎡)	⑦ 礼金等の運用益 ①×⑥×(*2) (円)	⑧ 年間収入 ③＋⑤＋⑦ (円)
4	住宅	1,000.00	800.00	3,400	32,640,000	6,800	163,200	6,800	2,843,004	35,646,204
3	住宅	1,000.00	800.00	3,340	32,064,000	6,680	160,320	6,680	2,792,833	35,017,153
2	住宅	1,000.00	800.00	3,300	31,680,000	6,600	158,400	6,600	2,759,386	34,597,786
1	住宅	1,000.00	700.00	3,270	27,468,000	6,540	137,340	6,540	2,392,513	29,997,853
計		4,000.00	3,100.00		123,852,000		619,260		10,787,736	135,258,996

(注1)
(*1) 3.0% 敷金等は預り金的性格を有する一時金で、その運用利回り。
(*2) 0.522611 礼金等は償却を要する一時金で、その償却期間2年、運用利回り3.0%の年賦償還率。

第4節　用途容積移転の評価と活用

(注2) 総費用内訳

項　目	査定額	算出根拠
修　繕　費	9,680,000円	建物積算価格 × 1.0%
維持・管理費	3,715,560円	年額支払賃料 × 3.0%
公租公課	2,933,330円	近傍類似の課税標準を基に査定。
土地		× 1.7/100
建物	9,050,800円	建物積算価格 × 55%
損害保険料	677,600円	建物積算価格 × 0.07%
貸倒れ準備費	0円	一時金で担保されるので計上しない。
空室損失相当額	10,820,720円	総収益 × 8.0%
建物等の取壊費用の積立金	580,800円	建物積算価格 × 0.06%
合　計	37,458,810円	

(注3) 還元利回り

還元利回り	5.5%	市場における類似不動産の取引における取引利回りの実勢を参考に、純収益の将来における変動の程度を考慮し査定。

(注4) 完成時から価格時点までの複利現価率

Y：割引率	7.5%	市場における金融利回り、不動産の取引利回り等を参考に、将来における変動の程度を考慮して査定。
n：建築期間	12カ月	—
複利現価率	0.93023	$\dfrac{1}{(1+Y)^{n/12}}$

(注5) 価格時点における建物等の投資額の現価

項　目	査定額	算出根拠
建物等の価格（再調達原価）	968,000,000円	242,000 円/㎡ × 4,000.00 ㎡
建物等の支払時期を考慮した複利現価率	0.94151	$\dfrac{1}{(1+Y)^{m/12}}$　Y：割引率　7.5% m：価格時点から建物等の投資額の平均支払時点までの期間　10カ月
価格時点における建物等の投資額の現価	911,381,680円	建物等の価格 × 複利現価率

容積移転を活用した密集市街地整備―事業論・各論　第3章

別表⑥　収益還元法を採用して求めた価格（容積移転後の対象地A）

同一需給圏内の類似地域に所在する賃貸事例を参考にして、調査対象地において地上2階建共同住宅等の建築を想定し、これから求めた未収入期間を考慮した価格時点の土地に帰属する純収益を還元し収益価格を査定した。下記により、収益価格を査定した。

規模＝　2,000.00 ㎡

①純収益

a 総収益 (注1) (円)	b 総費用 (注2) (円)	c＝a－b 純収益 (円)
65,015,006	19,915,090	45,099,916

② 還元利回り (注3)	③建物及びその敷地の収益価格の現価		④ 価格時点における建物等の投資額の現価 (注5) (円)	⑤ 収益還元法を採用して求めた土地価格 ③－④ (円)
	d＝c÷② 完成後の収益価格 (円)	e 完成時から価格時点までの複利現価率 (注4)	f＝d×e 価格時点における収益価格の現価 (円)	
5.5%	819,998,473	0.95293	781,401,145	455,690,840	326,000,000 163,000 円/㎡

総収益

階層	用途	床面積 (㎡)	① 有効面積 (㎡)	② 月額支払賃料 (円/㎡)	③ 年額支払賃料 ①×②×12 (円)	④ 敷金等 (円/㎡)	⑤ 敷金等の運用益 ①×④× (*1) (円)	⑥ 礼金等 (円/㎡)	⑦ 礼金等の運用益 ①×⑥× (*2) (円)	⑧ 年間収入 ③＋⑤＋⑦ (円)
2	住宅	1,000.00	800.00	3,340	32,064,000	6,680	160,320	6,680	2,792,833	35,017,153
1	住宅	1,000.00	700.00	3,270	27,468,000	6,540	137,340	6,540	2,392,513	29,997,853
計		2,000.00	1,500.00		59,532,000		297,660		5,185,346	65,015,006

(*1) 3.0%　敷金等は預り金的性格を有する一時金で、その運用利回り。
(*2) 0.522611　礼金等は償却を要する一時金で、その償却期間2年、運用利回り3.0%の年賦償還率。

266

第 4 節　　　　　　　　　　　　　　　　　　　　　　　　　　用途容積移転の評価と活用

(注 2) 総費用内訳

項　目	査定額	算出根拠
修　繕　費	4,840,000円	建物積算価格 × 1.0%
維持・管理費	1,785,960円	年額支払賃料 × 3.0%
公　租　公　課	2,933,330円	近傍類似の課税標準を基に査定。建物積算価格 × 55% × 17/100
損害保険料	4,525,400円	建物積算価格 × 0.07%
貸倒れ準備費	338,800円	一時金で担保されるので計上しない。
空室損失相当額	0円	総　収　益 × 8.0%
建物等の取壊費用の積立金	5,201,200円	建物積算価格 × 0.06%
合　計	290,400円	
	19,915,090円	

(注 3) 還元利回り

還元利回り	5.5%	市場における類似不動産の取引における取引利回りの実勢を参考に、純収益の将来における変動の程度を考慮し査定。

(注 4) 完成時から価格時点までの複利現価率

Y：割引率	7.5%	市場における金融利回り、不動産の取引利回り等を参考に、将来における変動の程度を考慮して査定
n：建築期間	8カ月	―
複利現価率	0.95293	$\dfrac{1}{(1+Y)^{n/12}}$

(注 5) 価格時点における建物等の投資額の現価

項　目	査定額	算出根拠
建物等の価格（再調達原価）	484,000,000円	242,000 円/㎡ × 2,000.00 ㎡
建物等の支払時期を考慮した複利現価率	0.94151	$\dfrac{1}{(1+Y)^{m/12}}$　Y：割引率　7.5% m：価格時点から建物等の投資額の平均支払時点までの期間　10カ月
価格時点における建物等の投資額の現価	455,690,840円	建物等の価格 × 複利現価率

267

別表⑦ 収益還元法を採用して求めた価格（容積移転後の対象地B）

同一需給圏内の類似地域に所在する賃貸事例を参考にして、調査対象地において地上10階建店舗付事務所の建築を想定し、これからの未収入期間を考慮した価格時点の土地に帰属する純収益を還元して、下記により、収益価格を査定した。

規模＝ 2,000.00 ㎡

① 純収益			② 還元利回り (注3)	③ 建物及びその敷地の収益価格の現価			④ 価格時点における建物の投資額の現価 (注5)(円)	⑤ 収益還元法を採用して求めた土地価格 ③－④ (円)
a 総収益 (注1) (円)	b 総費用 (注2) (円)	c＝a－b 純収益 (円)		d＝c÷② 完成後の収益価格 (円)	e 完成時から価格時点までの複利現価率 (注4)	f＝d×e 価格時点における収益価格の現価 (円)		2,496,000,000 1,250,000 円/㎡
392,009,760	113,172,350	278,837,410	5.0%	5,576,748,200	0.90349	5,038,536,231	2,542,057,600	

(注1) 総収益

階層	用途	床面積 (㎡)	① 有効面積 (㎡・台)	② 月額支払賃料 (円/㎡・台)	③ 年額支払賃料 ①×②×12 (円)	④ 敷金等 (円/㎡・台)	⑤ 敷金等の運用益 ①×④×(*1) (円)	⑥ 年間収入 ③＋⑤ (円)
10	事務所	1,000.00	750.00	4,080	36,720,000	48,960	1,101,600	37,821,600
9	事務所	1,000.00	750.00	4,080	36,720,000	48,960	1,101,600	37,821,600
8	事務所	1,000.00	750.00	4,080	36,720,000	48,960	1,101,600	37,821,600
7	事務所	1,000.00	750.00	4,080	36,720,000	48,960	1,101,600	37,821,600
6	事務所	1,000.00	750.00	4,080	36,720,000	48,960	1,101,600	37,821,600
5	事務所	1,000.00	750.00	4,080	36,720,000	48,960	1,101,600	37,821,600
4	事務所	1,000.00	750.00	4,080	36,720,000	48,960	1,101,600	37,821,600
3	事務所	1,000.00	750.00	4,080	36,720,000	48,960	1,101,600	37,821,600
2	事務所	1,000.00	750.00	4,080	36,720,000	48,960	1,101,600	37,821,600
1	店舗	1,000.00	600.00	6,960	50,112,000	83,520	1,503,360	51,615,360
計		10,000.00	7,350.00		380,592,000		11,417,760	392,009,760

第4節　用途容積移転の評価と活用

(*1) 3.0%　敷金等は預り金的性格を有する一時金で、その運用利回り。

(注2) 総費用内訳

項目		査定額	算出根拠
修繕費		27,200,000円	建物積算価格 × 1.0%
維持・管理費		11,417,760円	年額支払賃料 × 3.0%
公租公課	土地	22,066,000円	近傍類似の課税標準を基に査定。
	建物	25,432,000円	建物積算価格 × 55% × 1.7/100
損害保険料		1,904,000円	建物積算価格 × 0.07%
貸倒れ準備費		0円	一時金で担保されるので計上しない。
空室損失相当額		23,520,590円	総収益 × 6.0%
建物等の取壊費用の積立金		1,632,000円	建物積算価格 × 0.06%
合計		113,172,350円	

(注3) 還元利回り

還元利回り	5.0%	市場における類似不動産の取引における取引利回りの実勢を参考に、純収益の将来における変動の程度を考慮し査定。

(注4) 完成時から価格時点までの複利現価率

Y：割引率	7.0%	市場における金融利回り、不動産の取引利回り等を参考に、将来における変動の程度を考慮して査定。
n：建築期間	18カ月	$\dfrac{1}{(1+Y)^{n/12}}$
複利現価率	0.90349	

(注5) 価格時点における建物等の投資額の現価

項目	査定額	算出根拠
建物等の価格（再調達原価）	2,720,000,000円	272,000 円/㎡ × 10,000.00 ㎡
建物等の支払時期を考慮した複利現価率	0.93458	Y：割引率　7.0%
		$\dfrac{1}{(1+Y)^{m/12}}$　m：価格時点から建物等の投資額の平均支払時点までの期間　12カ月
価格時点における建物等の投資額の現価	2,542,057,600円	建物等の価格 × 複利現価率

別表⑧ 収益還元法を採用して求めた価格(容積移転前の対象地B)

同一需給圏内の類似地域に所在する賃貸事例を参考にして、調査対象地において地上8階建店舗付事務所の建築を想定し、これからなた未収入期間を考慮した価格時点の土地に帰属する純収益を還元して、下記により、収益価格を査定した。
規模 = 2,000.00 ㎡

① 純 収 益			② 還元利回り (注3)	③ 建物及びその敷地の収益価格の現価				④ 価格時点における建物等の投資額の現価 (注5) (円)	⑤ 収益還元法を採用して求めた土地価格 ③−④ (円)
a総収益 (注1) (円)	b総費用 (注2) (円)	c=a−b 純収益 (円)		d=c÷② 完成後の収益価格 (円)	e 完成時から価格時点までの復利現価率 (注4)	f=d×e 価格時点における収益価格の現価 (円)			
316,366,560	93,139,950	223,226,610	5.0%	4,464,532,200	0.90349	4,033,660,197		2,033,646,080	2,000,000,000 1,000,000 円/㎡

総 収 益

階層	用途	床面積 (㎡)	① 有効面積 (㎡・台)	② 月額支払賃料 (円/㎡・台)	③ 年額支払賃料 ①×②×12 (円)	④ 敷金等 (円/㎡・台)	⑤ 敷金等の運用益 ①×④× (*1) (円)	⑥ 年間収入 ③+⑤ (円)
8	事務所	1,000.00	750.00	4,080	36,720,000	48,960	1,101,600	37,821,600
7	事務所	1,000.00	750.00	4,080	36,720,000	48,960	1,101,600	37,821,600
6	事務所	1,000.00	750.00	4,080	36,720,000	48,960	1,101,600	37,821,600
5	事務所	1,000.00	750.00	4,080	36,720,000	48,960	1,101,600	37,821,600
4	事務所	1,000.00	750.00	4,080	36,720,000	48,960	1,101,600	37,821,600
3	事務所	1,000.00	750.00	4,080	36,720,000	48,960	1,101,600	37,821,600
2	事務所	1,000.00	750.00	4,080	36,720,000	48,960	1,101,600	37,821,600
1	店舗	1,000.00	600.00	6,960	50,112,000	83,520	1,503,360	51,615,360
計		8,000.00	5,850.00		307,152,000		9,214,560	316,366,560

(注1)

(*1) 3.0% 敷金等は預り金的性格を有する一時金で、その運用利回り。

(注2) 総費用内訳

項　目		査定額	算出根拠
修　繕　費		21,760,000円	建物積算価格 × 1.0%
維持・管理費		9,214,560円	年額支払賃料 × 3.0%
公　租　公　課	土　地	20,009,000円	近傍類似の課税標準を基に査定。
	建　物	20,345,600円	建物積算価格 × 55% × 1.7/100
損　害　保　険　料		1,523,200円	建物積算価格 × 0.07%
貸倒れ準備費		0円	一時金で担保されるので計上しない。
空室損失相当額		18,981,990円	総収益 × 6.0%
建物等の取壊費用の積立金		1,305,600円	建物積算価格 × 0.06%
合　計		93,139,950円	

(注3) 還元利回り

還元利回り	5.0%	市場における類似不動産の取引における取引利回りの実勢を参考に、純収益の将来における変動の程度を考慮し査定。

(注4) 完成時から価格時点までの複利現価率

Y：割引率	7.0%	市場における金融利回り、不動産の取引利回り等を参考に、将来における変動の程度を考慮して査定。
n：建築期間	18カ月	$\dfrac{1}{(1+Y)^{n/12}}$
複利現価率	0.90349	

(注5) 価格時点における建物等の投資額の現価

項　目	査定額	算出根拠
建物等の価格（再調達原価）	2,176,000,000円	272,000 円/m² × 8,000.00m²
建物等の支払時期を考慮した複利現価率	0.93458	Y：割引率　7.0% m：価格時点から建物等の投資額の平均支払時点までの期間　12カ月 $\dfrac{1}{(1+Y)^{m/12}}$
価格時点における建物等の投資額の現価	2,033,646,080円	建物等の価格 × 複利現価率

おわりに

　東京という都市は、近代に入ってからの急速な都市化によって、多くの密集市街地を抱え込むことになった。旺盛な市街地拡張の需要に都市基盤の整備が追いつかず、建築統制も不十分であったことが主な理由である。たとえば、急増する新築住居などは違法建築も多く、戦前の建築線制度は、モデルとされたプロシャのそれのような徹底した制度ではなかったので、宅地周りの道路は整わなかった。
　戦後の復興とそれに続く高度経済成長期に形成された木造密集市街地は、とりわけ、不動産や民間建設投資の足かせにならないように配慮された都市政策や土地利用・建築規制の諸制度の結果でもあった。そうした都市計画関連法制度が制定されたのも、まさに経済高度成長の絶頂期（昭和35-45年）の終焉の頃であった。
　密集市街地とは、いうまでもなく、道路、緑地、公園、広場などの都市基盤が極めて不十分で、狭隘道路と零細敷地所有、小規模住居などで埋め尽くされた独特の市街地である。歴史的背景の違いや、地域特性を受けて様々なタイプがあるが、これらには共通して、防災、交通、景観などで問題がある。
　過去半世紀においてその整備の試みが継続され、制度設計も何度も試みられてきた。たとえば、昭和55年（1980年）の地区計画制度創設も、こうした市街地への対策という期待もあったが、全く歯がたたなかったといっても過言ではないであろう。
　戦前からの密集市街地の一部には、欧米型の近代的市街地への改造を目指すよりも、アジア型の混在、迷路型市街地として評価する意見も出てきている。東京の下町は震災、戦災で変貌したが、江戸の町人地を引き継いだ密集地には、コミュニティ・モデルの源泉も残っている古い歴史的市街地がある。
　しかし、これらと高度経済成長の副産物として生まれた密集市街地を混同してはならない。
　東京の木造密集市街地のなかで、山手線の外側と荒川沿いに、都心からみて環状に存在するモクチン・ベルトと呼ばれてきた場所がある。ロンドンやニューヨークをはじめ、他の先進工業国の大都市を遙かに凌駕する東京の市街

地拡張によって生まれたこの独特のゾーンは、東京の継続的な成長拡大によって経済的には立地優位性を有しているが、それが整備に効いていない。むしろ、より過密化が進む要因になっているのではないか。モクチン・ベルトの地域的、社会的条件とこの経済的条件をうまく組み合わせれば新たな密集市街地整備の手がかりが見つけられるのではないか。本書で言う"東京モデル"は、東京の経済開発ポテンシャルを活かし、都市計画の力を駆使して事業推進を図ろうとする考え方である。

防災面での危機に対しては、東京下町のゼロメートル地帯と同様、密集市街地の改善に対しては、一種の諦観が、住民や行政を支配してきたように想われる。大規模な津波や地震が起きてもしょうがないという心理が働いて、抜本的な対策も躊躇され、そこに生活する人々は、便利な場所から抜け出すことができなかった。

1995年（平成7年）1月17日の、突然の阪神淡路大地震において密集市街地が倒壊し、大規模な都市火災になって6千人もの人々が犠牲になった。インターネットを通じて、国内だけではなく世界中に生々しい映像が瞬時に伝えられた。

あらためて、大都市震災の規模と深刻さに驚嘆した国民は、行政に対策を促した。政府は、早速、新たな大都市防災対策を立ち上げ、防災街区整備事業制度などが創設された。その後、さらに拡充され、都市再生政策ともリンクされて実施されている。

ところで、東京は日本の心臓部でもあり、世界経済のエンジンのひとつともなっている。大震災によって東京の機能が一時的にも停止することはグローバル化した経済にとっても望ましくないことであろう。東京の密集市街地は、単に、地域にとっての防災危険性だけではなく、国全体と世界経済体制にとってもリスクの対象なのである。

防災街区地区計画制度などにより、密集市街地ではこれまでにない整備の成果をあげている地区も出てきている。しかし、このまま東京の密集市街地整備は順調に進んで行くのであろうか。

深刻な災害の経験も時間の経過によって意外に早く風化しやすく、阪神淡路大震災の教訓も忘れ去られていく。それを抑止して事業を軌道に乗せるためにもさらなる努力の積み重ねが必要であろう。おわりにそのいくつかを指摘して

おきたい。

　第一は、総合的な取り組みの重要性である。

　行政の制度設計は、公的領域と民間の分野を分けて、防災だけを目的に密集市街地整備の公共事業を組み立てようとしがちである。しかし、多くの人々が生活する密集市街地では、防災の問題も生活再建の問題も一体である。公共利益を防災だけに限定するのではなく、不良住環境の問題を総合的に解決しないと住民は動けないし、動かないであろう。

　劣悪な住環境の総合的整備については、大分古い例であるが、1960年代のイギリスの総合改善地区（ＧＩＡ）制度の経験が筆者には想い起こされる。イギリスの都市では日本の密集市街地のようなタイプの劣悪住環境はなく、個々の住居水準の改善が当時の最大の政策課題であった。しかし、住居だけが改善されても、その周りの環境が改善されねば住居改善が保障されないだけでなく、住宅地の改善にならないとされた。ＧＩＡ制度では、環境改善は地域のコミュニティと住民参加システムに委ねられ、改善事業の決定を準備的決定と最終決定の２段階にするなど、きわめて包括的で弾力的な公的事業手法の制度設計がなされた。

　密集市街地を、公共が防災、民間が建物や街並みといったふうに分けたのでは事業は進まない。

　第二に、防災の公共公益性の強化である。

　欧米大都市には日本の密集市街地とは全く異なる過密、老朽の不良市街地がある。これらは19世紀から、スラムクリアランスや再開発の対象とされてきた。

　初期の公衆衛生法のもとに直接的な生命への危険の排除のためにこれらの事業には絶対的な公共公益性が認められた。

　それに対して、わが国では公衆衛生問題は深刻にならなかった。これには医者でもあった後藤新平の功績もある。むしろ関東大震災経験で、防災が都市計画事業の公共公益性の柱になった。防災も生命への危険であるが、より厳密に言えば、生命、財産の安全への不安である。コレラやペストによる生命への危険が緊急的措置を要するのに対して防災は若干、公共公益性が緩いのではないか。その分、利害関係者の合意に頼る仕組みになっている。しかし、これが民間事業に委ねられると、大変な時間とコストのリスクがある。

　制度設計面において、防災の公共公益性を高めることが必要である。

第三は、民活と規制弾力化の事業推進である。
　先述の立地優位性を活用すれば、東京区部のモクチン・ベルトのようなところだから出来ることがあるはずである。こうした密集市街地整備に90年代と00年代の民活規制緩和政策の経験、公民連携、ＰＰＰ、インセンティブ手法などを活用できるのではないか。
　密集市街地のなかに、緑地や広場、道路を供給できる方策はこれらの大胆な活用ではないか。
　最後に、本書の成立背景について簡単に触れておきたい。
　平成18年11月に、2016東京五輪を契機に「水と緑の回廊に包まれた東京」を実現するため、民間による自主的緑化を積極的に推進する必要があることから、東京都主催による石原都知事と民間開発事業者等30数社の意見交換会がもたれ、その際、東京の密集市街地整備が話題の一つとして取上げられた。これに端を発して、ＵＲ都市機構が密集市街地における緑化促進の方策として、容積移転の活用について研究を進めることとなり、本書は、この研究会に関係したメンバーがそこでの議論を発展させて、各自の分野で執筆し、編集したものである。
　従って、内容的にはまだ発想段階にとどまり、不動産、建築、都市計画、鑑定その他諸々の現在の制度のもとでは直ちに実行出来ないこともあるが、解決困難な東京の密集市街地整備の緊急性や重大性に鑑み、あえて、大胆に新たな方向性を示し、今後の整備促進に資するとともに、読者の参考に供しようとしたものである。
　いずれにしても、民活規制緩和型の総合的で弾力的な密集市街地整備の実践とその検証を通じて、制度の改良を積み上げていくことがのぞまれる。
　本書の出版刊行については、清文社の橋詰守さんには、最初から最後までわれわれの執筆打ち合わせにも顔を出していただいて適切な編集上その他諸々のアドバイスを頂きました。心から感謝いたします。

2009年7月

日端　康雄

索引

【ア行】

荒川二、四、七丁目地区・・・・・・・・・・・・・・・38
育成用途・・・・・・・・・・・・・・・・・・・・・・・・・・・・235
移転可能な余剰容積率利用権(TDR)　228
インセンティブ・ゾーンニング・・・・・・・170
インナーエリアの地域再生・・・・・・・・・・・63

【カ行】

カーボンマイナス東京10年プロジェクト
　・・・・・・・・・・・・・・・・・・・・・・・・・・・・・・・・・116
開発権信託(TDC)・・・・・・・・・・・・・・・・・172
開発権の移転(TDR)制度・・・・・・・・・・・171
開発ポテンシャル・・・・・・・・・・・・・・・・・・・31
外部不経済性・・・・・・・・・・・・・・・・・・・・・・・12
上馬野沢地区・・・・・・・・・・・・・・・・・・・・・・・47
神谷一丁目地区・・・・・・・・・・・・・・・・・・・・・53
規制誘導型・・・・・・・・・・・・・・・・・・・・・・・・・37
狭あい・行止り道路地区・・・・・・・・・・・・・70
京島地区・・・・・・・・・・・・・・・・・・・・・・・・・・・31
共同化・・・・・・・・・・・・・・・・・・・・・・・・・・・・211
　　―の可能性・・・・・・・・・・・・・・・・・・・216
均衡の原則・・・・・・・・・・・・・・・・・・・・・・・・232
空地バンク・・・・・・・・・・・・・・・・・・122、125
空中権(Air Right)・・・・・・・・・・・・・・・・228
区分地上権・・・・・・・・・・・・・・・・・・・・・・・・238
グリーンニューディール・・・・・・・・・・・・64
グリーンリング・・・・・・・・・・・・・・・・・・・・88
計画の一体性・・・・・・・・・・・・・・・・・・・・・168
合法性・・・・・・・・・・・・・・・・・・・・・・・・・・・・232
コミュニティ空間・・・・・・・・・・・・・・・・・・84

【サ行】

再開発等促進地区・・・・・・・・・・・・・・・・・125
最有効使用・・・・・・・・・・・・・・・・・・・・・・・・230
最有効使用・・・・・・・・・・・・・・・・・・・・・・・・231
敷地の不公平性・・・・・・・・・・・・・・・・・・・・67
敷地分割規制・・・・・・・・・・・・・・・・・・・・・171
事業型・・・・・・・・・・・・・・・・・・・・・・・・・・・・・37
住環境整備・・・・・・・・・・・・・・・・・・・・・・・・・12
住商工混在地区・・・・・・・・・・・・・・・・・・・・70
住宅市街地整備総合支援事業・・・・・・・・49
住宅市街地総合整備事業・・・・・・・・・・・・38
重点整備地域・・・・・・・・・・・・・・・・・・・・・・79
集約型都市構造・・・・・・・・・・・・・・・・・・・・63
省エネルギー・・・・・・・・・・・・・・・・・・・・・・10
商店街再生・・・・・・・・・・・・・・・・・・・・・・・・93
職住近接・・・・・・・・・・・・・・・・・・・・・・・・・・87
成長管理・・・・・・・・・・・・・・・・・・・・・・・・・172
整備阻害要因・・・・・・・・・・・・・・・・・・・・・211
整備地域・・・・・・・・・・・・・・・・・・・・・・・・・・79
戦前長屋地区・・・・・・・・・・・・・・・・・・・・・・69
ゾーンニング・・・・・・・・・・・・・・・・・・・・・166
ゾーンニング制・・・・・・・・・・・・・・・・・・・170
ゾーンニング・ロット・・・・・・・・・・・・・171

【タ行】

多機能集約型都市構造・・・・・・・・・・・・・・77
種地・・・・・・・・・・・・・・・・・・・・・・・・・・・・・・・67
多様性・・・・・・・・・・・・・・・・・・・・・・・・・・・・・14
担保方策・・・・・・・・・・・・・・・・・・・・・・・・・236
地役権・・・・・・・・・・・・・・・・・・・・・・・152、238
地球環境問題・・・・・・・・・・・・・・・・・・・・・・12
地区間連携・・・・・・・・・・・・・・・・・・・・・・・・10

索　引

地区計画……………………………… 123、177
地区の多様性……………………………… 6
適合の原則……………………………… 232
動機適合的な計画……………………………… 5
東京……………………………… 6
東京の新しい都市づくりビジョン……… 77
東京モデル………………………… 14、113、157
等積変換……………………………… 16
特例容積率適用地区……………………… 127
特例容積率適用地区制度………………… 132
戸越1、2丁目地区……………………… 41
土地価格……………………………… 229
土地バンク……………………………… 15
飛び区画整理…………………………… 204
飛び地容積移転………………………… 188
飛び容積移転…………………………… 161

【ハ行】

非ユークリッド・ゾーンニング……… 170
ヒューマンスケール……………………… 83
不等積の容積移転……………………… 197
不等積変換……………………………… 16
防災街区整備地区計画………………… 135
防災再開発促進地区…………………… 134

【マ行】

まちづくり用地………………………… 51
街並み誘導型地区計画………………… 45
マネジメント…………………………… 103
水と緑の創生リング…………………… 78
みち空間………………………………… 96
ミックストコミュニティ……………… 101
密集市街地………………………… 15、21
　―の火災危険性……………………… 61
　―の形成……………………………… 80
　―の形成過程………………………… 26
　―の現状……………………………… 23
　―の整備……………………………… 21
　―のポテンシャル…………………… 77
密集市街地整備………………… 161、175
　―の手法……………………………… 37
　―の必要性…………………………… 61
密集市街地整備促進事業……………… 53
密集住宅市街地整備促進事業………… 42
緑の東京10年プロジェクト………… 116
身の丈再開発………………………… 200
木造賃貸アパート……………………… 28
木賃密集地区…………………………… 69

【ヤ行】

ユークリッド・ゾーンニング………… 170
容積移転………………… 120、165、168、189、227
容積の質……………………………… 192
容積の適正な配分…………………… 222
容積配分型地区計画………………… 123
容積率………………………………… 12
容積率規制…………………………… 166
容積率交換…………………………… 16
用途移転……………………………… 227
余剰容積率利用権の評価…………… 244
予約売買契約………………………… 151
連鎖・連携…………………………… 188

【ラ行】

路地…………………………………… 90
路地園芸……………………………… 83

索　引

Air Right	228	TDC	172
PUD	170	TDR	170、171、228

著者略歴

日端　康雄（ひばた　やすお）

慶應義塾大学名誉教授、都市企画オフィス代表
1967年　　東京大学工学部卒業、日本住宅公団勤務
1971年　　東京大学助手
1979年　　日本都市計画学会論文奨励賞
1980年　　工学博士（東京大学）
1982年　　東京大学助教授
1985年　　筑波大学助教授
1989年　　日本都市計画学会石川賞受賞
1994年　　慶應義塾大学大学院教授
2008年　　慶應義塾大学名誉教授、都市企画オフィス代表
（著書）『新建築学大系19市街地整備計画』（共著　彰国社　1984年）、『ミクロの都市計画と土地利用』（学芸出版社　1988年）、『アメリカの都市再開発－コミュニティ開発、活性化、都心再生のまちづくり－』（共著　学芸出版社　1992年）、『建築空間の容積移転とその活用』（共著　清文社　2002年）、『明日の都市づくり－その実践的ビジョン－』（共著分担　慶應義塾大学出版会　2002年）、『都市計画の世界史』（講談社　2008年）ほか

浅見　泰司（あさみ　やすし）

東京大学空間情報科学研究センター　副センター長・教授
1982年　　東京大学工学部卒業
1987年　　ペンシルヴァニア大学大学院地域科学専攻博士課程修了（Ph.D.）
1987年　　東京大学工学部助手
1990年　　東京大学工学部講師
1992年　　東京大学工学部助教授
2001年　　東京大学空間情報科学研究センター教授
2005年　　東京大学空間情報科学研究センター副センター長
（著書）『住環境：評価方法と理論』（編著　東京大学出版会　2001年）、『トルコ・イスラーム都市の空間文化』（編著　山川出版社　2003年）、『都市計画の理論：系譜と課題』（章担当　学芸出版社　2006年）、『ビジネス・行政のためのGIS』（章担当　朝倉書店　2008年）

遠藤　薫（えんどう　かおる）

東京大学先端科学技術研究センター　都市保全システム分野教授（都市再生プロジェクト担当）
1981年　　東京大学工学部都市工学科卒業
1983年　　東京大学大学院都市工学科修了
1983年　　住宅・都市整備公団入社
2007年　　東京大学先端科学技術研究センター都市保全システム分野教授（都市再生プロジェクト担当）
（担当プロジェクト）
　　　　　霞が関3丁目南地区市街地再開発事業、芦花公園駅南口地区市街地再開発事業など、ＵＲ都市機構の都市再生事業に携わる。

山口　幹幸（やまぐち　みきゆき）

東京都都市整備局　建設推進担当部長、一級建築士・不動産鑑定士補
1974年　　日本大学理工学部建築学科卒
1990年　　東京都人事委員会副参事
1992年　　東京都住宅局　東部住宅建設事務所工事課長
1996年　　　同　　上　　開発調整部住環境整備課長
1999年　　　同　　上　　建設部大規模総合建替計画室長
2000年　　東京都建設局　再開発部権利調整課長
2001年　　　同　　上　　再開発部再開発事業課長
2002年　　　同　　上　　再開発部区画整理事業課長
2004年　　目黒区都市整備部参事
2006年　　ＵＲ都市機構東京都心支社都市再生企画部担当部長
2008年　　東京都都市整備局建設推進担当部長
（著書）『不動産開発事業のスキームとファイナンス（2）　激動！不動産』（共著　清文社　2009年）、『密集住宅市街地のまちづくりガイドブック』（全国市街地再開発協会1998年）等

永森　清隆（ながもり　きよたか）

株式会社再開発評価　代表取締役、不動産鑑定士・再開発プランナー
1981年　　専修大学法学部法律学科卒業
1983年　　財団法人日本不動産研究所入所
1996年　　株式会社再開発評価設立
（所属学会）社団法人日本不動産学会正会員
　　　　　　日本土地法学会正会員

　　　　　　　日本不動産金融工学学会正会員
　　　　　　　社団法人再開発コーディネーター協会正会員
（表　彰　等）2001年　　財団法人日本不動産学会　日本不動産学会業績賞受賞（晴海アイラ
　　　　　　　　　　　　ンドトリトンスクェア）
　　　　　　　2004年　　社団法人再開発コーディネーター協会　都市再開発高山賞受賞

中川　智之（なかがわ　さとし）

株式会社アルテップ　代表取締役、技術士（建設部門　都市及び地方計画）・一級建築士
1983年　　東京理科大学工学部建築学科卒業
1985年　　東京理科大学大学院修士課程修了
1985年　　出光興産㈱入社
1992年　　㈱アルテップ入社
（著書）『建築基準法 集団規定の運用と解釈』（共著　学芸出版社　2005年）、『景観法を
　　　　活かす』（共著　学芸出版社　2004年）、『連担建築物設計制度活用ハンドブック』
　　　　（共著　日本建築センター　1999年）等

楠亀　典之（くすかめ　のりゆき）

株式会社アルテップ
1999年　　法政大学工学部建築学科卒業
2002年　　法政大学大学院修士課程修了
2002年　　㈱アルテップ入社
（著書）『アジアの都市住宅－アジア遊学－』（共著　勉誠出版　2005年）、『実測術』（共著
　　　　学芸出版社　2001年）、『東京リノベーション』（共著　廣済堂出版　2001年）等

齋藤　智香子（さいとう　ちかこ）

株式会社URリンケージ　都市・居住本部都市・居住再生部都市再生課長
1983年　　日本女子大学住居学科卒業
同　年　　㈱安井建築設計事務所入社
2001年　　㈱都市整備プランニング再開発部再開発課
2004年　　会社合併により現職に至る
（対外活動）2007年～　さいたま市まちづくり交付金評価委員会委員
（担当プロジェクト）
　　　　リボンシティ（埼玉県川口市）、大崎駅周辺地域（東京都品川区）日進東地区（埼
　　　　玉県さいたま市）など都市再生プロジェクトに携わる。

松村　秀弦（まつむら　ほづる）

独立行政法人都市再生機構、一級建築士
1969年　　名古屋市生まれ
1993年　　名古屋工業大学大学院博士課程前期課程修了（社会開発工学専攻）
同　年　　住宅・都市整備公団（現・都市再生機構）入社
2006年　　東京都心支社都市再生企画部
　　　　　東京23区の都市再生に係る事業企画とともに、東京都の施策と連携した景観都市づくり、都市再生と環境共生のあり方、密集市街地の整備改善方策の検討を担当。
2009年　　本社技術・コスト管理室
（著書）『都市環境デザインの仕事』（共著　学芸出版社　2001年）等

東京モデル―密集市街地のリ・デザイン

2009年8月20日　発行

著　者Ⓒ日端康雄・浅見泰司・遠藤薫・山口幹幸・永森清隆・中川智之・
　　　　楠亀典之・齋藤智香子・松村秀弦

発行者　小泉定裕

発行所　株式会社　清文社
　　　　　　　　　東京都千代田区神田司町2-8-4吹田屋ビル5F
　　　　　　　　　〒101-0048　電話03(5289)9931　FAX03(5289)9917
　　　　　　　　　大阪市北区天神橋2丁目北2-6（大和南森町ビル）
　　　　　　　　　〒530-0041　電話06(6135)4050　FAX06(6135)4059
　　　　　　　　　　　　　　　URL : http://www.skattsei.co.jp/

■本書の内容に関する御質問はファクシミリ（03(5289)9887）でお願いします。　　亜細亜印刷㈱
■著作権法により無断複写複製は禁止されています。落丁本・乱丁本はお取り替えいたします。

ISBN978-4-433-37039-8